华章程序员书库

编程与类型系统

[美] 弗拉德·里斯库迪亚（Vlad Riscutia） 著
赵利通 译

Programming with Types

Examples in TypeScript

图书在版编目（CIP）数据

编程与类型系统 /（美）弗拉德·里斯库迪亚（Vlad Riscutia）著；赵利通译．—北京：机械工业出版社，2021.1

（华章程序员书库）

书名原文：Programming with Types: Examples in TypeScript

ISBN 978-7-111-67051-3

I. 编… II. ① 弗… ② 赵… III. 程序设计 IV. TP311.1

中国版本图书馆 CIP 数据核字（2020）第 255517 号

本书版权登记号：图字 01-2020-2431

Vlad Riscutia: Programming with Types: Examples in TypeScript (ISBN 978-1617296413).

Original English language edition published by Manning Publications Co., 209 Bruce Park Avenue, Greenwich, Connecticut 06830.

编程与类型系统

出版发行：机械工业出版社（北京市西城区百万庄大街 22 号 邮政编码：100037）

责任编辑：赵亮宇　　责任校对：殷　虹

印　　刷：北京市荣盛彩色印刷有限公司　　版　　次：2021 年 1 月第 1 版第 1 次印刷

开　　本：186mm×240mm 1/16　　印　　张：19.75

书　　号：ISBN 978-7-111-67051-3　　定　　价：119.00 元

客服电话：（010）88361066 88379833 68326294　　投稿热线：（010）88379604

华章网站：www.hzbook.com　　读者信箱：hzit@hzbook.com

Preface 前　言

我将多年间学习类型系统和软件正确性的经验汇聚起来，加以提炼，并辅以现实世界的应用，编写了这本实用的图书。

我一直对编写更好的代码有浓厚的兴趣，但是如果让我准确说出从什么时候开始走上这条道路，我会说是 2015 年。当时，我换了团队，想要快速学习现代 C++。我开始观看 C++ 会议视频，并阅读 Alexander Stepanov 关于泛型编程的著作，从一种完全不同的视角了解了如何编写代码。

与此同时，我在业余时间学习 Haskell，一步步了解它的类型系统的高级特性。在使用函数式语言进行编程后，就能够很清晰地理解为什么随着时间的推移，更主流的语言开始采用函数式语言中的一些被认为理所当然的特性。

我阅读了关于这个主题的许多图书，包括 Stepanov 的 *Elements of Programming* 和 *From Mathematics to Generic Programming*⊖，Bartosz Milewski 的 *Category Theory for Programmers*，以及 Benjamin Pierce 的 *Types and Programming Languages*。从书名就可以知道，这些图书更偏向理论 / 数学方面。在学习了关于类型系统的更多知识后，我在工作中编写的代码也变得更好了。类型系统设计的理论与日常生产软件之间存在直接的联系。这并不是一个革命性的发现：复杂的类型系统特性之所以存在，就是为了解决现实世界的问题。

我意识到，并不是每个程序员都有时间和耐心来阅读那些提供数学证明、讲解深入的图书。但我阅读这些书并没有浪费时间，这使我成为一名更好的软件工程师。我认为应该有这样一本书：以更加轻松的方式来介绍类型系统及它们提供的优势，并关注每个人能够在日常工作中使用的实际应用。

本书旨在全面介绍类型系统的特性，从基本类型开始，涵盖函数类型和子类型、OOP、泛型编程和高阶类型（如函子和单子）。我没有关注这些特性背后的理论，而是通过实际应

⊖ 本书中文版已由机械工业出版社出版，中文书名《数学与泛型编程：高效编程的奥秘》，ISBN 978-7-111-57658-7。——编辑注

用的方式来解释每种特性，说明如何以及何时使用这些特性来改进代码。

我一开始打算使用 C++ 来编写代码示例。C++ 的类型系统十分强大，并且具有比 Java 和 C# 等语言更多的特性。但另一方面，C++ 是一个复杂的语言，而我不想限制本书的受众，所以后来决定使用 TypeScript。TypeScript 也有一个强大的类型系统，但是其语法更加容易理解，因此即使你使用的是其他语言，在学习本书的大部分示例时应该也不会有太大的难度。附录 B 为本书用到的 TypeScript 语法提供了一个速览表。

我希望你能享受阅读本书的过程，并学到一些可以立即用在项目中的新技术。

Acknowledgements 致谢

首先，我要感谢家人的支持和理解。我的妻子 Diana 和女儿 Ada 一路陪着我，给予我需要的鼓励和空间来完成本书。

撰写一本书肯定是一个团队协作的过程。感谢 Michael Stephens 最初的反馈，让这本书成为你现在看到的样子。感谢我的编辑 Elesha Hyde 提供的帮助、建议和反馈。感谢 Mike Shepard 审读本书的每个章节。还要感谢 German Gonzales 检查每个代码示例，确保代码按照我描述的那样工作。感谢全部审校者花时间审读本书，并提供宝贵的反馈。感谢 Viktor Bek、Roberto Casadei、Ahmed Chicktay、John Corley、Justin Coulston、Theo Despoudis、David DiMaria、Christopher Fry、German Gonzalez-Morris、Vipul Gupta、Peter Hampton、Clive Harber、Fred Heath、Ryan Huber、Des Horsley、Kevin Norman D. Kapchan、Jose San Leandro、James Liu、Wayne Mather、Arnaldo Gabriel Ayala Meyer、Riccardo Noviello、Marco Perone、Jermal Prestwood、Borja Quevedo、Domingo Sebastián Sastre、Rohit Sharm 和 Greg Wright。

感谢我的同事和导师们教会我很多知识。幸运的是，当我学习如何利用类型来改进代码库的时候，有几位十分支持我的优秀经理。感谢 Mike Navarro、David Hansen 和 Ben Ross 的信任。

感谢整个 C++ 社区，我从那里学会了很多。特别感谢 Sean Parent 富有启发性的演讲和宝贵的建议。

关于本书 About this book

本书旨在告诉你如何使用类型系统编写更好、更安全的代码。虽然大部分介绍类型系统的图书更加关注形式方面的讨论，但本书采用了偏向实用的做法。本书包含你在日常工作中可能遇到的许多示例、应用和场景。

读者对象

本书主要针对想要学习类型系统的工作原理以及使用类型系统来提高代码质量的程序员。你应该具备一些使用面向对象编程语言（如 Java、C#、C++ 或 JavaScript/TypeScript）的经验，还应该有一些软件设计经验。虽然本书的代码示例是基于 TypeScript 的，但是大部分内容是普遍适用的。事实上，本书的代码示例并非总是使用 TypeScript 特有的功能。在编写代码示例时，我尽可能让熟悉其他编程语言的程序员也容易理解它们。虽然本书会介绍各种技术来帮助你编写健壮的、可组合的、封装程度更好的代码，但是也假定了你知道为什么我们希望获得这些特性。此外，本书侧重类型系统的实际应用，因此涉及的数学理论较少，但是你应该熟悉基本的代数概念，如函数和集合等。

本书的组织方式

本书包含 11 章，涵盖类型编程的各个方面。

- 第 1 章介绍类型和类型系统，讨论它们为什么存在以及为什么有用。我们将讨论类型系统的类型，并解释类型强度、静态类型和动态类型。
- 第 2 章介绍大部分语言中都有的基本类型，以及在使用这些类型时需要注意的地方。常用的基本类型包括空类型、单元类型、布尔类型、数值类型、字符串类型、数组类型和引用类型。

- 第 3 章介绍组合，包括把类型组合起来定义新类型的各种方式，还介绍实现访问者设计模式的不同方式，并定义代数数据类型。
- 第 4 章讨论类型安全——如何使用类型来减少歧义以及防止错误。本章还介绍如何使用类型转换在代码中添加或移除类型信息。
- 第 5 章介绍函数类型，以及当我们获得了创建函数变量的能力后能够做些什么，还展示实现策略模式和状态机的不同方式，并介绍基本的 `map()`、`filter()` 和 `reduce()` 算法。
- 第 6 章以前一章为基础，展示函数类型的一些高级应用，包括简化的装饰器模式、可恢复的函数和异步函数。
- 第 7 章介绍子类型，并讨论类型兼容。我们会看到顶层类型和底层类型的应用，以及从子类型的角度看，和类型、集合和函数类型之间的关系。
- 第 8 章介绍面向对象编程的关键元素，以及什么时候使用每种元素，并讨论接口、继承、组合和混入。
- 第 9 章介绍泛型编程及其第一种应用——泛型数据结构。泛型数据结构把数据的布局与数据本身分隔开。迭代器支持遍历这些数据结构。
- 第 10 章继续介绍泛型编程，讨论泛型算法及迭代器的分类。泛型算法是能够在不同数据类型上重用的算法。迭代器用作数据结构和算法之间的接口，并且能够根据迭代器的能力启用不同的算法。
- 第 11 章介绍高阶类型、函子和单子的概念，以及如何使用它们，并为进一步学习提供一些建议。

本书中的各章以前面章节中的概念作为基础，故建议读者按顺序阅读。虽然如此，但是本书介绍的 4 大主题相对独立：前 4 章介绍基础知识；第 5 ~ 6 章介绍函数类型；第 7 ~ 8 章介绍子类型；第 9 ~ 11 章介绍泛型编程。

关于代码

本书以程序清单和嵌入在正文中的方式给出了许多源代码示例。这两种形式的代码都采用了等宽字体。有时候，代码还会被加粗显示，表示这部分代码相比该章前面的步骤发生了变化，例如，在现有的一行代码中添加了新特性。

在多数情况下，我调整了最初源代码的格式，添加了换行，调整了缩进，以适应版面空间。在少数情况下，即使这样调整后代码也无法放到一行，此时程序清单中会包含代码行延续标记（➥）。另外，当在正文解释了程序清单中的代码时，常常会移除源代码中的注释。许多程序清单都带有代码标注，用于解释重要的概念。

本书的所有代码示例都可以在GitHub上获取，网址为https://github.com/vladris/programming-with-types/。生成代码时，使用了TypeScript 3.3版本，针对ES6标准，并使用了strict设置。

Types and possible values 类型及可能的取值

名称 [节号]	TypeScript 类型	可能的取值
空类型 [2.1.1]	never	没有值
单元类型 [2.1.2]	void	一个可能的值
和类型 [3.4.2]	number | string	一个 number 值，或一个 string 值
元组（乘积类型）[3.1.1]	[number, string]	一个 number 值和一个 string 值
记录（乘积类型）[3.1.2]	{ a: number; b: string; }	一个（命名的）number 值和一个（命名的）string 值
函数的类型 [5.1.2]	(value: number) => string	从 number 到 string 的函数
顶层类型 [7.2.1]	unknown	任何类型的一个值
底层类型 [7.2.2]	never	没有可能的取值（底层类型是其他任何类型的子类型）
接口 [8.1]	interface ILogger { /* ... */ }	实现了 ILogger 接口的一个类型的对象
类 [8.2.1]	class Square { /* ... */ }	类型 Square 的对象
交叉类型 [8.4.3]	Square & Loggable	包含 Square 和 Loggable 的成员的对象
泛型类 [9.2.1]	class List<T> { /* ... */ }	具有类型参数 T 的泛型类 List
泛型函数 [9.1.1]	type Func<T, U> = (arg: T) => U;	从 T 到 U 的函数，其中 T 和 U 是类型参数

常用算法 *Common algorithms*

map()

`map()` 对范围中的每个值应用一个函数，并返回应用该函数的结果。

```
map(["apple", "orange", "peach"], (item) => item.length)
```

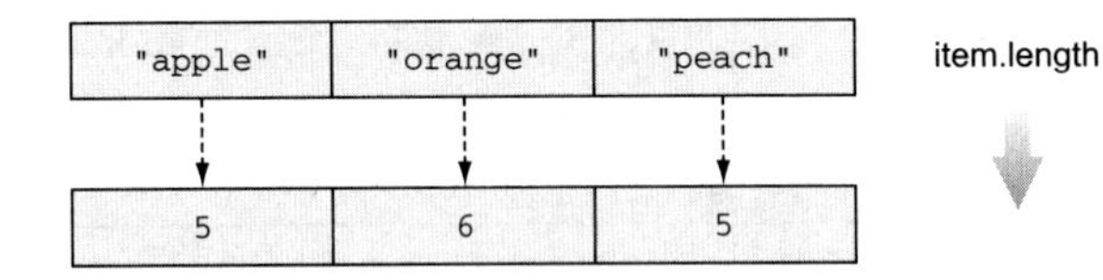

filter()

`filter()` 对范围中的每个值应用谓词，过滤掉谓词返回 `false` 的那些值。

```
filter(["apple", "orange", "peach"], (item) => item.length == 5)
```

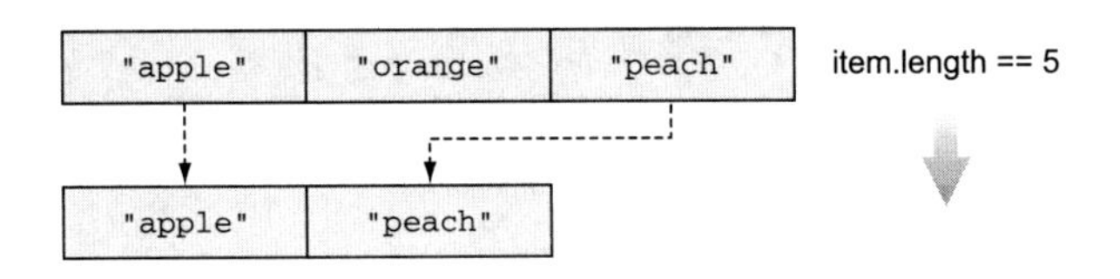

reduce()

`reduce()` 使用给定函数合并范围中的值，并返回一个值。

```
reduce(["apple", "orange", "peach"], "", (acc, item) => acc + item)
```

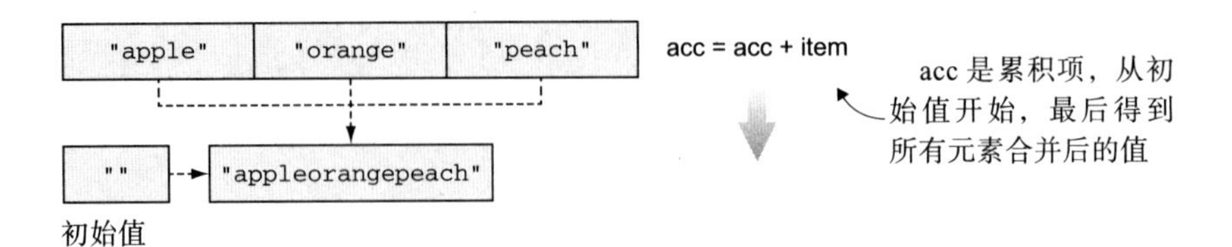

Contents 目录

前言
致谢
关于本书
类型及可能的取值
常用算法

第1章 类型简介 ······ 1

1.1 为什么存在类型 ······ 2
1.1.1 0和1 ······ 2
1.1.2 类型和类型系统的定义 ······ 3
1.2 类型系统的优点 ······ 4
1.2.1 正确性 ······ 5
1.2.2 不可变性 ······ 6
1.2.3 封装 ······ 8
1.2.4 可组合性 ······ 9
1.2.5 可读性 ······ 11
1.3 类型系统的类型 ······ 12
1.3.1 动态类型和静态类型 ······ 12
1.3.2 弱类型与强类型 ······ 13
1.3.3 类型推断 ······ 15
小结 ······ 15

第2章 基本类型 ······ 17

2.1 设计不返回值的函数 ······ 17
2.1.1 空类型 ······ 18
2.1.2 单元类型 ······ 20
2.1.3 习题 ······ 21
2.2 布尔逻辑和短路 ······ 21
2.2.1 布尔表达式 ······ 22
2.2.2 短路计算 ······ 22
2.2.3 习题 ······ 24
2.3 数值类型的常见陷阱 ······ 24
2.3.1 整数类型和溢出 ······ 25
2.3.2 浮点类型和圆整 ······ 28
2.3.3 任意大数 ······ 30
2.3.4 习题 ······ 31
2.4 编码文本 ······ 31
2.4.1 拆分文本 ······ 31
2.4.2 编码 ······ 32
2.4.3 编码库 ······ 34
2.4.4 习题 ······ 36
2.5 使用数组和引用构建数据结构 ······ 36
2.5.1 固定大小数组 ······ 36
2.5.2 引用 ······ 37
2.5.3 高效列表 ······ 38
2.5.4 二叉树 ······ 40
2.5.5 关联数组 ······ 43

2.5.6 实现时的权衡 ······ 44
2.5.7 习题 ······ 44
小结 ······ 44
习题答案 ······ 45

第 3 章 组合 ······ 46
3.1 复合类型 ······ 47
3.1.1 元组 ······ 47
3.1.2 赋予意义 ······ 49
3.1.3 维护不变量 ······ 50
3.1.4 习题 ······ 53
3.2 使用类型表达多选一 ······ 53
3.2.1 枚举 ······ 53
3.2.2 可选类型 ······ 55
3.2.3 结果或错误 ······ 57
3.2.4 变体 ······ 62
3.2.5 习题 ······ 65
3.3 访问者模式 ······ 65
3.3.1 简单实现 ······ 66
3.3.2 使用访问者模式 ······ 67
3.3.3 访问变体 ······ 69
3.3.4 习题 ······ 71
3.4 代数数据类型 ······ 71
3.4.1 乘积类型 ······ 71
3.4.2 和类型 ······ 72
3.4.3 习题 ······ 72
小结 ······ 73
习题答案 ······ 74

第 4 章 类型安全 ······ 75
4.1 避免基本类型偏执来防止错误解释 ······ 76
4.1.1 火星气候探测者号 ······ 77
4.1.2 基本类型偏执反模式 ······ 79
4.1.3 习题 ······ 79
4.2 实施约束 ······ 80
4.2.1 使用构造函数实施约束 ······ 80
4.2.2 使用工厂实施约束 ······ 81
4.2.3 习题 ······ 82
4.3 添加类型信息 ······ 82
4.3.1 类型转换 ······ 82
4.3.2 在类型系统之外跟踪类型 ······ 83
4.3.3 常见类型转换 ······ 86
4.3.4 习题 ······ 89
4.4 隐藏和恢复类型信息 ······ 89
4.4.1 异构集合 ······ 90
4.4.2 序列化 ······ 92
4.4.3 习题 ······ 95
小结 ······ 96
习题答案 ······ 96

第 5 章 函数类型 ······ 98
5.1 一个简单的策略模式 ······ 99
5.1.1 函数式策略 ······ 100
5.1.2 函数的类型 ······ 101
5.1.3 策略实现 ······ 102
5.1.4 一等函数 ······ 102
5.1.5 习题 ······ 103
5.2 不使用 switch 语句的状态机 ······ 103
5.2.1 类型编程小试牛刀 ······ 104
5.2.2 状态机 ······ 106
5.2.3 回顾状态机实现 ······ 111
5.2.4 习题 ······ 112

5.3 使用延迟值避免高开销的计算 112
5.3.1 lambda 113
5.3.2 习题 115
5.4 使用 map、filter 和 reduce 115
5.4.1 map() 115
5.4.2 filter() 117
5.4.3 reduce() 119
5.4.4 库支持 122
5.4.5 习题 123
5.5 函数式编程 123
小结 123
习题答案 124

第 6 章 函数类型的高级应用 126
6.1 一个简单的装饰器模式 126
6.1.1 函数装饰器 128
6.1.2 装饰器实现 130
6.1.3 闭包 130
6.1.4 习题 131
6.2 实现一个计数器 131
6.2.1 一个面向对象的计数器 132
6.2.2 函数式计数器 133
6.2.3 一个可恢复的计数器 134
6.2.4 回顾计数器实现 135
6.2.5 习题 135
6.3 异步执行运行时间长的操作 135
6.3.1 同步执行 136
6.3.2 异步执行：回调 136
6.3.3 异步执行模型 137
6.3.4 回顾异步函数 141
6.3.5 习题 141
6.4 简化异步代码 142
6.4.1 链接 promise 143
6.4.2 创建 promise 144
6.4.3 关于 promise 的更多信息 146
6.4.4 async/await 150
6.4.5 回顾整洁的异步代码 152
6.4.6 习题 152
小结 153
习题答案 153

第 7 章 子类型 155
7.1 在 TypeScript 中区分相似的类型 156
7.1.1 结构和名义子类型的优缺点 158
7.1.2 在 TypeScript 中模拟名义子类型 159
7.1.3 习题 160
7.2 子类型的极端情况 160
7.2.1 安全的反序列化 160
7.2.2 错误情况的值 164
7.2.3 回顾顶层和底层类型 167
7.2.4 习题 168
7.3 允许的替换 168
7.3.1 子类型与和类型 169
7.3.2 子类型和集合 171
7.3.3 子类型和函数的返回类型 172
7.3.4 子类型和函数实参类型 174
7.3.5 回顾可变性 178
7.3.6 习题 178
小结 179
习题答案 179

第 8 章　面向对象编程的元素 ……181
8.1　使用接口定义契约 ……182
8.2　继承数据和行为 ……185
8.2.1　“是一个”经验准则 ……185
8.2.2　建模层次 ……186
8.2.3　参数化表达式的行为 ……187
8.2.4　习题 ……188
8.3　组合数据和行为 ……189
8.3.1　“有一个”经验准则 ……189
8.3.2　复合类 ……190
8.3.3　实现适配器模式 ……192
8.3.4　习题 ……194
8.4　扩展数据和行为 ……194
8.4.1　使用组合扩展行为 ……195
8.4.2　使用混入扩展行为 ……197
8.4.3　TypeScript 中的混入 ……198
8.4.4　习题 ……199
8.5　纯粹面向对象代码的替代方案 ……199
8.5.1　和类型 ……200
8.5.2　函数式编程 ……202
8.5.3　泛型编程 ……203
小结 ……204
习题答案 ……204

第 9 章　泛型数据结构 ……206
9.1　解耦关注点 ……207
9.1.1　可重用的恒等函数 ……208
9.1.2　可选类型 ……210
9.1.3　泛型类型 ……211
9.1.4　习题 ……211
9.2　泛型数据布局 ……212
9.2.1　泛型数据结构 ……212
9.2.2　什么是数据结构 ……213
9.2.3　习题 ……214
9.3　遍历数据结构 ……214
9.3.1　使用迭代器 ……216
9.3.2　流线化迭代代码 ……220
9.3.3　回顾迭代器 ……225
9.3.4　习题 ……226
9.4　数据流 ……226
9.4.1　处理管道 ……227
9.4.2　习题 ……228
小结 ……228
习题答案 ……229

第 10 章　泛型算法和迭代器 ……232
10.1　更好的 map()、filter() 和 reduce() ……233
10.1.1　map() ……233
10.1.2　filter() ……234
10.1.3　reduce() ……234
10.1.4　filter()/reduce() 管道 ……235
10.1.5　习题 ……236
10.2　常用算法 ……236
10.2.1　使用算法代替循环 ……237
10.2.2　实现流畅管道 ……237
10.2.3　习题 ……241
10.3　约束类型参数 ……241
10.3.1　具有类型约束的泛型数据结构 ……242
10.3.2　具有类型约束的泛型算法 ……243
10.3.3　习题 ……245

10.4 高效 reverse 和其他使用迭代器的算法……245
10.4.1 迭代器的基础模块……247
10.4.2 有用的 find()……251
10.4.3 高效的 reverse()……254
10.4.4 高效地获取元素……257
10.4.5 回顾迭代器……259
10.4.6 习题……260
10.5 自适应算法……260
小结……262
习题答案……263

第 11 章 高阶类型及其他……266

11.1 更加通用的 map……267
11.1.1 处理结果或传播错误……270
11.1.2 混搭函数的应用……272
11.1.3 函子和高阶类型……273
11.1.4 函数的函子……276
11.1.5 习题……277
11.2 单子……277
11.2.1 结果或错误……277
11.2.2 map() 与 bind() 的区别……282
11.2.3 单子模式……284
11.2.4 continuation 单子……285
11.2.5 列表单子……286
11.2.6 其他单子……288
11.2.7 习题……288
11.3 继续学习……289
11.3.1 函数式编程……289
11.3.2 泛型编程……289
11.3.3 高阶类型和范畴论……289
11.3.4 从属类型……290
11.3.5 线性类型……290
小结……290
习题答案……291

附录 A TypeScript 的安装及本书的源代码……293

附录 B TypeScript 速览表……295

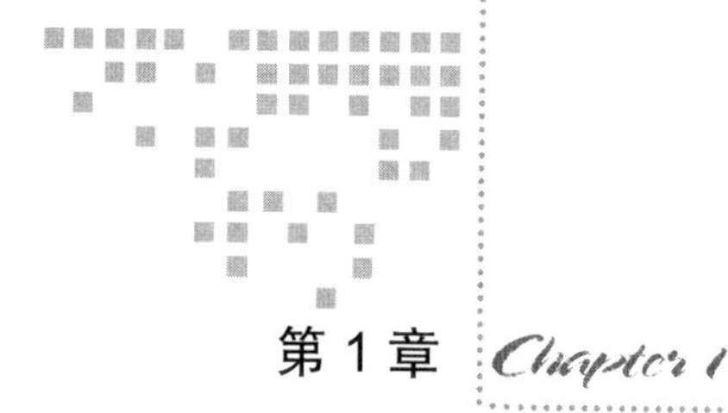

第1章 Chapter 1

类型简介

本章要点

- ❑ 为什么存在类型系统
- ❑ 强类型代码的优点
- ❑ 类型系统的类型
- ❑ 类型系统的共性

火星气候探测者号在火星大气层解体，原因在于Lockheed开发的一个组件使用磅力秒（美国单位，可简写为lbfs）来测量动量，而NASA开发的另外一个组件则使用牛顿秒（动量的公制单位，可简写为Ns）来测量动量。如果为这两种测量结果使用不同的类型，本可以避免这场灾难。

在本书中，你将会看到，向类型检查器提供了足够的信息后，它们为消除各类错误提供了强大的方法。随着软件变得越来越复杂，我们越来越需要保证软件能够正确运行。通过监控和测试，能够说明在给定特定输入时，软件在特定时刻的行为是符合规定的。但类型为我们提供了更加一般性的证明，说明无论给定什么输入，代码都将按照规定运行。

通过对编程语言的研究，人们正在设计出越来越强大的类型系统（例如，Elm或Idris语言的类型系统）。Haskell正变得越来越受欢迎。同时，在动态类型语言中添加编译时类型检查的工作也在推进中：Python添加了对类型提示的支持，而TypeScript这种语言纯粹是为了在JavaScript中添加编译时类型检查而创建的。

显然，为代码添加类型是很有价值的，利用编程语言提供的类型系统的特性，可以编写出更好、更安全的代码。

1.1 为什么存在类型

在低层的硬件和机器代码级别，程序逻辑（代码）及其操作的数据是用位来表示的。在这个级别，代码和数据没有区别，所以当系统误将代码当成数据，或者将数据当成代码时，就很容易发生错误。这些错误可能导致系统崩溃，也可能导致严重的安全漏洞，攻击者利用这些漏洞，让系统把他们的输入数据作为代码执行。

JavaScript 的 `eval()` 函数就是宽松解释代码的一个例子，它将一个字符串视为代码执行。当提供给该函数的字符串是有效的 JavaScript 代码时，它的效果很好，但是如果提供的字符串不是有效的 JavaScript 代码，就会导致运行时错误，如程序清单 1.1 所示。

程序清单 1.1 试图将数据解释为代码

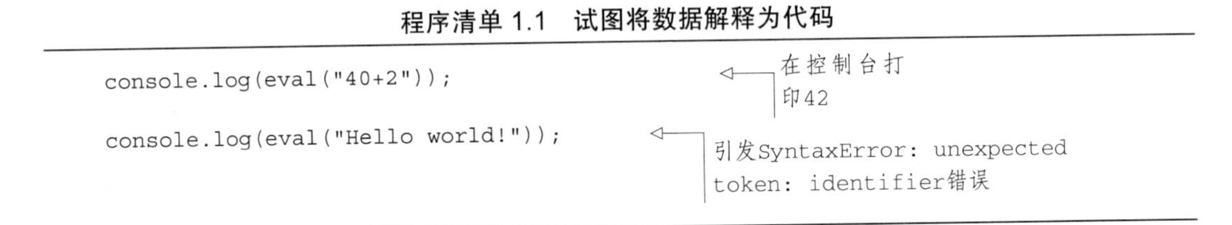

```
console.log(eval("40+2"));              ◁ 在控制台打印42

console.log(eval("Hello world!"));      ◁ 引发SyntaxError: unexpected token: identifier错误
```

1.1.1 0和1

除了区分代码和数据，我们还需要知道如何解释一条数据。16 位序列 `1100001010100011` 可以表示无符号 16 位整数 `49827`，带符号整数 `-15709`，UTF-8 编码的字符 `'£'`，等等，如图 1.1 所示。运行程序的硬件将所有数据均存储为位序列，因此我们需要有另外一个层来为这些数据赋予意义。

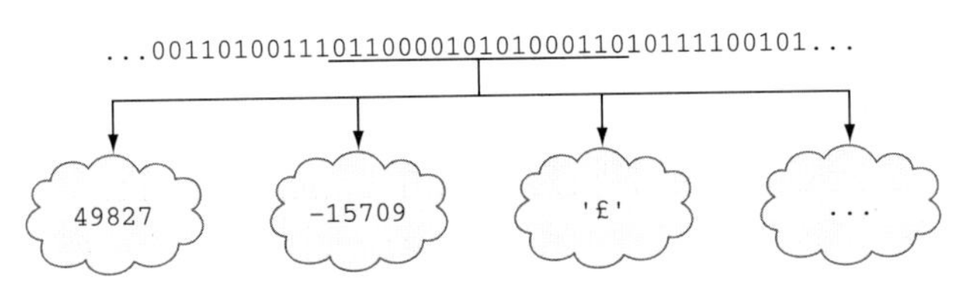

图 1.1 可用不同的方式来解释一个位序列

类型为数据赋予了意义，告诉软件在给定上下文中如何解释给定位序列，使其保留期望的意义。

类型还限制了一个变量可以接受的有效值的集合。一个带符号的 16 位整数可以表示 `-32768 ~ 32767` 的任意整数，但不能表示其他数字。能够限制允许值的范围，就不允许在运行时出现无效值，从而避免出现各种错误，如图 1.2 所示。将类型视为可取的值的集合，对于理解本书中讨论的许多概念很重要。

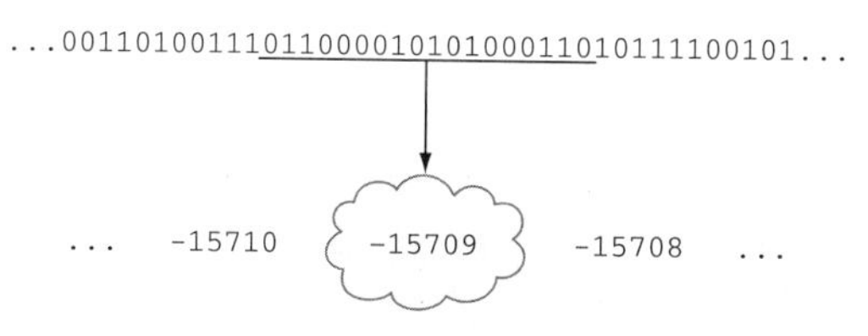

图 1.2 这个位序列的类型是带符号的 16 位整数。类型信息（带符号的 16 位整数）告诉编译器和运行时，这个位序列表示 -32768 和 32767 之间的一个整数值，从而保证将其正确地解释为 -15709

在 1.2 节我们将看到，当为代码添加属性时，例如将一个值标记为 const，或者将一个成员变量标记为 private，系统将强制实施其他许多安全属性。

1.1.2 类型和类型系统的定义

本书讨论的是类型和类型系统，下面就先来定义这两个术语。

类型：类型是对数据做的一种分类，定义了能够对数据执行的操作、数据的意义，以及允许数据接受的值的集合。编译器和运行时会检查类型，以确保数据的完整性，实施访问限制，以及按照开发人员的意图来解释数据。

有时候，我们会简化讨论，忽略操作部分，而只将类型简单地视为集合，代表该类型的实例能够接受的所有可能的值。

类型系统：类型系统是一组规则，为编程语言的元素分配和实施类型。这些元素可以是变量、函数和其他高级结构。类型系统通过两种方式分配类型：程序员在代码中指定类型，或者类型系统根据上下文，隐式推断出某个元素的类型。类型系统允许在类型之间进行某些转换，而阻止其他类型的转换。

定义了类型和类型系统之后，我们接下来看看类型系统的规则是如何实施的。图 1.3 从更高层面展示了源代码的执行过程。

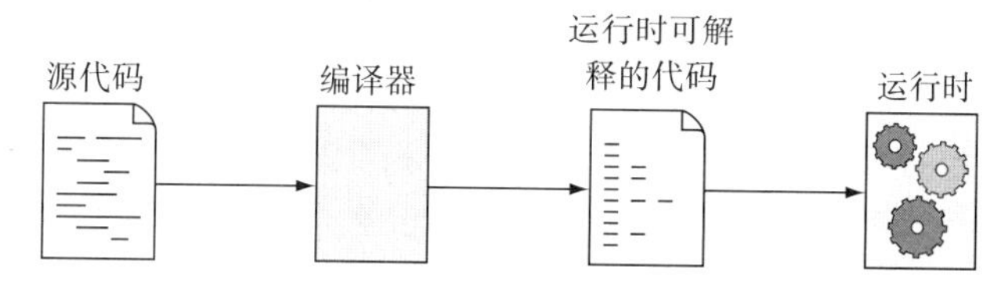

图 1.3 编译器或解释器将源代码转换成可被运行时执行的代码。运行时是一个真实的计算机或者一个虚拟机，例如，Java 的 JVM 或浏览器的 JavaScript 引擎

在高层面上，编译器或解释器将把我们编写的源代码转换成机器（或运行时）能够理解的指令。当运行时是一台物理计算机时，转换的指令将是 CPU 指令；当运行时是虚拟机时，则有自己的指令集和工具。

> **类型检查**：类型检查确保程序遵守类型系统的规则。编译器在转换代码时进行类型检查，而运行时在执行代码时进行类型检查。编译器中负责实施类型规则的组件叫作类型检查器。

如果类型检查失败，则意味着程序没有遵守类型系统的规则，此时程序将会编译失败，或者发生运行时错误。1.3 节将详细说明编译时类型检查与执行时（或运行时）类型检查的区别。

类型检查和证明

类型系统得到大量形式理论的支持。例如，柯里-霍华德（Curry-Howard）对应，也叫作"证明即程序"，就展示了逻辑与类型理论之间的密切关系。该对应说明，我们可以将类型视为一个逻辑命题，将从一个类型得到另一个类型的函数视为逻辑蕴含。类型的一个值相当于证明命题为真的一个证据。

下面我们以一个接受 boolean 作为参数并返回一个 string 的函数为例加以说明。

Boolean 到 string

```
function booleanToString(b: boolean): string {
    if (b) {
        return "true";
    } else {
        return "false";
    }
}
```

这个函数也可以解释为"boolean 蕴含 string"。给定命题 boolean 的证据，这个函数（蕴含）能够得到命题 string 的证据。boolean 的证据是该类型的一个值：true 或 false。有了这个证据后，该函数（蕴含）将得到 string 的证据：要么是字符串 "true"，要么是字符串 "false"。

逻辑与类型理论之间的密切关系说明，遵守类型系统规则的程序相当于一个逻辑证明。换句话说，类型系统是一种语言，我们用它来写出这些证明。柯里-霍华德对应很重要，因为它为"程序将正确运行"这种保证带来了逻辑上的严谨性。

1.2 类型系统的优点

因为数据最终都是 0 和 1，所以数据的属性，例如，如何解释数据、数据是否可变，以及数据的可见性，都是类型级别的属性。如果把一个变量声明为数字，那么类型检查器会确保我们不会把它的数据解释为一个字符串。如果将一个变量声明为私有或者只读，那么虽然其数据本身在内存中与公有可变数据没有区别，但是类型检查器会确保我们不会在私有变量的作用域之外引用该变量，或者试图修改只读的数据。

类型的主要优点在于正确性、不可变性、封装、可组合性和可读性。这5种优点是优秀的软件设计和行为的根本特性。系统中总有出现混乱或者无序状态的倾向，而上述特性则起到抗衡这种倾向的作用。

1.2.1 正确性

正确的代码指的是行为符合规范，能够产生期望的结果，并且不会导致运行时错误或崩溃的代码。类型帮助我们更加严格地限制代码，以确保代码具有正确的行为。

例如，假设我们想要找出字符串 "Script" 在另外一个字符串中的索引。如果没有提供足够的类型信息，我们可能允许传入任意类型的值作为函数实参。如果实参不是一个字符串，就会发生运行时错误，如程序清单1.2所示。

程序清单 1.2 类型信息不足

```
function scriptAt(s: any): number {      <-- 参数s的类型为any，允许传入任意类型的值
    return s.indexOf("Script");
}

console.log(scriptAt("TypeScript"));     <-- 这行代码在控制台正确输出“42”
console.log(scriptAt(42));               <-- 传递数字作为实参导致运行时类型错误
```

这个程序不正确，因为 42 不是 scriptAt 函数的有效实参。但是，由于我们没有提供足够的类型信息，因此编译器不会拒绝该行代码。在程序清单1.3中，我们将修改代码，把实参限制为一个 string 类型的值。

程序清单 1.3 明确类型信息

```
function scriptAt(s: string): number {   <-- 实参现在的类型为string
    return s.indexOf("Script");
}

console.log(scriptAt("TypeScript"));
console.log(scriptAt(42));               <-- 由于类型不匹配，这行代码将在编译时失败
```

现在，编译器将拒绝编译错误的程序，并给出下面的错误消息：

```
Argument of type '42' is not assignable to parameter of type 'string'
```

通过利用类型系统，我们把可能在生产中出现，从而影响客户的一个运行时错误转换

成一个无害的编译时错误。只有修复了这个错误，才能部署代码。类型检查器确保我们不会传递错误类型的值，因此代码变得更加健壮。

当程序进入坏状态时，就会发生错误。坏状态是指无论何种原因，程序当前的所有活跃变量的组合变得无效。消除坏状态的一种方法是限制变量能够取到的值的数量，从而减小状态空间，如图 1.4 所示。

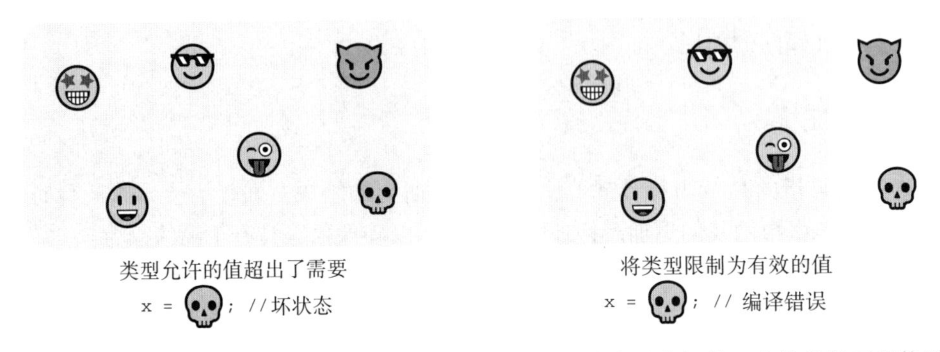

图 1.4 正确声明类型时，我们能够禁止无效的值。第一个类型太松散，允许我们不想使用的值。第二个类型的限制更严格，如果代码试图赋值给变量一个不想要使用的值，就无法通过编译

我们可将运行中程序的状态空间定义为其全部活跃变量的所有可能值的组合，即每个变量的类型的笛卡儿积。记住，类型可被视为一个变量可取的值的集合。两个集合的笛卡儿积是由这两个集合的所有有序对构成的一个集合。

安全性

禁止潜在坏状态有一个重要的衍生作用：让代码变得更加安全。许多攻击依赖于执行用户提供的数据、缓冲区溢出和其他类似技术，而通过足够强健的类型系统和合理的类型定义可以减轻这个问题。

代码正确性不只是消除代码中的轻微 bug，也包括阻止恶意攻击。

1.2.2 不可变性

我们可将运行中的系统视为正在通过状态空间，而不可变性也与这种视角密切相关。当我们在一个好状态中时，如果能够保持该状态下的一些部分不变，就减少了出错的概率。

下面来看一个阻止除零运算的简单例子。我们将检查除数的值，如果除数为 0，就抛出一个错误，如程序清单 1.4 所示。如果在检查值之后，它还可以发生变化，那么检查的价值就不大了。

程序清单 1.4　不当修改

```
function safeDivide(): number {
    let x: number = 42;

    if (x == 0) throw new Error("x should not be 0");    <-- 检查x是否有效

    x = x - 42;          <-- 在检查后，x变成了0

    return 42 / x;       <-- 除零导致无穷大
}
```

在真实的程序中，这种问题时常以不易察觉的方式出现：变量被另外一个并发执行的线程修改，或者被另外一个调用函数悄悄修改。与本例一样，一旦值发生变化，执行检查的保证就不再有效。如果像程序清单 1.5 中一样，将 x 指定为常量，那么在试图修改 x 时，将发生编译错误。

程序清单 1.5　不可变性

```
function safeDivide(): number {
    const x: number = 42;          <-- 使用关键字const来声明x，而不是使用关键字let

    if (x == 0) throw new Error("x should not be 0");

    x = x - 42;          <-- 这行代码无法通过编译，因为x是不可变的，不能被重新赋值

    return 42 / x;
}
```

编译器将拒绝编译这个 bug，并给出下面的错误消息：

```
Cannot assign to 'x' because it is a constant.
```

从内存表示的角度来说，可变与不可变的 x 没有区别。常量性只对编译器有意义，它是类型系统启用的一个属性。

通过像这样在类型前面加上 const 关键字，把状态标记为不可改变，可以阻止修改变量，从而让我们通过检查得到的保证一直有效。当涉及并发时，不可变性特别有用，因为如果数据不可变，就不会发生数据竞争。

当处理不可变变量时，优化编译器可以内联这些变量的值，从而生成更加高效的代码。一些函数编程语言使所有数据不可变：函数接受一些数据作为输入，然后返回其他数据，在此过程中并不会修改输入。在这种情况下，当我们验证一个变量，确认它在好状态下后，就保证了在该变量的整个生存期内，它都会在好状态下。当然，这种处理方式意味着在本可以直接操作数据的地方并不直接操作数据，而是复制数据，这并非我们所期望的。

并不是在所有情况下都可以让所有数据不可变。尽管如此，在合理的情况下让尽可能多的数据不可变，能够显著减少不满足先决条件或者数据竞争等问题。

1.2.3 封装

封装指的是隐藏代码内部机制的能力，这里的代码可以是函数、类或者模块。你可能知道，我们希望利用封装，是因为它可以帮助我们处理复杂性：将代码拆分为更小的组件，每个组件只向外界公开严格需要的项，而其实现细节则被隐藏并隔离起来。

在程序清单 1.6 中，我们将安全除法的示例扩展为一个类，让该类确保不会出现除数为 0 的情况。

程序清单 1.6 封装程度不足

```
class SafeDivisor {
    divisor: number = 1;

    setDivisor(value: number) {
        if (value == 0) throw new Error("Value should not be 0");   <- 通过在赋值之前检查值，确保除数不会为0

        this.divisor = value;
    }

    divide(x: number): number {
        return x / this.divisor;   <- 绝不应该出现除零运算
    }
}

function exploit(): number {
    let sd = new SafeDivisor();

    sd.divisor = 0;   <- 因为除数成员是公有的，所以检查可能被绕过
    return sd.divide(42);   <- 除零得到无穷大
}
```

在本例中，我们不能让除数不可变，因为我们想让调用这个 API 的人能够更新除数。问题在于，因为 divisor 成员对调用者是可见的，所以它们可以直接将 divisor 设为任意值，绕过对 0 的检查。要解决这个问题，可以将 divisor 标记为 private，使其只能在类中使用，如程序清单 1.7 所示。

程序清单 1.7 封装

```
class SafeDivisor {
    private divisor: number = 1;   <- 现在，成员被标记为private

    setDivisor(value: number) {
        if (value == 0) throw new Error("Value should not be 0");
        this.divisor = value;
    }

    divide(x: number): number {
        return x / this.divisor;
    }
}
```

```
function exploit() {
    let sd = new SafeDivisor();

    sd.divisor = 0;
    sd.divide(42);
}
```

此行代码无法编译，因为在类外不能再引用divisor

public和private成员的内存表示是一样的，在第二个示例中，有问题的代码之所以无法编译，是因为我们提供的类型表示。事实上，public、private和其他可见性都是包含它们的类型的属性。

封装或信息隐藏使我们能够将逻辑和数据拆分到一个公有接口和一个非公有实现中。在大型系统中，这种拆分非常有帮助，因为使用接口（或抽象）使理解一段特定代码的作用变得更加简单。我们只需要理解组件的接口，而不必理解其全部实现细节。封装也有助于将非公有信息限制在一个边界内，并保证外部代码不能修改这些信息——因为它们根本就访问不了这些信息。

封装出现在多个层次，例如，服务将其API公开为接口，模块导出其接口并隐藏实现细节，类只公开公有成员，等等。与嵌套娃娃一样，代码两部分之间的关系越弱，共享的信息就越少。这样一来，组件对其内部管理的数据能够做出的保证就得到了强化，因为如果不经过该组件的接口，外部代码将无法修改这些数据。

1.2.4　可组合性

假设我们想找出一个数值数组中的第一个负数，以及一个字符串数组中的第一个单字符字符串。如果没有思考如何把这个问题分解为可组合的副本，然后拼接成一个可组合的系统，那么可能会创建两个函数：findFirstNegativeNumber()和findFirstOneCharacterString()，如程序清单1.8所示。

程序清单1.8　不可组合的系统

```
function findFirstNegativeNumber(numbers: number[])
    : number | undefined {
    for (let i of numbers) {
        if (i < 0) return i;
    }
}
function findFirstOneCharacterString(strings: string[])
    : string | undefined {
    for (let str of strings) {
        if (str.length == 1) return str;
    }
}
```

这两个函数分别搜索第一个负数和第一个单字符字符串。如果找不到这样的元素，则函数返回 undefined（这是通过不使用 return 语句退出函数来隐式实现的）。

假设现在有了一个新的需求：当找不到满足条件的元素时，就记录一个错误。那么，我们需要同时更新两个函数，如程序清单 1.9 所示。

程序清单 1.9 更新后的不可组合的系统

```
function findFirstNegativeNumber(numbers: number[])
    : number | undefined {
    for (let i of numbers) {
        if (i < 0) return i;
    }
    console.error("No matching value found");
}

function findFirstOneCharacterString(strings: string[])
    : string | undefined {
    for (let str of strings) {
        if (str.length == 1) return str;
    }
    console.error("No matching value found");
}
```

这已经不太理想了。如果我们忘记在所有地方应用更新，问题就更严重了。在大型系统中，这些问题会加剧。仔细观察每个函数做的工作，我们会发现它们的算法是相同的，只是在一个函数中，我们根据一种条件操作数值，而在另一个函数中，我们根据不同的条件操作字符串。我们可以提供一个泛型算法，将其操作的类型和检查的条件参数化，如程序清单 1.10 所示。这种算法不依赖于系统的其他部分，所以我们能够单独处理它。

程序清单 1.10 可组合的系统

```
function first<T>(range: T[], p: (elem: T) => boolean)
    : T | undefined {
    for (let elem of range) {
        if (p(elem)) return elem;
    }
}

function findFirstNegativeNumber(numbers: number[])
    : number | undefined {
    return first(numbers, n => n < 0);
}
function findFirstOneCharacterString(strings: string[])
    : string | undefined {
    return first(strings, str => str.length == 1);
}
```

如果觉得语法看上去有点奇怪，请不必担心。第 5 章会讲解 n => n < 0 这样的内联函数，第 9 章和第 10 章将讲解泛型。

如果想在这个实现中添加日志记录，只需要更新 first 的实现。更好的情况是，如果我们找出了一种更加高效的算法，则只要更新实现，就可以让所有调用者受益。

在第10章讨论泛型算法和迭代器的时候将会看到，我们可以使这个函数变得更加通用。目前，它只操作某个类型 T 的一个数组。可以扩展这个函数，让它遍历任意数据结构。

如果代码不是可组合的，那么我们需要为每种数据类型、每个数据结构和每个条件使用一个不同的函数，即使这些函数在本质上实现了相同的抽象。能够进行抽象，然后混合搭配组件，就减少了大量的重复代码。泛型类型使我们能够表达这类抽象。

将独立的组件组合起来，能够得到模块化系统，并减少需要维护的代码。随着代码规模和组件数量的增加，可组合性会变得很重要。在可组合系统中，不同部分是松散耦合的，同时，每个子系统中的代码不会重复。要处理新的需求，通常可以通过更新单个组件来完成，而不必在整个系统中做大范围修改，同时，理解这些系统要简单一些，因为我们可以单独思考系统的各个部分。

1.2.5　可读性

读代码的时间往往比写代码的时间更多。类型能够清晰表明函数期望得到什么实参，泛型算法的先决条件是什么，类实现了哪个接口，等等。这些信息很有用，因为它允许我们单独思考可读的代码：只需查看定义，我们就能够比较轻松地理解代码的工作方式，而不必去源代码中查看调用者和被调用者。

名称和注释对于理解代码也很重要，但是类型则添加了另外一层信息，因为它允许我们指定约束。看看程序清单1.11中没有指定类型的 find() 函数的声明。

程序清单 1.11　未类型化的 find()

```
declare function find(range: any, pred: any): any;
```

单纯看这个函数，很难明白它期望得到什么类型的实参。我们需要阅读其实现，传入我们认为最有可能的类型的实参，然后看是否会发生运行时错误，或者我们需要寄希望于文档中介绍了相关信息。

将前面的声明与程序清单1.12进行一下比较。

程序清单 1.12　类型化的 find()

```
declare function first<T>(range: T[],
    p: (elem: T) => boolean): T | undefined;
```

从这个声明中可以看到，对于任意类型 T，我们需要提供一个数组 T[] 作为 range 实参，提供一个接受 T 作为参数并返回一个 boolean 值的函数作为 p 实参。我们还可以马上看到，这个函数将返回 T 或者 undefined。

我们不必找到函数实现或者查看文档，只需阅读这个声明，就可以知道应该传递什么类型的实参，这就降低了认知负担，使我们可以把它作为一个自包含的、独立的实现来对待。像这样明确指定的类型信息不仅可被编译器利用，开发人员也可以参考，这使理解代码变得简单了许多。

大多数现代语言都提供了一定程度的类型推断，即基于上下文来推断变量的类型。这可以减少冗余输入，所以很有用，但是当编译器能够轻松理解代码，而人却很难理解时，类型推断就会成为问题。明确指定的类型比注释更有帮助，因为编译器会确保类型正确。

1.3 类型系统的类型

如今，大多数语言和运行时都提供某种形式的类型化。我们很早之前就意识到，将代码解释为数据，或者将数据解释为代码，可能导致灾难性结果。现代类型系统之间的主要区别在于检查类型的时机以及检查的严格程度。

静态类型在编译时检查类型，所以当完成编译后，运行时的值一定有正确的类型。另一方面，动态类型则将类型检查推迟到运行时，所以类型不匹配就成了运行时错误。

强类型系统只会做很少的（甚至不做）隐式类型转换，而弱类型系统则允许更多隐式类型转换。

1.3.1 动态类型和静态类型

JavaScript 是动态类型的，TypeScript 是静态类型的。事实上，创建 TypeScript 就是为了在 JavaScript 中添加静态类型检查。将运行时错误转换成编译时错误，能够使代码更容易维护、适应性更强，对于大型应用程序，尤其如此。本书关注静态类型和静态类型语言，但是对动态类型语言有所了解会有帮助。

动态类型不会在编译时施加任何类型约束。日常交流中有时会将动态类型叫作“鸭子类型”（duck typing)，这个名称来自俗语：“如果一种动物走起来像鸭子，叫起来像鸭子，那么它就是一只鸭子。”代码可按照需要自由使用一个变量，运行时将对变量应用类型。在 TypeScript 中，通过使用 `any` 关键字可模拟动态类型，因为 `any` 关键字允许未指定类型的变量。

我们可以实现一个 `quacker()` 函数，使其接受一个 `any` 类型的 `duck` 实参，并调用该实参的 `quack()` 方法。只要我们向该函数传递一个有 `quack()` 方法的对象，代码就可以工作。但是，如果传入一个没有 `quack()` 方法的参数，就会发生运行时 `TypeError`，如程序清单 1.13 所示。

另外，静态类型在编译时执行类型检查，所以试图传入错误类型的实参会导致编译错误。为了利用 TypeScript 的静态类型特性，我们可以更新代码，声明一个 `Duck` 接口，并正确设置函数实参的类型，如程序清单 1.14 所示。注意，在 TypeScript 中，我们不需要显式声明要实现Duck接口，只要提供quack()函数，编译器就会认为实现了该接口。使用其他语言时，我们必须显式声明一个类实现了该接口。

程序清单 1.13 动态类型

```
function quacker(duck: any) {      <-- 此函数接受一个any类型的实参，所以会绕开编译时类型检查
    duck.quack();
}

quacker({ quack: function () { console.log("quack"); } });   <-- 我们传入一个有quack()方法的对象，所以调用将输出quack
quacker(42);   <-- 这行代码会导致运行时错误TypeError: duck.quack is not a function
```

程序清单 1.14 静态类型

```
interface Duck {      <-- 我们期望对象使用的接口声明有一个quack()方法
    quack(): void;
}

function quacker(duck: Duck) {      <-- 更新后的函数现在需要Duck类型的实参
    duck.quack();
}

quacker({ quack: function () { console.log("quack"); } });
quacker(42);   <-- 编译错误：Argument of type '42' is not assignable to parameter of type 'Duck'
```

在编译时捕获这种类型的错误，而不让它们导致程序运行失败，是静态类型的主要优势。

1.3.2 弱类型与强类型

术语“强类型”和“弱类型”常被用来描述类型系统。类型系统的强度描述了该系统在实施类型约束时的严格程度。弱类型系统会隐式地尝试将值从其实际类型转换为使用该值时期望的类型。

思考这个问题：牛奶与白色相等吗？在强类型系统中，这二者不相等，因为牛奶是一种液体，将其与一种颜色进行比较没有意义。在弱类型系统中，我们可以说“牛奶的颜色是白色的，所以是的，牛奶等于白色”。在强类型系统中，通过让问题变得像下面这样更加明确，我们可以显式地将牛奶转换为颜色：牛奶的颜色等于白色吗？在弱类型系统中，则不需要这种改进。

JavaScript是弱类型的。通过在TypeScript中使用any类型并让JavaScript在运行时

处理类型，可以看出这一点。JavaScript 提供了两种相等运算符：== 检查两个值是否相等，=== 检查值是否相等，以及值的类型是否相同，如程序清单 1.15 所示。因为 JavaScript 是弱类型的，所以 "42" == 42 这样的表达式的结果为 true。这一点会让人感到意外，因为 "42" 是文本，而 42 是数字。

程序清单 1.15 弱类型

```
const a: any = "hello world";
const b: any = 42;

console.log(a == b);         // 输出false，但允许将字符串和数字进行比较

console.log("42" == b);      // 输出true；JavaScript运行时隐式地将值转换为相同的类型

console.log("42" === b);     // 输出false；===运算符还会比较类型
```

隐式类型转换很方便，因为我们不必编写更多代码来显式地在类型之间进行转换，但是隐式类型转换也很危险，因为在许多情况中，我们不希望发生类型转换，但结果却让我们很意外。TypeScript 是强类型的。在前面的例子中，如果我们将 a 声明为 string，将 b 声明为 number，那么 TypeScript 将不会编译上面的比较语句，如程序清单 1.16 所示。

程序清单 1.16 强类型

```
const a: string = "hello world";   // a和b不再声明为any，
const b: number = 42;              // 所以其类型会被检查

console.log(a == b);
                                   // 这三个比较都将无法编
console.log("42" == b);            // 译，因为TypeScript
                                   // 不允许比较不同的类型
console.log("42" === b);
```

现在，所有比较都将导致错误 This condition will always return 'false' since the types 'string' and 'number' have no overlap。类型检查器发现我们在试图比较不同类型的值，所以拒绝编译代码。

虽然在短期内，弱类型系统更容易使用，因为它不要求程序员显式转换不同类型的值，但是弱类型系统不能提供强类型系统那样的保证。如果不能正确地实施类型，那么本章描述的大部分优点，以及本书剩余部分使用的技术将失去效用。

注意，虽然一个类型系统要么是动态的（在运行时进行类型检查），要么是静态的（在编译时进行类型检查），但是其强度在一个范围内：执行的隐式转换越多，该类型系统就越弱。大部分类型系统，包括强类型系统在内，会为其认为安全的转换提供有限的隐式转换。转换为 boolean 是一个常见的例子：在大多数语言中，即使 a 是 number 类型或者引用

类型，if(a) 也会编译。拓宽转换是另一个例子，第4章将会进行介绍。TypeScript 只使用 number 类型表示数字值，但在其他某些语言中，假如我们需要一个16位的整数，但是传入了一个8位的整数，那么通常会自动把8位整数转换为16位整数，因为这种转换不存在数据损坏的风险（16位整数能够表示8位整数可以表示的任意值）。

1.3.3 类型推断

在一些情况中，不需要我们显式指定，编译器就可以推断出某个变量或者函数的类型。例如，如果将值 42 赋值给一个变量，则 TypeScript 可以推断出其类型为 number，所以我们不需要指定类型。如果我们想明确表达意图，使阅读代码的人清晰地知道是什么类型，则可以自己指定类型，但是这并不是严格要求的。

类似地，如果函数在每个 return 语句中都返回相同类型的值，则我们不需要在函数定义中显式地指定返回类型。编译器能够从代码中推断出返回类型，如程序清单1.17所示。

程序清单 1.17 类型推断

```
function add(x: number, y: number) {    // 此函数没有明确的返回类型，但是编译器可以推断出返回类型为number
    return x + y;
}

let sum = add(40, 2);    // 变量sum的类型没有被显式声明为number，但编译器可以推断出来
```

这与动态类型不同。动态类型在运行时检查类型，但在这里，仍然在编译时判断并检查类型，只不过我们没有显式提供类型而已。如果类型是模糊的，那么编译器将给出一个错误，要求我们通过提供类型关键字来使类型变得明确。

小结

- 类型是一种数据分类，定义了可以对这类数据执行的操作、这类数据的意义以及允许取值的集合。
- 类型系统是一组规则，为编程语言的元素分配并实施类型。
- 类型限制了变量的取值范围，所以在一些情况中，运行时错误就被转换成了编译时错误。
- 不可变性是类型施加的一种数据属性，保证了值在不应该发生变化时不会发生变化。
- 可见性是另外一种类型级别的属性，决定了哪些组件能访问哪些数据。
- 泛型编程支持强大的解耦合以及代码重用。

- 类型标识符使得阅读代码的人更容易理解代码。
- 动态类型（或叫“鸭子类型”）在运行时决定类型。
- 静态类型在编译时检查类型，捕获到原本有可能成为运行时错误的类型错误。
- 类型系统的强度衡量的是该系统允许在类型之间进行多少隐式转换。
- 现代类型检查器具有强大的类型推断算法，使它们能够确定变量或者函数的类型，而不需要我们显式地写出类型。

第 2 章将介绍基本类型，它们是类型系统的基础模块。我们将介绍如何避免在使用这些类型时常犯的一些错误，以及如何使用数组和引用来构建各种数据结构。

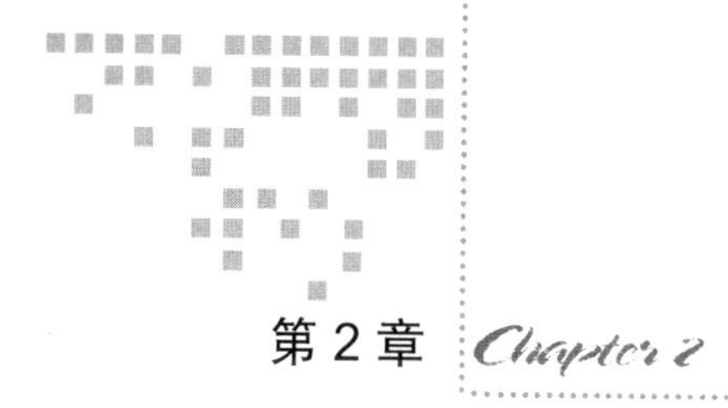

第 2 章 Chapter 2

基本类型

本章要点

- ❑ 常用基本类型及其用途
- ❑ 布尔表达式的计算
- ❑ 数值类型和文本编码的陷阱
- ❑ 数据结构的基础类型

计算机在内部用位序列来表示数据。类型为这些位序列赋予了意义。同时，类型限制了数据的取值范围。类型系统提供了一组基本类型或内置类型，并为组合这些类型规定了一组规则。

本章将介绍一些常用的基本类型（空类型、单元类型、布尔值、数字、字符串、数组和引用类型），它们的使用，以及一些要注意的常见陷阱。虽然我们每天都在使用基本类型，但是每个基本类型都有一些细节，了解之后才能有效地使用它们。例如，布尔表达式可以"短路"，而数值表达式可能溢出。

我们将首先介绍最简单的一些类型，它们只携带很少的信息甚至不携带信息，然后介绍通过各种编码表示数据的类型。最后，我们将介绍数组和引用，它们是其他更加复杂的数据结构的基础模块。

2.1 设计不返回值的函数

考虑到我们可以把类型视为可取值的集合，你可能会想，是否有一个类型代表空集合呢？空集合中没有任何元素，所以对于这样的类型，我们将无法创建实例。那么这样的类型有用吗？

2.1.1 空类型

假设我们在创建一个实用程序库，需要定义这样一个函数：给定一条消息时，记录出现的错误，包括时间戳和消息，然后抛出一个异常，如程序清单 2.1 所示。这个函数是 throw 的一个包装器，所以不应该返回值。

程序清单 2.1 没有找到配置文件时，引发并记录一个错误

```
const fs = require("fs");

function raise(message: string): never {
    console.error(`Error "${message}" raised at ${new Date()}`);
    throw new Error(message);
}

function readConfig(configFile: string): string {
    if (!fs.existsSync(configFile))
        raise(`Configuration file ${configFile} missing`);

    return fs.readFileSync(configFile, "utf-8");
}
```

这个函数任何时候都不会返回（总是会抛出错误），所以其返回类型为never

示例用法：如果没有找到配置文件，我们将记录并抛出一个错误

注意，上例中函数的返回类型为 never。这清晰地告诉阅读代码的人：raise() 从不会返回。更好的是，如果以后有人不小心更新了这个函数，并添加了返回语句，那么代码将不能通过编译。任何值都无法被赋值给 never，所以编译器会确保函数的行为一直符合设计，不会返回。

这种类型称为不可赋值类型（uninhabitable type）或空类型，因为我们无法创建它的实例。

> **空类型**：空类型是不能有任何值的类型，其可取值的集合是一个空集合。我们任何时候都无法实例化这种类型的一个变量。我们使用空类型来表示不可能，例如将其用作从不会返回的函数（抛出异常或无限循环的函数）的返回类型。

不可赋值类型用来声明从不返回的函数。函数不返回的原因有几个：函数在所有代码路径上都抛出异常，函数可能执行无限循环，或者可能导致程序崩溃。这些都是合法的场景。我们可能想实现一个函数，让它在发生不可恢复的错误时先做一些记录，发送一些数据，然后再抛出异常或者让程序崩溃。我们可以把想要一直运行的代码放到一个循环中（例如系统的事件处理循环），直到系统关闭。

大多数编程语言使用 void 来表示不存在有意义的值，但是将上面那样的函数声明为

返回 void 存在误导性。这些函数不是不返回有意义的值，而是根本不返回。

> **不会终止的函数**
>
> 空类型看起来无关紧要，但它显示了数学与计算机科学的一个根本区别：在数学中，我们不能定义一个从非空集合到空集合的函数，这根本就没有意义。数学中的函数不用“判断为”这个词来表示结果，它们的结果就是准确的结果。
>
> 计算机则判断程序，一步步地执行指令。计算机有可能会判断一个无限循环，这意味着它们将不会结束执行。基于这个原因，计算机程序可以定义一个指向空集合的有意义的函数，前面介绍的函数就是这样的例子。

当你要创建一个不会返回的函数，或者想要明确表示函数不会有返回值的时候，可以考虑使用空类型。

自制空类型

TypeScript 提供了 never 作为空类型，但并不是所有主流语言都提供了内置的空类型。不过在大部分主流语言中，你可以实现一个空类型。为此，你可以定义一个枚举，但不在其中定义任何元素；或者定义一个结构，使其只有一个私有构造函数，这样一来，它将不会被调用。

程序清单 2.2 显示了在 TypeScript 中，我们如何把空类型实现为一个无法被实例化的类。注意，如果两个类型具有相似的结构，TypeScript 会认为它们是兼容的，所以我们需要添加一个虚拟 void 属性，以确保其他代码不会产生类型为 Empty 的值。其他语言，如 Java 和 C#，不需要这个额外的属性，因为它们不会根据形状判断类型是否兼容。第 7 章将详细介绍这方面的内容。

程序清单 2.2 将 Empty 类型实现为一个不可赋值的类

```
declare const EmptyType: unique symbol;

class Empty {
    [EmptyType]: void;
    private constructor() { }
}

function raise(message: string): Empty {
    console.error(`Error "${message}" raised at ${new Date()}`);
    throw new Error(message);
}
```

TypeScript中用来确保具有相同形状的其他对象不会被解释为这个类型的一种方式

私有构造函数确保其他代码不能实例化这个类型

此函数与上一个示例中的函数相同，但这一次使用了Empty而不是never

这段代码能够编译，因为编译器会进行控制流分析，并判断出不需要 return 语句。另外，因为我们不能创建 Empty 的实例，所以根本不能添加 return 语句。

2.1.2 单元类型

在2.1.1节，我们介绍了从不返回的函数。有没有确实会返回，但是不返回任何有意义的值的函数呢？有，并且有许多。我们调用这样的函数只是为了获得它们的副作用：这些函数会执行某些操作，修改一些外部状态，但不会执行有意义的计算来返回给我们。

以 console.log() 为例：它将实参输出到调试控制台，但是不会返回有意义的值。另外，这个函数在执行结束后，会把控制权返回给调用函数，所以它的返回类型不能为 never。

程序清单2.3中的函数输出了经典的“Hello world!”，这是另外一个很好的例子。我们调用它来输出一句问候（这是一种副作用），而不是返回值，所以我们将其返回类型指定为 void。

程序清单 2.3　一个“Hello world!”的实现函数

```
function greet(): void {          <-- 这个函数输出一句问候，但
    console.log("Hello world!");       不返回任何有用的值
}
                                   我们通常会忽略这种函数
greet();                       <-- 的结果
```

这种函数的返回类型叫作单元类型。单元类型只允许有一个值，并且其名称在 TypeScript 和多数语言中都是 void。我们通常不会创建 void 类型的变量，而是可以直接从一个 void 函数返回，并不需要先提供一个实际的值，这是因为单元类型的值并不重要。

> **单元类型**：单元类型是只有一个可能值的类型。对于这种类型的变量，检查其值是没有意义的，它只能是那一个值。当函数的结果没有意义时，我们会使用单元类型。

函数可以接受任意数量的实参，但不返回任何有意义的值。这种函数也叫作动作（因为它们通常会执行一个或多个改变状态的操作）或消费者（因为实参进入了函数，但函数不输出任何值）。

自制单元类型

虽然大多数编程语言中都提供了 void 这样的类型，但是一些语言对 void 进行了特殊处理，不允许像使用其他类型那样使用 void。在这种情况下，通过定义一个枚举，使其只有一个元素，或者定义一个没有状态的单例，可以创建自己的单元类型。因为单元类型只有一个可能的取值，所以这个值是什么其实并不重要；所有单元类型都是相等的。将一个单元类型转换为另一个单元类型并没有太大意义，因为只存在一个选项：一个类型的单个值映射到另一个类型的单个值。

程序清单2.4展示了在 TypeScript 中如何实现一个单元类型。与自制空类型的示例一

样，我们使用了一个 void 属性，确保其他具有兼容结构的类型不会被隐式转换为 Unit。Java 和 C# 等其他语言不需要这个额外的属性。

程序清单 2.4 将单元类型实现为一个无状态的单例

```
declare const UnitType: unique symbol;

class Unit {
    [UnitType]: void;
    static readonly value: Unit = new Unit();
    private constructor() { };
}

function greet(): Unit {
    console.log("Hello world!");
    return Unit.value;
}
```

unique symbol属性确保相似形状的类型不会被解释为Unit

Unit类型的静态只读属性是唯一能够创建的Unit实例

私有构造函数确保其他代码不能实例化这个类型

这个函数等效于一个返回void的函数，因为它总是返回相同的值

2.1.3 习题

1. 如果 set() 函数接受一个值，并将这个值赋值给一个全局变量，那么它的返回类型应该是什么？
   a) never
   b) undefined
   c) void
   d) any
2. 如果 terminate() 函数立即停止程序执行，那么它的返回类型应该是什么？
   a) never
   b) undefined
   c) void
   d) any

2.2 布尔逻辑和短路

除了没有取值的类型（空类型，如 never）和只有一个值的类型（单元类型，如 void），还有只有两个取值的类型。大多数编程语言都提供了布尔类型，这是一种标准的、只有两个值的类型。

布尔值对真实性进行编码，其名称来自乔治·布尔。现在所谓的“布尔代数”，是乔治·布尔最早描述的，这种代数包含一个真值（1）和一个假值（0），并规定了可对这两个值进行的逻辑运算，如 AND、OR 和 NOT。

一些类型系统将布尔类型作为内置类型，提供了值 true 和 false。另一些系统则依赖数字来表示布尔值，它们将 0 视为 false，将其他任意数字视为 true（即所有非假的就是真）。TypeScript 内置了一个 boolean 类型，其两个取值为 true 和 false。

无论是存在基本的布尔类型，还是从其他类型的值来推断真值，大多数编程语言都使用某种形式的布尔语义来支持条件分支。对于 if (condition) {...} 这样的语句，只有当条件判断为 true 时，才会执行花括号内的部分。循环依赖于条件来决定是继续迭代还是结束迭代：while (condition) {...}。如果没有条件分支，我们将无法编写出太有用的代码。设想一下在不能使用任何循环或条件语句时，如何实现一个非常简单的算法？例如从一个数字列表中找出第一个偶数。

2.2.1 布尔表达式

许多编程语言使用下面的符号来进行常见的布尔运算：&& 代表 AND，|| 代表 OR，! 代表 NOT。通常用真值表来描述布尔表达式，如图 2.1 所示。

a	b	a && b	a || b	!a
true	true	true	true	false
true	false	false	true	false
false	true	false	true	true
false	false	false	false	true

图 2.1 AND、OR 和 NOT 真值表

2.2.2 短路计算

假设你需要为一个评论系统创建如程序清单 2.5 所示的守门人系统：当用户试图发送评论时，守门人会拒绝 10 秒内发送的后续评论（用户在发送垃圾消息），以及没有内容的评论（用户可能在输入内容前不小心点击了 Comment 按钮）。

守门人函数接受评论和用户 ID 作为实参。假设之前已经定义了一个 secondsSinceLastComment() 函数；该函数在给定用户 ID 后，查询数据库，返回该用户上次提交评论后经过的时间。

如果两个条件都满足，则把评论提交到数据库，否则返回 false。

程序清单 2.5 守门人

secondsSinceLastComment()查询数据库来获取用户上次提交后经过的时间

```
declare function secondsSinceLastComment(userId: string): number;
declare function postComment(comment: string, userId: string): void;
```

postComment()将评论写入数据库

```
function commentGatekeeper(comment: string, userId: string): boolean {
    if ((secondsSinceLastComment(userId) < 10) || (comment == ""))
        return false;

    postComment(comment, userId);

    return true;
}
```

如果某个条件未得到满足，则返回false。否则，提交评论并返回true

程序清单 2.5 是守门人的一种可行的实现。注意 OR 表达式，如果上次评论后经过的时间不到 10 秒，或者当前评论为空，那么该表达式将返回 false。

实现相同逻辑的另外一种方法是调换两个操作数的顺序，如程序清单 2.6 所示。首先检查当前评论是否为空，然后检查上次提交评论的时间。

程序清单 2.6 守门人的另外一种实现

```
declare function secondsSinceLastComment(userId: string): number;
declare function postComment(comment: string, userId: string): void;

function commentGatekeeper(comment: string, userId: string): boolean {
    if ((comment == "") || (secondsSinceLastComment(userId) < 10))
        return false;

    postComment(comment, userId);

    return true;
}
```

此版本与上个版本的唯一区别是翻转了条件

这两个版本是否有优劣之分？它们定义了相同的检查，只不过检查次序不同。事实上，这两个版本是不同的。由于布尔表达式的计算方式，在收到某些输入时，这两个版本在运行时会表现出不同的行为。

大部分编译器和运行时会对布尔表达式进行所谓的“短路”优化。a AND b 形式的表达式会被翻译为 if a then b else false。这遵守 AND 的真值表：如果第一个操作数为 false，则无论第二个操作数是什么，整个表达式都是 false；如果第一个操作数为 true，那么当第二个操作数也为 true 时，整个表达式才为 true。

对 a OR b 会进行类似的翻译，使其成为 if a then true else b。查看 OR 的真值表可知：如果第一个操作数为 true，则无论第二个操作数是什么，整个表达式都是 true；如果第一个操作数为 false，则只有第二个操作数为 true 时，整个表达式才为 true。

之所以进行这种翻译，是因为如果计算第一个操作数已经能够知道整个表达式的结果，则完全不必计算第二个操作数，而这也是其名称“短路”的由来。守门人函数必须执行两个检查：一个开销相对小的检查，用于确保收到的评论不为空，以及一个开销可能很大的检查，涉及查询评论数据库。在程序清单 2.5 中，先执行数据库查询。如果上次提交评论是在 10 秒之内，则短路甚至不会检查当前评论，而只是简单地返回 false。在程序清单 2.6

中，如果当前评论为空，则不会查询数据库。通过先执行一个相对低开销的检查，第二个版本有可能会避免进行开销很大的检查。

布尔表达式计算的这个属性很重要，在组合条件时要记得运用：取决于左侧表达式的计算结果，短路操作可能不会计算右侧的表达式，所以应该首选按照开销最小到开销最大的顺序来排列条件。

2.2.3 习题

1. 下面的代码会输出什么？

```
let counter: number = 0;

function condition(value: boolean): boolean {
    counter++;
    return value;
}

if (condition(false) && condition(true)) {
    // ...
}

console.log(counter)
```

a）0

b）1

c）2

d）不返回值；代码会抛出错误

2.3 数值类型的常见陷阱

在多数编程语言中，通常会提供一种或多种基本类型来表示数字。使用数字时，有几点需要留意。以一个将购物价格加起来的简单函数为例。如果一个用户购买了 3 条泡泡糖，价格为每条 10 美分，则我们期望总价为 30 美分。但是，取决于使用数值类型的方式，我们有可能看到意外的结果，如程序清单 2.7 所示。

程序清单 2.7 对物品价格求和的函数

```
type Item = { name: string, price: number };     <-- 我们用一个名称和一个价格（数字）来表示物品

function getTotal(items: Item[]): number {       <-- getTotal函数返回一个数字作为总价
    let total: number = 0;

    for (let item of items) {
        total += item.price;
    }
```

```
    return total;
}

let total: number = getTotal(
    [{ name: "Cherry bubblegum", price: 0.10 },
     { name: "Mint bubblegum", price: 0.10 },
     { name: "Strawberry bubblegum", price: 0.10 }]
);

console.log(total == 0.30);
```

计算3条泡泡糖的总价，每条泡泡糖10美分

这行代码会输出false，尽管我们会期望0.10 + 0.10 + 0.10 = 0.30

为什么将 0.10 相加 3 次的结果不是 0.30？为了理解这一点，我们需要了解计算机如何表示数值类型。数值类型的两个关键特征是其宽度和编码。

宽度是指用来表示一个值的位数。位数可以从 8 位（1 个字节）甚至 1 位一直到 64 位或更多。位宽与底层芯片架构有很大关系：64 位 CPU 有 64 位寄存器，所以允许对 64 位值执行极快的操作。对于编码给定宽度的数字，有 3 种常见的方法：无符号二进制、二进制补码以及 IEEE 754。

2.3.1　整数类型和溢出

无符号二进制编码使用每个位来表示值的一部分。例如，一个 4 位无符号整数可以表示 0 ~ 15 之间的任意值。一般来说，一个 N 位无符号整数可以表示 0（所有位都是 0）~ 2^N-1（所有位都是 1）之间的值。图 2.2 显示了 4 位无符号整数的一些取值。使用下面的公式，可以将 N 个二进制位（$b^{N-1}b^{N-2}\cdots b^1b^0$）转换为一个十进制数字：$b^{N-1}\times 2^{N-1} + b^{N-2}\times 2^{N-2} + \cdots + b^1\times 2^1 + b^0\times 2^0$。

值	4 位无符号编码
0	0000
1	0001
2	0010
10	1010
15	1111

最小取值，全部位均为 0

最大取值，全部位均为 1

图 2.2　4 位无符号整数编码。最小取值为 0，即全部 4 个位均为 0。最大取值为 15，即全部位均为 1（$1\times 2^3 + 1\times 2^2 + 1\times 2^1 + 1\times 2^0$）

这种编码非常直观，但只能表示正数。如果我们还想表示负数，就需要一种不同的编码，通常是补码。在补码编码中，我们保留一位作为符号位。正数的表示与前面一样，但负数编码则是从 2^N 减去它们的绝对值，其中 N 是位数。

图 2.3 显示了 4 位带符号整数的一些取值。

值	4 位带符号编码
-8	1000
-3	1101
0	0000
3	0011
7	0111

最小取值，除了符号位，所有位都是 0

最大取值，除了符号位，所有位都是 1

图 2.3　4 位带符号整数编码。–8 被编码为 $2^4 - 8$（二进制为 1000），–3 被编码为 $2^4 - 3$（二进制为 1101）。对于负数，第一位总是 1，对于正数，第一位总是 0

在这种编码中，所有负数的第一位都是 1，所有正数和 0 的第一位都是 0。一个 4 位带符号整数可表示 –8 ~ 7 之间的值。用来表示值的位数越多，能够表示的值的范围越大。

上溢和下溢

如果算术运算的结果不能用给定位数表示，会发生什么？如果我们使用 4 位无符号编码来计算 10 + 10，但 4 个位能够表示的最大值为 15，此时会发生什么？

这种情形叫作算术上溢。还有一种相反的情形，即得到的数字太小，无法用给定位数表示，这种情形叫作算术下溢。不同的语言采用不同的方式来处理这两种情形，如图 2.4 所示。

图 2.4　处理算术上溢的不同方式。里程表从 999 999 环绕到 0；仪表盘停留在最大值位置；计算器输出 `Error` 并停止计算

处理算术上溢和下溢的 3 种主要方式是环绕、饱和与报错。

硬件通常采用环绕方式，简单地丢弃不合适的位。对于 4 位无符号整数 `1111`，如果我们向其加 1，结果将变成 `10000`，但是因为只需要使用 4 个位，所以 1 被丢弃，得到的结果为 `0000`，即环绕回 `0`。这是处理溢出最高效的方式，但也是最危险的方式，可能导致意外的结果。例如，我有 15 美元，再加 1 美元，结果我只有 0 美元。

饱和是处理溢出的另外一种方式。如果运算结果超出了可以表示的最大值，就停止在最大值。这与物理世界非常对应：如果恒温器最高只能达到某个温度，那么尝试继续升高温度不会有效果。另外，使用饱和时，算术运算不再始终具有结合性。如果最大值是 7，那么 $7 + (2 - 2) = 7 + 0 = 7$，但是 $(7 + 2) - 2 = 7 - 2 = 5$。

第三种方式是报错，即在发生上溢时抛出错误。这是最安全的方法，但缺点是需要检查每个算术运算，而且每当执行算术运算时，代码都需要处理异常情况。

检测上溢和下溢

不同的语言可能使用上述不同方式来处理算术上溢和下溢。如果场景中要求采用的处理方式与语言的默认方式不同，则需要检查某个操作可能导致上溢还是下溢，然后单独处理该场景。这需要在允许值的范围内完成处理。

例如，为了确保将值 a 和 b 相加后，结果不会上溢或者下溢出 [MIN, MAX] 范围，我们需要确保不会发生 a + b < MIN（两个负数相加时）或者 a + b > MAX。

如果 b 是正数，则不可能出现 a + b < MIN，因为我们在让 a 变得更大，而不是更小。在这种情况中，我们只需要检查上溢。我们可以把 a + b > MAX 改写为 a > MAX - b（在两边均减去 b）。因为我们在减去一个正数，所以是在减小值，此时不会发生上溢（MAX - b 在 [MIN, MAX] 范围内）。因此，如果 b > 0，并且 a > MAX - b，就会发生上溢。

如果 b 是负数，那么不可能出现 a + b > MAX，因为我们在让 a 变得更小，而不是更大。在这种情况中，我们只需要检查下溢。我们可以把 a + b < MIN 改写为 a < MIN - b（在两边均减去 b）。因为我们在减去一个负数，所以是在增大值，此时不会发生下溢（MIN - b 在 [MIN, MAX] 范围内）。因此，如果 b < 0，并且 a < MIN - b，就会发生下溢，如程序清单 2.8 所示。

程序清单 2.8 检查加法溢出

```
function addError(a: number, b: number,
    min: number, max: number): boolean {    ◁ 这个函数接受数字a和b，以及允许的最小值和最大值作为参数
    if (b >= 0) {
        return a > max - b;                 ◁ 如果b是正数，且a > max - b，则会发生上溢
    } else {
        return a < min - b;                 ◁ 如果b是负数，且a < min - b，则会发生下溢
    }
}
```

对于减法，可以使用类似的逻辑。

对于乘法，我们通过在两侧均除以 b 来检查上溢和下溢。在这里，我们需要考虑两个数字的符号，因为将两个负数相乘会得到一个正数，而将一个正数和一个负数相乘会得到一个负数。

满足以下条件时，将发生上溢：

- ❑ b > 0，a > 0，并且 a > MAX / b。
- ❑ b < 0，a < 0，并且 < MAX / b。

满足以下条件时，将发生下溢：

- ❑ b > 0，a < 0，并且 a < MIN / b。
- ❑ b < 0，a > 0，并且 a > MIN / b。

对于整数除法，a / b 的值始终是 -a ~ a 之间的一个整数。只有当 [-a, a] 不完

全在 [MIN, MAX] 之间时，我们才需要检查上溢和下溢。回到 4 位带符号整数的例子，MIN 为 –8，MAX 为 7，所以只有一种情况会发生上溢：–8 / –1（因为 [–8, 8] 不完全在 [–8, 7] 范围内）。事实上，对于带符号整数，唯一会出现上溢的场景是当 a 为可表示的最小值，b 为 –1 的时候。无符号整数除法不会出现上溢。

表 2.1 和表 2.2 总结了在需要特殊处理时，检查上溢和下溢的步骤。

表 2.1　检查 a 和 b 在 [MIN, MAX] 范围内发生整数上溢的情况，其中 MIN = -MAX-1

加法	减法	乘法	除法
b > 0 并且 a > MAX - b	b < 0 并且 a > MAX + b	b > 0, a > 0, 并且 a > MAX / b b < 0, a < 0, 并且 a < MAX / b	a == MIN 并且 b == -1

表 2.2　检查 a 和 b 在 [MIN, MAX] 范围内发生整数下溢的情况，其中 MIN = -MAX-1

加法	减法	乘法	除法
b < 0 并且 a < MIN - b	b > 0 并且 a < MIN + b	b > 0, a < 0, 并且 a < MIN / b b < 0, a > 0, 并且 a > MIN / b	N/A

2.3.2　浮点类型和圆整

IEEE 754 是美国电气和电子工程师协会（Institute of Electrical and Electronics Engineers）为表示浮点数（带小数部分的数字）制定的标准。在 TypeScript（和 JavaScript）中，使用 binary64 编码将数字表示为 64 位浮点数。图 2.5 详细说明了这种表示。

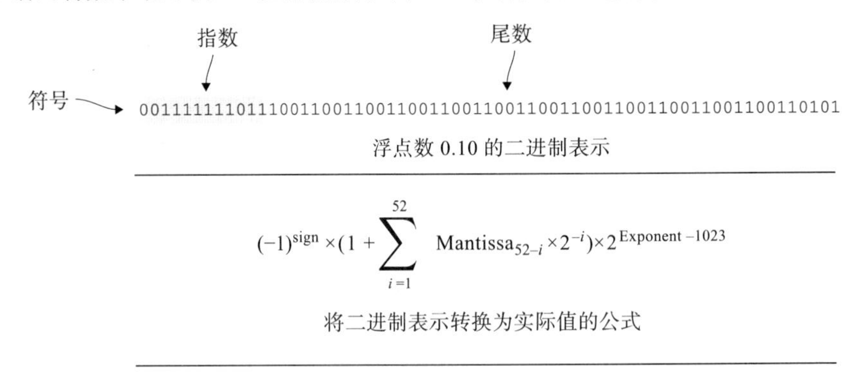

图 2.5　0.10 的浮点数表示。最上面显示了浮点数的三个部分（符号位、指数和尾数）在内存中的二进制表示。中间显示了将二进制表示转换为数字的公式。最下面显示了应用公式的结果：0.1 被近似为 0.1000000000000000055511151231 26

浮点数的3个部分包括符号、指数和尾数。符号是一个位，对于正数为0，对于负数为1。尾数是用图2.2中的公式描述的小数部分。这个小数部分将会与2的偏移指数次方相乘。

称之为指数偏移，是因为我们从指数表示的无符号整数中减去一个值，从而能够表示正数和负数。在binary64编码中，这个值是1023。IEEE 754标准定义了几种编码，一些以10而不是2为基，不过在实际应用中，以2为基出现得更多。

标准还定义了一些特殊值：

- NaN，代表非数字（not a number），用于表示无效操作（如除零）的结果。
- 正无穷和负无穷（Inf），当操作溢出时用作饱和值。
- 尽管根据公式,0.10变成了0.100000000000000005551115123126，但这个数字将被向下圆整到0.1。事实上，在JavaScript中进行比较时，认为0.10和0.100000000000000005551115123126相等。浮点数只能通过圆整和近似，才能使用相对少量的位数，表示很大范围中的小数。

精度值

如果需要处理精度（例如在处理货币时），则避免使用浮点数。将0.10相加3次，得到的结果并不等于0.30，这是因为虽然每个0.10的表示被圆整为0.10，但把它们相加3次后，圆整后的结果将是0.30000000000000004。

不需要圆整，就能够安全地表示小整数，所以更好的方法是将一个价格编码为由美元整数和美分整数组成的一对值。JavaScript提供了Number.isSafeInteger()，可用来了解一个整数值是否能够在不被圆整的情况下表示出来，所以依赖于该函数的结果，我们可以设计一个Currency类型，使其编码两个整数值，并且防范圆整问题，如程序清单2.9所示。

程序清单2.9 Currency类和货币加法函数

```
class Currency {
    private dollars: number;
    private cents: number;

    constructor(dollars: number, cents: number) {
        if (!Number.isSafeInteger(dollars))
            throw new Error("Cannot safely represent dollar amount");

        if (!Number.isSafeInteger(cents))
            throw new Error("Cannot safely represent cents amount");

        this.dollars = dollars;
        this.cents = cents;
    }

    getDollars(): number {
        return this.dollars;
    }

    getCents(): number {
```

我们使用不同的变量来存储美元和美分

构造函数确保我们只存储在没有圆整时就可以安全表示的值

通过getter来访问值，所以外部代码无法修改它们

```
        return this.cents;
    }
}

function add(currency1: Currency, currency2: Currency): Currency {
    return new Currency(
        currency1.getDollars() + currency2.getDollars(),   将两个Currency值相加，就是
        currency1.getCents() + currency2.getCents());       分别将其美元值和美分值相加
}
```

在另外一种语言中，我们会使用两个整数类型，并防范上溢 / 下溢。因为 JavaScript 没有提供整数基本类型，所以我们需要依赖于 `Number.isSafeInteger()` 来防范圆整。在处理货币时，相比让资金神秘地出现或者消失，报错是更好的处理方式。

程序清单 2.9 中的类仍然非常基础。来看一个很有帮助的练习：可以将每 100 美分自动转换为 1 美元。此时，应该考虑在什么位置检查整数的安全性。如果美元值是一个安全的整数，但将其加 1 后（这个 1 来自 100 美分），它变得不再安全，此时应该怎么办？

比较浮点数

我们看到，由于存在圆整，比较浮点数的相等性通常不是一个好主意。有一种更好的方法来知道两个值是否近似相等：我们可以确保它们的差在给定阈值内。

这个阈值应该是多大？它应该是可能出现的最大圆整误差。这个值叫作 machine epsilon，随不同的编码而可能有所变化。JavaScript 将这个值作为 `Number.EPSILON` 提供。使用这个值时，我们可以实现两个数字的相等性比较，只需取出两个数字的差的绝对值，然后检查它是否小于 machine epsilon 即可。如果小于，则两个值在彼此的圆整误差之内，我们可以认为它们相等，如程序清单 2.10 所示。

程序清单 2.10　使用 machine epsilon 判断浮点数是否相等

```
function epsilonEqual(a: number, b: number): boolean {     检查两个数字是否在彼此的圆
    return Math.abs(a - b) <= Number.EPSILON;         <-    整误差内
}
                                                  输出false，因为0.1 + 0.1 + 0.1的
console.log(0.1 + 0.1 + 0.1 == 0.3);           <-  圆整结果为0.30000000000000004
console.log(epsilonEqual(0.1 + 0.1 + 0.1, 0.3)); <-  输出true，因为0.3和
                                                     0.30000000000000004
                                                     在彼此的圆整误差内
```

一般来说，在比较两个浮点数时，使用类似 `epsilonEqual()` 这样的函数是个好主意，因为算术运算可能导致圆整误差，进而导致意外的结果。

2.3.3 任意大数

大部分语言的库中都提供了任意大的数。这些类型将它们的宽度扩展为表示任意值所

需的位数。Python 提供了这样的一个类型作为默认数值类型，而对于 JavaScript，现在也有人在提议将任意大的 `BigInt` 类型标准化为语言的一部分。虽然如此，我们不会将任意大数值视为基本类型，因为我们可以通过固定宽度的数值类型来构造出任意大数值。它们用起来很方便，但许多运行时没有直接提供它们，因为任意大数没有对应的硬件表示（芯片总是操作固定位数）。

2.3.4 习题

1. 下面的代码将输出什么？

```
let a: number = 0.3;
let b: number = 0.9;

console.log(a * 3 == b);
```

   a）什么也不输出；代码会抛出错误
   b）`true`
   c）`false`
   d）`0.9`

2. 对于一个跟踪唯一标识符的数字，上溢行为应该是什么样子的？
   a）上溢饱和
   b）上溢环绕
   c）上溢报错
   d）上述行为都可以

2.4 编码文本

字符串是另外一种常见的基本类型，用于表示文本。字符串由 0 个或更多个字符串组成，这就让它成为我们要讲解的第一个能够有无限个值的基本类型。

在计算机发展的早期阶段，每个字符用一个字节来表示，所以计算机最多只能使用 256 个字来表示文本。后来出现了 Unicode 标准，旨在提供一种方式来表示全世界的字母和其他字符（如表情符号），此时 256 个字符显然就不够用了。事实上，Unicode 定义了超过 100 万个字符。

2.4.1 拆分文本

下面以一个简单的文本拆分函数为例，它接收一个字符串，然后把该字符串拆分为指定长度的多个字符串，以便能够适应某个文本编辑器控件的宽度，如程序清单 2.11 所示。

程序清单 2.11 简单的文本拆分函数

```
function lineBreak(text: string, lineLength: number): string[] {
    let lines: string[] = [];

    while (text.length > lineLength) {
        lines.push(text.substr(0, lineLength));
        text = text.substr(lineLength);
    }

    lines.push(text);
    return lines;
}
```

lines数组将包含拆分后的文本

只要文本的长度大于行的长度，就重复执行

将前lineLength个字符作为新行添加到数组中，然后从文本中删除这些字符

将剩余文本（小于lineLength）作为最后一行添加到结果中

一开始看上去，这个实现似乎是正确的。对于输入文本 `"Testing, testing"` 和行长度 `5`，结果行是 `["Testi", "ng, t", "estin", "g"]`。这是我们期望的结果，因为文本每隔 5 个字符分成了一行。

但是，其他符号有更复杂的编码。例如，女警官表情符号 "👮‍♀️"。尽管它看起来是一个字符，但 JavaScript 使用 5 个字符来表示它。`"👮‍♀️".length` 返回 `5`。如果我们尝试拆分包含这个表情符号的字符串，那么取决于它出现在文本中的位置，拆分结果可能让我们感到意外。如果我们尝试拆分文本 "···👮‍♀️"，行长度为 `5`，则得到的数组为`["···👮", "♀️"]`。

女警官表情符号由两个单独的表情符号组成：警官表情符号和女性标志表情符号。这两个表情符号通过零宽连接字符串 `"\ud002"` 组合而成。这个字符串没有图形表示，它只是用于组合其他字符。

警官表情符号 "👮" 由两个相邻字符表示，如果我们尝试将较长的字符串 `"....👮‍♀️"` 按行长度为 `5` 进行拆分，可以观察到这一点。这将拆分警官表情符号，得到 `["....\ud83d", "\udc6e♀️"]`。`\uXXXX` 是 Unicode 转义字符，用来表示无法原样打印的字符。虽然女警官表情符号被显示为一个符号，但它是用 5 个不同的转义字符序列来表示的：`\ud83d`、`\udc6e`、`\u200d`、`\u2640` 和 `\ufe0e`。

轻率地在字符边界拆分文本可能得到无法显示的结果，甚至改变文本的意义。

2.4.2 编码

我们需要了解字符编码，以更好地理解如何恰当地处理文本。Unicode 标准中有两个类似但不同的概念：字符（character）和书写位（grapheme）。字符是文本的计算机表示（警官表情符号、零宽连接字符串和女性符号），而书写位则是用户看到的符号（女警官）。渲染文本时，我们使用书写位，所以不应该拆分一个包含多字符的书写位。当编码文本时，我们使用字符。

字符与书写位：字形（glyph）是一个字符的特定表示。例如，“**C**”（加粗）和“*C*”（斜体）是字符“C”的两种不同的视觉呈现。

书写位是一个不可分的单位，如果我们将其拆成不同部分，如女警官的示例那样，那么书写位将失去其意义。一个书写位可由多个字形来表示。Apple 为女警官提供的表情符号与 Microsoft 提供的女警官表情符号看起来不同；这就是用不同的字形来呈现相同的书写位的结果，如图 2.6 所示。

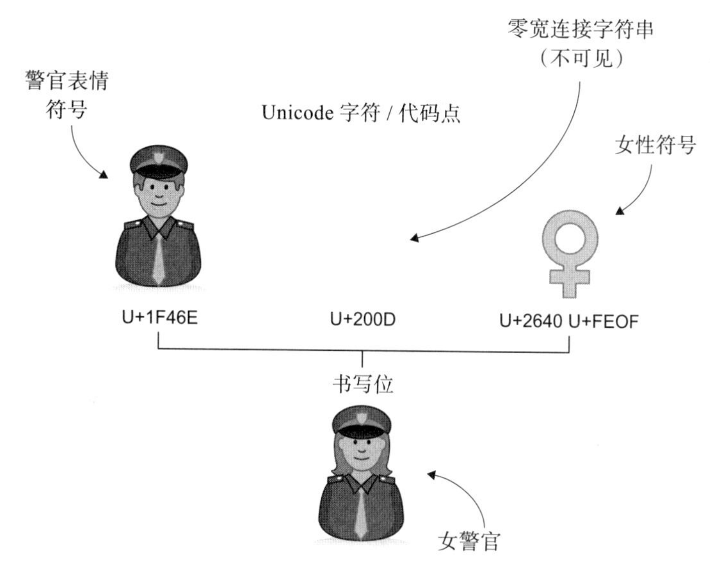

图 2.6　女警官表情符号的字符编码（警官表情符号 + 零宽连接字符串 + 女性表情符号）以及得到的书写位（女警官）

每个 Unicode 字符被定义为一个代码点，这是介于 `0x0` ~ `0x10FFFF` 之间的一个值，所以共有 1 114 111 个代码点。这些代码点能够表示全世界的字母表、表情符号以及其他许多符号，同时仍然有在将来添加更多符号的空间。

UTF-32

编码这些代码点最直观的方式是 UTF-32，它为每个字符使用 32 位。一个 32 位整数可以表示 `0x0` ~ `0xFFFFFFFF` 之间的值，所以可以容纳所有代码点，同时仍留有空间。UTF-32 的问题在于十分低效，没有使用的位浪费了大量空间。因此，一些更简洁的编码被开发出来，为较小的代码点使用较少的位，随着值增大，使用的位数也增加。这些编码叫作变长编码。

UTF-16 和 UTF-8

UTF-16 和 UTF-8 是最常用的编码。JavaScript 使用的是 UTF-16 编码。在 UTF-16 中，一个单元是 16 位。能够用 16 位表示的代码点（从 `0x0` ~ `0xFFFF`）由一个 16 位整数表示，而需要 16 位以上的位数的代码点（从 0x10000 ~ 0x10FFFF）由两个 16 位值表示。

UTF-8 是最流行的编码，它比 UTF-16 采用的方法更进一步：一个单元是 8 位，代码点由 1 个、2 个、3 个或 4 个 8 位值来表示。

2.4.3 编码库

文本编码和操纵是一个复杂的主题，有一些图书专门介绍这个主题。好消息是，你不需要了解全部细节，就可以有效地使用字符串，不过你需要认识到这种复杂性，并且积极寻找机会，将基础的文本操纵（如我们的文本拆分示例中那样）改为调用封装了这种复杂性的库。

例如，grapheme-splitter 是一个 JavaScript 文本库，能够处理字符和书写位。通过运行 npm install grapheme-splitter，可以安装这个库。使用 grapheme-splitter 时，我们可以将 lineBreak() 函数实现为在书写位级别拆分文本，具体实现方法是将文本拆分为一个书写位数组，然后在 lineLength 书写位字符串中组合它们，如程序清单 2.12 所示。

程序清单 2.12　使用 grapheme-splitter 的文本拆分函数

```
import GraphemeSplitter = require("grapheme-splitter");
const splitter = new GraphemeSplitter();

function lineBreak(text: string, lineLength: number) {
    let graphemes: string[] = splitter.splitGraphemes(text);
    let lines: string[] = [];

    for (let i = 0; i < graphemes.length; i += lineLength) {
        lines.push(graphemes.slice(i, i + lineLength).join(""));
    }

    return lines;
}
```

splitGraphemes函数将字符串拆分为一个书写位数组

然后，我们取得一组组lineLength个书写位，并把它们连接成一行行文本

在这个实现中，当行长度为 5 时，字符串“...👮‍♀️”和“....👮‍♀️”根本不会拆分字符串，因为两个字符串都不大于 5 个书写位，而字符串“.....👮‍♀️”则被正确地拆分为 [".....", "👮‍♀️"]。

grapheme-splitter 库可帮助避免在处理字符串时最常出现的三类错误之一。这三类错误是：

- 在字符级别而不是书写位级别操纵编码文本。2.4.1 节介绍了这种错误的一个例子。在该例中，我们在字符级别拆分文本，但我们本应该在书写位级别进行拆分以便呈现文本。在第 5 个字符处拆分文本，可能导致将一个书写位拆分为多个书写位。在

显示文本时，我们还需要知道字符序列如何组合成书写位。

- 在字节级别而不是字符级别操纵编码文本。当我们在不知道编码的情况下，错误地处理一个变长编码文本序列时会发生这种情况。此时，可能我们想在第5个字符位置将一个字符拆分为多个字符，结果却在第5个字节位置进行了拆分。取决于实际字符的编码，一个字符可能占据两个或更多个字节，所以我们不能忽略编码来做出假设。
- 采用错误的编码来将一个字节序列解释为文本（例如，试图将UTF-16编码文本解释为UTF-8文本，或者反过来解释）。当从另外一个组件收到一个字节序列作为文本时，必须知道文本使用的编码。不同的语言为文本使用不同的默认编码，所以简单地将字节序列解释为字符串，可能得到错误的结果。

图2.7显示了女警官书写位如何由两个Unicode字符组成。图中还显示了它们的UTF-16编码和二进制表示。

注意，同一个书写位的UTF-8编码是不同的，尽管它们在屏幕上的显示效果相同。UTF-8编码是`0xF0 0x9F 0x91 0xAE 0xE2 0x80 0x8D 0xE2 0x99 0x80 0xEF 0xB8 0x8F`。

总是应该确保使用正确的编码解释字节序列，并且要依赖字符串库，在字符和书写位级别操纵字符串。

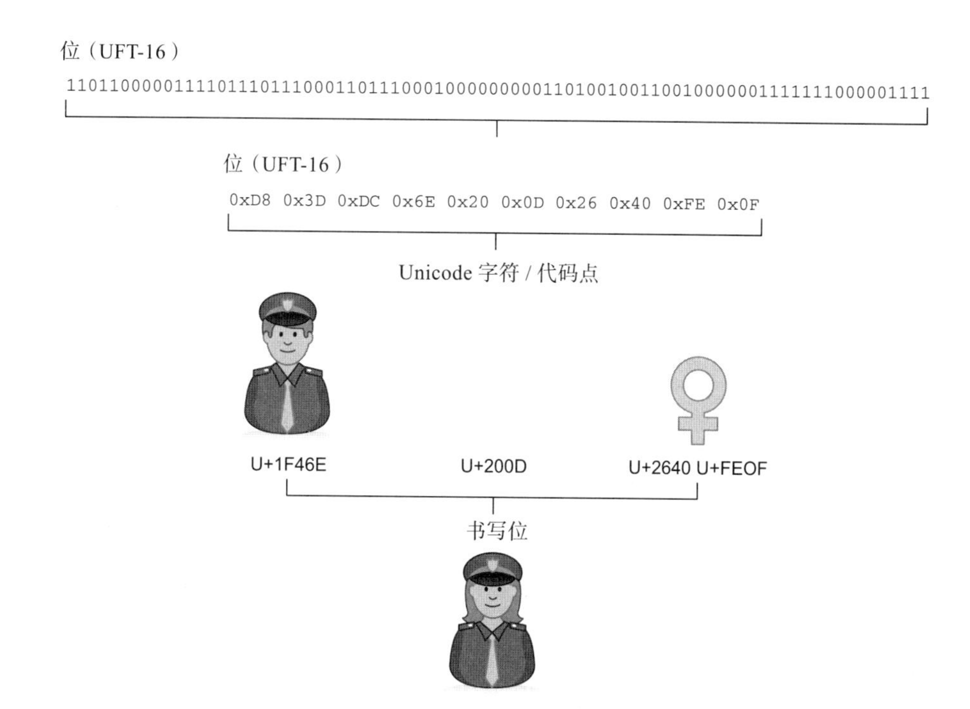

图2.7 使用UTF-16字符串编码的内存中的位、UTF-16字节序列、Unicode代码点序列和书写位的形式表示女警官表情符号

2.4.4 习题

1. 编码一个 UTF-8 字符需要多少个字节？
   a）1 个字节
   b）2 个字节
   c）4 个字节
   d）取决于字符
2. 编码一个 UTF-32 字符需要多少个字节？
   a）1 个字节
   b）2 个字节
   c）4 个字节
   d）取决于字符

2.5 使用数组和引用构建数据结构

我们最后要讲的两个常用基本类型是数组和引用。使用它们可以构建出其他更加高级的数据结构，例如列表和树。在实现数据结构时，这两个基本类型提供了不同的取舍。我们将探讨如何根据期望的访问模式（读频率与写频率）和数据密度（稀疏与稠密），以最佳方式使用它们。

固定大小数组依次存储给定类型的多个值，所以允许高效访问。引用类型则通过让组件引用其他组件，允许我们把一个数据结构拆分到多个位置。

我们不把变长数组视为基本类型，因为它们是使用固定大小数组和引用实现的，下面将介绍相关内容。

2.5.1 固定大小数组

固定大小数组代表一个连续的内存区域，其中存储了相同类型的值。例如，由 5 个 32 位整数组成的一个数组共占有 160 位（5×32），其中前 32 位存储第一个数字，下一个 32 位存储第二个数字，以此类推。

相比链表，数组是一个常用的基本类型，原因在于效率：因为值是依次存储的，所以访问其中任何一个值都是速度很快的操作。如果一个 32 位整数构成的数组从内存位置 101 开始存储，也就是说，第一个整数（索引为 0）存储在 101 ~ 132 之间的 32 位中，那么数组中索引 N 位置的整数存储在 $101 + N \times 32$。一般来说，如果数组开始于 base 位置，元素大小为 M，则索引 N 位置的元素存储在 $\text{base} + N \times M$。因为内存是连续的，所以很有可能把数组整页放到内存中缓存起来，使得访问速度很快。

与之相对，在链表中访问第 N 个元素需要我们从链表的头开始，沿着每个结点的

next 指针前进，直到找到第 N 个结点。没有办法直接计算出一个结点的地址。结点不一定是依次分配的，所以可能需要在内存中多次换页才能到达想要的结点。图 2.8 显示了一个整数数组和一个整数链表的内存表示。

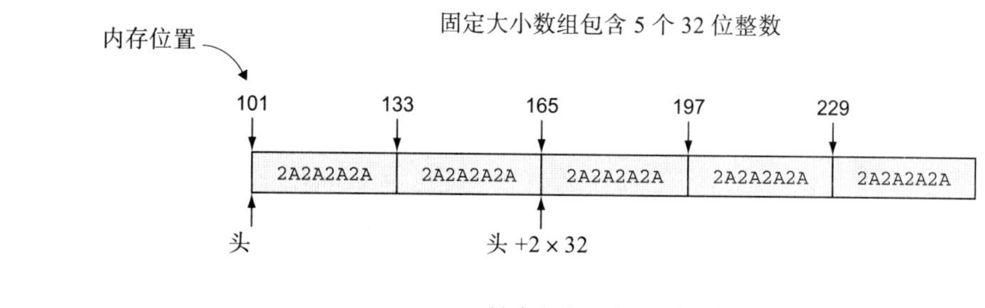

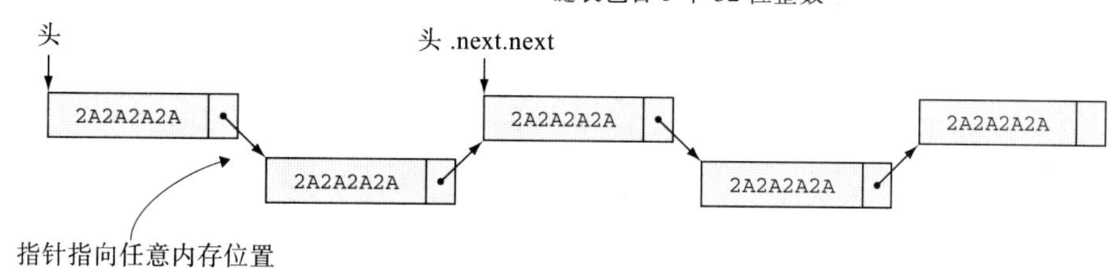

图 2.8 分别将 5 个 32 位整数存储在一个固定大小数组和一个链表中。在固定大小数组中查询元素非常快，因为我们能够计算出它的准确位置。另外，链表要求我们沿着 next 元素前进，直到找到要寻找的元素。元素可能存储在内存中的任何位置

术语“固定大小”指的是数组不能在原位置增长或缩减。如果我们想让数组存储 6 个整数，而不是 5 个，就需要分配一个新数组，使其能够容纳 6 个整数，然后将前 5 个整数从原数组复制过来。与之相比，在链表中，我们可以追加结点，而不需要修改任何现有代码。取决于期望的访问模式（读操作更多还是追加操作更多），两种表示各有所长。

2.5.2 引用

引用类型保存对象的指针。引用类型的值，即变量的位，并不表示一个对象的内容，而是可以找到该对象的地址。一个对象的多个引用并不会复制该对象的状态，所以通过其中一个引用修改该对象时，通过其他所有引用都可以看到做出的修改。

在数据结构的实现中经常使用引用类型，因为它们提供了一种将不同组件连接起来的方法，允许在运行时向数据结构添加组件，或者从数据结构中移除组件。

在接下来的几个小节中，我们将介绍一些常用的数据结构，以及如何使用数组和引用来实现它们。

2.5.3 高效列表

许多语言都在库中提供了一个列表数据结构。需要注意的是，这个数据结构不是一个基本类型，而是使用基本类型实现的一个数据结构。随着在列表中添加或者删除项，列表会增长或收缩。

如果将列表实现为链表，则在添加和删除结点时，不需要复制任何数据，但是遍历列表的开销会比较大（线性时间或 $O(n)$ 复杂度，其中 n 是列表的长度）。在程序清单 2.13 中，`NumberLinkedList` 就是这样一种列表实现，它提供了两个函数：`at()` 检索给定索引位置的值，`append()` 在列表末尾追加一个值。这个实现保存了两个引用：一个引用列表开头，从这个位置可以开始遍历，另一个引用列表末尾，这允许我们直接追加元素，而不必遍历列表。

程序清单 2.13 链表实现

```
class NumberListNode {
    value: number;
    next: NumberListNode | undefined;

    constructor(value: number) {
        this.value = value;
        this.next = undefined;
    }
}

class NumberLinkedList {
    private tail: NumberListNode = { value: 0, next: undefined };
    private head: NumberListNode = this.tail;

    at(index: number): number {
        let result: NumberListNode | undefined = this.head.next;
        while (index > 0 && result != undefined) {
            result = result.next;
            index--;
        }

        if (result == undefined) throw new RangeError();

        return result.value;
    }

    append(value: number) {
        this.tail.next = { value: value, next: undefined };
        this.tail = this.tail.next;
    }
}
```

列表中的结点有一个值以及一个引用，该引用指向下一个结点，或者如果当前结点已经是最后一个结点，则该引用为undefined

链表一开始为空，头结点和尾结点都指向一个虚拟结点

为了获取给定索引位置的结点，必须从头结点开始，沿着next引用前进

追加结点的效率很高，只需要把新结点添加到尾部，然后更新tail属性

可以看到，在这种情况中，`append()` 非常高效，因为它只需要在尾部添加一个结点，然后使新结点成为尾部结点。另一方面，`at()` 则需要从头部开始，沿着 `next` 引用移动，

直到到达我们寻找的结点。

程序清单 2.14 中使用了基于数组的实现，所以能够高效访问元素，但是追加元素成了开销比较大的操作。可以对比一下这两种实现。

程序清单 2.14 基于数组的列表实现

```
class NumberArrayList {
    private numbers: number[] = [];
    private length: number = 0;

    at(index: number): number {
        if (index >= this.length) throw new RangeError();
        return this.numbers[index];
    }

    append(value: number) {
        let newNumbers: number[] = new Array(this.length + 1);
        for (let i = 0; i < this.length; i++) {
            newNumbers[i] = this.numbers[i];
        }
        newNumbers[this.length] = value;
        this.numbers = newNumbers;
        this.length++;
    }
}
```

我们在一个数值数组中存储值，数组的长度一开始为0

访问元素就是取出数组中给定索引位置的值

追加数值需要我们分配一个新数组，然后把原来的元素复制过来

将最后一个元素添加到新数组的末尾

在这种实现中，访问给定索引位置的元素意味着索引底层的 numbers 数组。此外，追加值成了更加复杂的操作：

1）必须分配一个新数组，使其比当前数组多一个元素。

2）必须把当前数组的全部元素复制到新分配的数组中。

3）将值追加为新数组的最后一个元素。

4）使用新数据替换当前数组。

每当需要追加一个新元素时，就复制数组的所有元素，这种操作的效率并不高。

在实践中，大部分库将列表实现为具有额外容量的数组。数组的大小比一开始需求的更大，所以在追加新元素时，不需要创建一个新数组并复制数据。当填满数组时，会分配一个新数组并会复制元素，但新数组的容量将是之前的两倍，如图 2.9 所示。

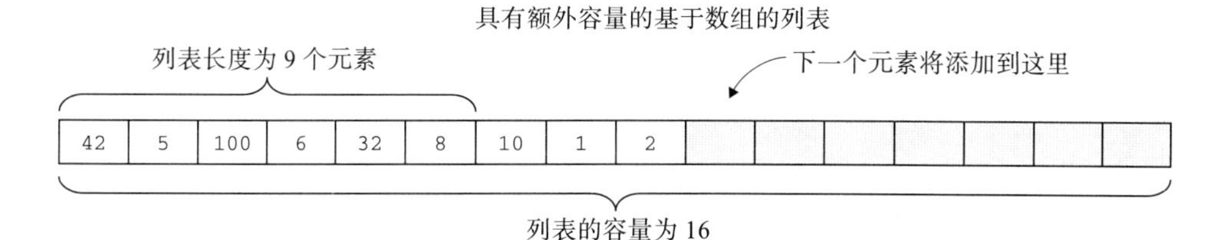

图 2.9 一个基于数组的列表，包含 9 个元素，容量为 16 个元素。再添加 7 个元素后，将把数据移动到一个更大的数组中

通过使用这种方法，数组容量会呈现指数级增长，所以相比数组每次只增长一个元素，这种方法需要复制数据的次数更少，如程序清单 2.15 所示。

程序清单 2.15　具有额外容量的、基于数组的列表实现

```
class NumberList {
    private numbers: number[] = new Array(1);
    private length: number = 0;
    private capacity: number = 1;

    at(index: number): number {
        if (index >= this.length) throw new RangeError();
        return this.numbers[index];
    }

    append(value: number) {
        if (this.length < this.capacity) {
            this.numbers[length] = value;
            this.length++;
            return;
        }

        this.capacity = this.capacity * 2;
        let newNumbers: number[] = new Array(this.capacity);
        for (let i = 0; i < this.length; i++) {
            newNumbers[i] = this.numbers[i];
        }
        newNumbers[this.length] = value;
        this.numbers = newNumbers;
        this.length++;
    }
}
```

尽管列表为空，但我们让一开始的容量为1

访问元素的代码与前面的实现相同

如果还没有填满数组，我们可以直接添加元素并更新长度

如果已经达到最大容量，则需要分配一个新数组并复制元素，但在执行此操作时，我们将容量加倍，使得将来的追加操作不需要重新分配数组

其他线性数据结构（如栈和堆）可以采用相同的方式实现。这些数据结构针对读访问做了优化，所以读访问总是很高效。通过使用额外容量，大部分写操作的效率也很高，但是当数据结构达到最大容量时，写操作需要把全部元素移动到一个新数组中，这种操作的效率比较低。而且，为了方便将来追加元素，列表分配的元素数量比当前使用的元素数量更多，这会带来一些内存开销。

2.5.4　二叉树

接下来，我们讨论另外一种数据结构：在这种数据结构中，我们可以在多个位置追加项。二叉树就是这种数据结构的一个例子。在二叉树中，可以向任何没有两个子结点的结点追加结点。

在表示二叉树时，数组是可选方法之一。树的第一级，也就是根，最多只有一个结点。树的第二级最多只有两个结点，即根结点的子结点。第三级最多只有 4 个结点，即前两个结点的子结点，以此类推。一般来说，对于一个 N 级树，二叉树最多有 $1 + 2 + \cdots + 2^{N-1}$ 个结点，即 2^N-1。

通过将每个级别放到前一个级别的后面，我们可以在一个数组中存储二进制树。如果树不是完全的（并不是每个级别都有全部子结点），我们将缺失的结点标记为 undefined。这种表示的优点之一是很容易从父结点到达子结点：如果父结点位于索引 i，则其左侧子结点位于索引 2*i，右侧子结点位于索引 2*i+1。

图 2.10 显示了如何将一个二进制树表示为一个固定大小数组。

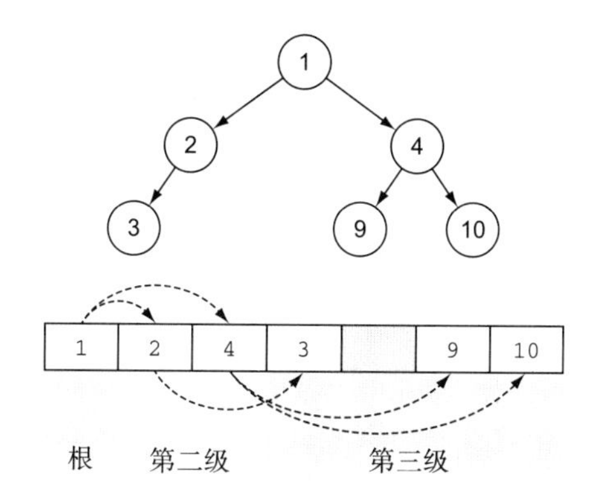

图 2.10　将二进制树表示为一个固定大小数组。缺失的结点（2 的右侧结点）是数组中没有使用的元素。结点之间的父子关系是隐含的，因为从父结点的索引能够计算出子结点的索引，反之，由子结点的索引能够计算父结点的索引

只要不改变树的级别，在树中追加结点的效率也很高。不过，如果需要增加级别，那么不但需要复制整个树，还需要使数组的大小加倍，以便为所有可能追加的新结点留出空间，如程序清单 2.16 所示。这与高效列表的实现类似。

程序清单 2.16　基于数组的二叉树实现

```
class Tree {
    nodes: (number | undefined)[] = [];        <-- 将结点存储为一个数值数组，使用
                                                    undefined来表示缺失的结点
    left_child_index(index: number): number {
        return index * 2;                       <--
    }                                               在给定父结点的索引时，计算左侧
                                                    和右侧子结点的索引
    right_child_index(index: number): number {
        return index * 2 + 1;                   <--
    }

    add_level() {
        let newNodes: (number | undefined)[] =
            new Array(this.nodes.length * 2 + 1);   <-- 为新级别增加容量时，将
                                                        把数组的大小加倍，并改
        for (let i = 0; i < this.nodes.length; i++) {   变结点的位置
            newNodes[i] = this.nodes[i];            <--
        }
        this.nodes = newNodes;
    }
}
```

这种实现的缺点在于，如果树是稀疏的，那么需要的额外空间的数量是难以接受的，如图 2.11 所示。

由于存在这种额外空间的开销，通常会借助引用，为二叉树使用一种更加紧凑的表示。结点会存储一个值和对其子结点的引用。

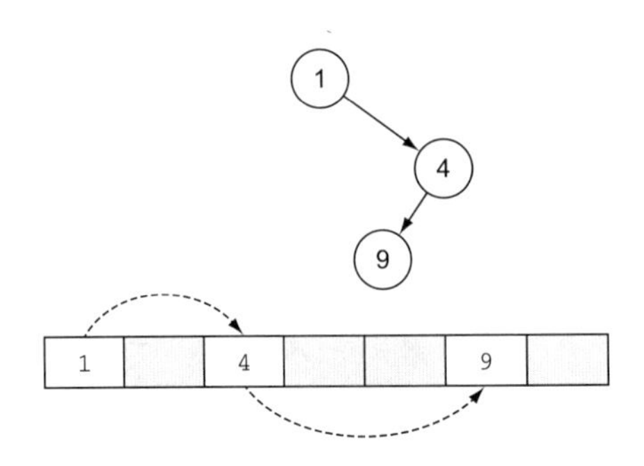

图 2.11　这个稀疏二叉树只包含 3 个结点，但仍然需要使用一个包含 7 个元素的数组才能正确表示。如果结点 9 有一个子结点，则数组大小将变成 15

在程序清单 2.17 所示的这种实现中，通过对树的根结点的引用来表示树。然后，沿着左右子结点，我们可以访问树中的任意结点。要在任意位置追加一个结点，只需要分配一个新结点，并设置其父结点的 `left` 或 `right` 属性。图 2.12 显示了如何使用引用来表示一个稀疏树。

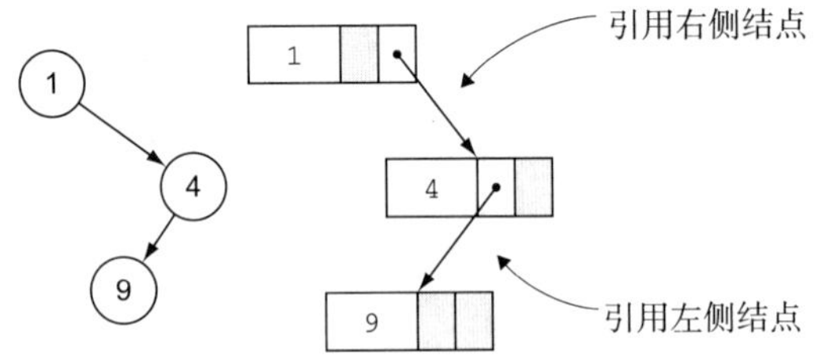

图 2.12　使用引用表示稀疏树。右侧的图将结点数据结构表示为值、`left` 引用和 `right` 引用

虽然引用自身也需要占用内存，但是需要的内存量与结点数成比例。对于稀疏树，这种实现比基于数组的实现好得多，因为在基于数组的实现中，随着树的级别增加，占用的空间将呈指数级增长。

程序清单 2.17　紧凑的二叉树实现

```
class TreeNode {
    value: number;
    left: TreeNode | undefined;
    right: TreeNode | undefined;

    constructor(value: number) {
        this.value = value;
        this.left = undefined;
        this.right = undefined;
    }
}
```

每个结点存储一个值

left和right引用其他结点，或者如果该结点没有子结点，它们将是undefined

一般来说，如果在稀疏数据结构中，可能在多个位置添加元素，并且数据结构中可能存在大量缺失的元素，那么在表示这种数据结构时，最好让元素引用其他元素，而不是将整个数据结构放到一个固定大小的数组中，导致不可接受的开销。

2.5.5 关联数组

一些编程语言还提供了其他类型的数据结构作为基本类型，并为其提供了内置的语法支持。关联数组（也叫作字典或哈希表）就是这种类型的一个常见的例子。这种类型的数据结构代表一个键值对集合，在给定键时，能够高效地检索值。

虽然你在学习前面的代码示例时可能形成了不同的看法，但 JavaScript/TypeScript 数组其实是关联数组。这两种语言并没有提供固定大小数组基本类型。前面的代码示例显示了如何在固定大小数组上实现数据结构。固定大小数组的大小不可变，但提供了极为高效的索引能力。在 JavaScript/TypeScript 中则不是这样。前面之所以介绍固定大小数组，而不是关联数组，是因为关联数组数据结构是可以使用数组和引用实现的。为了方便演示，前面将 TypeScript 数组视为固定大小的数组，从而使代码示例能够直接转换到其他大多数流行的编程语言中。

Java 和 C# 等语言将字典或哈希映射作为库的一部分提供，而数组和引用则是基本类型。JavaScript 和 Python 将关联数组作为基本类型，但它们的运行时也使用数组和引用来实现关联数组。数组和引用是较低级别的结构，代表特定的内存布局和访问模型，而关联数组则是较高级别的抽象。

关联数组常常被实现为一个固定大小的列表数组。哈希函数接受任意类型的一个键，返回该固定数组的一个索引。在该数组的给定索引位置的列表中将添加或者检索键值对。之所以使用列表，是因为多个键可以映射到同一个索引（如图 2.13 所示）。

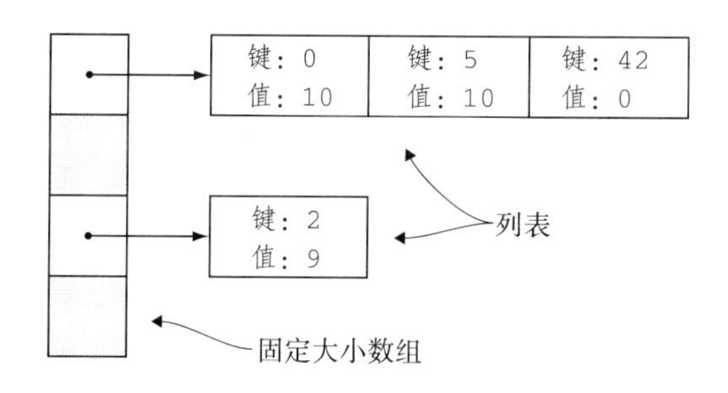

图 2.13　将关联数组实现为一个列表数组。本例中包含的键值映射为 0 → 10、2 → 9、5 → 10 和 42 → 0

要通过键查找值，需要找到包含该键值对的列表，然后遍历列表，直到找到键，最后返回值。如果列表变得太长，查找时间会增加，所以高效的关联数组实现通过增加数组大小，从而减小列表，来重新找到平衡点。

好的哈希函数会确保键平均分布到列表中，使得各个列表的长度相近。

2.5.6 实现时的权衡

在前面的介绍中，我们看到了数组和引用足以实现其他数据结构。根据期望的访问模式（读频率与写频率）以及期望的数据形状（稠密或稀疏），我们可以选择合适的基本类型来表示数据结构的组件，然后组合它们来获得最高效的实现。

固定大小数组具有极快的读取 / 更新能力，能够轻松地表示稠密数据。对于变长数据结构，引用的追加效果更好，能够更加轻松地表示稀疏数据。

2.5.7 习题

1. 哪种数据结构最适合随机访问其元素？
   a）链表
   b）数组
   c）字典
   d）队列

小结

- 应该将从不返回的函数——它们一直运行或者会抛出异常——声明为返回空类型。空类型可被实现为一个无法实例化的类，或者一个没有元素的枚举。
- 应该将结束执行后不返回有意义的结果的函数声明为返回单元类型（在大多数语言中为 `void`）。单元类型可被实现为一个单例，或者只有一个元素的枚举。
- 布尔表达式计算常常被短路，所以操作数的顺序可能影响到哪个操作数会被计算。
- 固定宽度整数类型可能发生溢出。溢出时的默认行为随着语言不同而不同。期望的行为取决于具体场景。
- 浮点数是近似表示的，所以最好的方法不是比较两个值的相等性，而是检查两个数是否在彼此的 `EPSILON` 范围内。
- 文本由书写位构成，每个书写位由一个或多个 Unicode 代码点表示，而每个代码点被编码为一个或多个字节。字符串处理库向我们隐藏了编码和表示的复杂性，所以最好使用这些库的功能，而不是直接操纵文本。
- 固定大小数组和引用是数据结构的基本模块。取决于数据访问模式和密度，我们可以选择其中一种，也可以结合使用二者来高效地实现任何数据结构，不管它们多么复杂。

习题答案

设计不返回值的函数

1. c——函数不返回任何有意义的值，所以使用 `void` 单元类型是合适的返回类型。
2. a——函数从不返回，所以空类型 `never` 是合适的返回类型。

布尔逻辑和短路

1. b——由于函数返回 `false`，布尔表达式会被短路，所以计数器只会增加一次。

数值类型的常见陷阱

1. c——由于浮点数圆整，该表达式的计算结果为 `false`。
2. c——因为标识符需要唯一，所以报错是更好的行为。

编码文本

1. d——UTF-8 是变长编码。
2. c——UTF-32 是固定长度编码，所有字符都使用 4 个字节编码。

使用数组和引用构建数据结构

1. b——数组最适合随机访问。

Chapter 3 第3章

组　　合

本章要点

- 将类型组合成复合类型
- 将类型组合成多选一类型
- 实现访问者模式
- 代数数据类型

第2章中介绍了一些常用的基本类型，它们是一个类型系统的基础模块。本章将介绍如何组合它们来定义新的类型。

我们将介绍复合类型，它们把多个类型的值组合到一起。还将说明，命名成员为数据赋予了意义，降低了错误解读数据的可能性，另外还会介绍如何在值需要满足特定约束时，确保它们的形式正确。

之后，我们将介绍多选一类型，它们包含多个类型中的某个类型的值。我们将介绍一些常用类型，例如可选类型、或类型和变体，以及这些类型的一些引用。我们将看到，例如，返回一个结果或一个错误通常比返回一个结果和一个错误更安全。

作为多选一类型的应用，我们将介绍访问者设计模式，并比较两种实现，其中一种使用了类层次来存储和操作对象，另一种则使用了变体。

最后，我们将介绍代数数据类型（Algebraic Data Type，ADT），以及它们与本章讨论的主题的关系。

3.1 复合类型

组合类型最明显的方式是把它们放到一起来构成新的类型。我们以平面上的一对坐标 *X* 和 *Y* 为例。*X* 和 *Y* 坐标的类型都是 number。平面上的一个点既有 *X* 坐标，又有 *Y* 坐标，所以它将两种类型组合成为一种新类型，其值为一个数字对。

一般来说，以这种方式来组合一个或多个类型将得到一个新类型，其值为组成类型的全部可能的组合，如图 3.1 所示。

图 3.1 组合两个类型，使结果类型包含每个类型的一个值。每个表情符号代表原始类型中的一个值。圆括号将结果类型的值表示为原始类型中的值对

注意，我们说的是组合类型的值，而不是类型的操作。当第 8 章中介绍面向对象编程的元素时，我们将介绍如何组合操作。现在，我们只关注值。

3.1.1 元组

假设我们将两个点定义为坐标对，现在想计算这两个点之间的距离。我们可以定义一个函数，将第一个点的 *X* 和 *Y* 坐标以及第二个点的 *X* 和 *Y* 坐标作为参数，然后计算它们之间的距离，如程序清单 3.1 所示。

程序清单 3.1 两个点之间的距离

```
function distance(x1: number, y1: number, x2: number, y2: number)
    : number {
    return Math.sqrt((x1 - x2) ** 2 + (y1 - y2) ** 2);
}
```

这个函数可以计算出期望的结果，但是不够理想：如果我们在处理点，那么只有在有对应的 *Y* 坐标时，x1 才有意义。应用程序很可能需要在多个位置操作点，所以我们不传递

单独的 X 和 Y 坐标，而是把它们分组为一个元素。

> **元组类型**：元组类型由一组类型构成，通过它们在元组中的位置可以访问这些组成类型。元组提供了一种特殊的分组数据的方式，允许我们将不同类型的多个值作为一个值进行传递。

通过使用元组，我们可以把 X 和 Y 坐标对作为一个点来传递。这就让读写代码变得更加简单。之所以更容易读代码，因为现在很明显，我们处理的是点；之所以更容易写代码，因为我们可以使用 `point:Point`，而不是 `x:number, y:number`，如程序清单 3.2 所示。

程序清单 3.2　定义为元组的两个点之间的距离

```
type Point = [number, number];        <-- 我们将一个新类型Point定义为一个数值元组

function distance(point1: Point, point2: Point): number {
    return Math.sqrt(
        (point1[0] - point2[0]) ** 2 + (point1[1] - point2[1]) ** 2);
}
```

当需要从一个函数中返回多个值时，元组也很有用，因为如果没有一种分组值的方式，是很难实现这种目的的。另一种方法是使用 out 参数，也就是由函数来更新实参，但这会让代码更难理解。

自制元组

大多数语言都在内置语法或者库中提供了元组，不过即使语言没有提供，我们也可以实现一个元组。在程序清单 3.3 中，我们将实现一个泛型元组，它包含两个组成类型，也叫作“对”。

程序清单 3.3　成对类型

```
class Pair<T1, T2> {
    m0: T1;          | Pair类型包含类型T1的值
    m1: T2;          | 和类型T2的值

    constructor(m0: T1, m1: T2) {
        this.m0 = m0;
        this.m1 = m1;
    }
}

type Point = Pair<number, number>;

function distance(point1: Point, point2: Point): number {
    return Math.sqrt(
        (point1.m0 - point2.m0) ** 2 + (point1.m1 - point2.m1) ** 2);
}
```

将类型视为可能值的集合时，如果 X 坐标可以是 `number` 定义的集合中的任意值，并且 Y 可以是 `number` 定义的集合中的任意值，那么 `Point` 元组可以是由 `<number, number>` 对定义的集合中的任意值。

3.1.2 赋予意义

将点定义为数值对可以得到期望的效果，但会丢失一些意义：我们可以将一对数字解释为 X 和 Y 坐标，或者 Y 和 X 坐标，如图 3.2 所示。

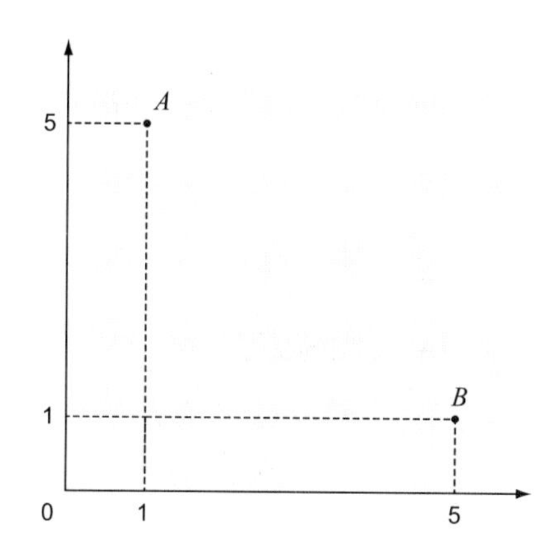

图 3.2 解释数值对 (1, 5) 的两种方式：作为点 A，其 X 坐标为 1，Y 坐标为 5；或者作为点 B，其 X 坐标为 5，Y 坐标为 1

在到目前为止的例子中，我们假设第一个分量是 X 坐标，第二个分量是 Y 坐标。这么做是可行的，但是却有可能出错。更好的方法是使类型具有意义，确保不会将 X 解释为 Y，将 Y 解释为 X。这可以通过使用记录类型实现。

记录类型：记录类型与元组类型相似，可将其他类型组合在一起。但是，元组中按照分量值的位置来访问值，而在记录类型中，我们可以为分量设置名称，并通过名称来访问值。在不同的语言中，记录类型被称为记录或者结构。

如果我们将 `Point` 定义为一个记录，则可以为两个分量分配名称 `x` 和 `y`，从而不给模糊解释留下空间，如程序清单 3.4 所示。

程序清单 3.4 定义为记录的两个点之间的距离

```
class Point {
    x: number;
    y: number;

    constructor(x: number, y: number) {
        this.x = x;
```

Point定义了x和y成员，所以哪个分量编码哪个坐标是很明显的

```
        this.y = y;
    }
}

function distance(point1: Point, point2: Point): number {
    return Math.sqrt(
        (point1.x - point2.x) ** 2 + (point1.y - point2.y) ** 2);
}
```

一般来说，最好定义带命名分量的记录，而不是传递元组。由于元组没有为分量命名，这就有可能错误地解释它们。从效率和功能的角度看，元组并没有比记录多提供什么，只不过我们在使用元组时通常可以内联声明它们，而在使用记录时通常会提供一个单独的定义。在大部分情况下，添加一个单独的定义是值得的，因为这为变量提供了额外的意义。

3.1.3 维护不变量

在一些语言中，记录类型可以有关联的方法。对于这种记录类型，通常可以定义成员的可见性。可以把一个成员定义为 `public`（可从任意位置访问）或 `private`（只能在记录内访问）等。在 TypeScript 中，成员默认是公有的。

一般来说，当定义记录类型时，如果成员是独立的，并且在变化时不会产生问题，那么就可以把它们标记为公有的。定义为 *X* 和 *Y* 坐标对的点就属于这种情况：当一个点在平面上移动时，一个坐标可独立于另一个坐标发生变化。

接下来看一个成员不能独立改变，否则将产生问题的例子：第 2 章介绍的货币类型，它由一个 `dollar` 值和一个 `cents` 值组成。我们用下面的规则来增强该类型的定义，规定什么是正确格式的货币值：

- 美元值必须是大于或等于 0 的一个整数，可安全地用 `number` 类型表示。
- 美分值必须是大于或等于 0 的一个整数，可安全地用 `number` 类型表示。
- 美分值不能大于 99；每 100 美分应该被转换为 1 美元。

这种确保值的格式正确的规则也称为不变量，因为即使组成复合类型的值发生变化，它们也不应该改变。如果我们将成员声明为公有的，那么外部代码能够改变它们，导致格式不正确的记录，如程序清单 3.5 所示。

通过让成员私有，并提供方法来更新成员，确保不变量得到保持，就可以避免这种情况，如程序清单 3.6 所示。如果我们处理所有可能导致不变量失效的情景，则能够确保对象始终处于有效的状态，因为修改对象将得到另外一个格式正确的对象，或者导致异常。

程序清单 3.5 格式不正确的货币

```
class Currency {
    dollars: number;
    cents: number;

    constructor(dollars: number, cents: number) {
        if (!Number.isSafeInteger(cents) || cents < 0)
            throw new Error();

        dollars = dollars + Math.floor(cents / 100);
        cents = cents % 100;

        if (!Number.isSafeInteger(dollars) || dollars < 0)
            throw new Error();

        this.dollars = dollars;
        this.cents = cents;
    }
}

let amount: Currency = new Currency(5, 50);
amount.cents = 300;
```

构造函数确保有效的美元和美分值

每100美分被转换为1美元

遗憾的是，公有成员使得外部代码能够创建无效的对象

程序清单 3.6 Currency 保持不变量

```
class Currency {
    private dollars: number = 0;
    private cents: number = 0;

    constructor(dollars: number, cents: number) {
        this.assignDollars(dollars);
        this.assignCents(cents);
    }

    getDollars(): number {
        return this.dollars;
    }

    assignDollars(dollars: number) {
        if (!Number.isSafeInteger(dollars) || dollars < 0)
            throw new Error();

        this.dollars = dollars;
    }
    getCents(): number {
        return this.cents;
    }

    assignCents(cents: number) {
        if (!Number.isSafeInteger(cents) || cents < 0)
            throw new Error();

        this.assignDollars(this.dollars + Math.floor(cents / 100));
        this.cents = cents % 100;
    }
}
```

使dollars和cents私有，确保外部代码不能绕过验证

如果美元或美分值无效（负数或不安全的整数），则抛出异常

如果美元或美分值无效（负数或不安全的整数），则抛出异常

通过将100美分转换为美元来标准化值

现在，外部代码需要使用 `assignDollars()` 和 `assignCents()` 函数，它们确保了所有不变量都将得到保持：如果提供的值无效，则抛出异常。如果美分数值大于 100，则将其转换为美元。

一般来说，如果不需要保证不变量，那么允许外部代码直接访问记录的公有成员应该没有什么问题，例如平面上一个点的独立的 *X* 和 *Y* 分量。另一方面，如果有一组规则规定了什么样的记录是格式正确的记录，则应该使用私有变量，并使用方法来更新这些变量，以确保规则得到实施。

另外一个选项是使成员不可变，如程序清单 3.7 所示，此时我们在初始化时能够确保记录是格式正确的，然后可以允许外部代码直接访问成员，因为外部代码不能修改它们。

程序清单 3.7　不可变的 Currency

```
class Currency {
    readonly dollars: number;
    readonly cents: number;

    constructor(dollars: number, cents: number) {
        if (!Number.isSafeInteger(cents) || cents < 0)
            throw new Error();

        dollars = dollars + Math.floor(cents / 100);
        cents = cents % 100;

        if (!Number.isSafeInteger(dollars) || dollars < 0)
            throw new Error();

        this.dollars = dollars;
        this.cents = cents;
    }
}
```

dollars和cents是公开的，但它们是只读的，在初始化后不能改变

现在，所有验证都发生在构造函数中

如果成员是不可变的，就不需要使用函数让它们保证不变量。成员只有在构造时才会设置一次，所以我们可以把所有验证逻辑移动到构造函数中。不可变的数据有其他优势：在不同的线程中并发访问这些数据是安全的，因为数据不会改变。可变性可能导致数据竞争，即一个线程修改了值，而另一个线程正在使用该值。

包含不可变成员的记录的缺点是，每当需要一个新值时，就需要创建一个新实例。根据创建新实例的开销，我们可能选择使用 getter 和 setter 方法来更新记录的成员，也可能选择让每次更新都需要创建一个新对象。

这里的目标是防止外部代码绕过我们的验证规则来做出修改，方法有两种：将成员声明为私有，使所有访问都通过方法进行，或者使成员不可变，并在构造函数中应用验证。

3.1.4 习题

1. 在3D空间中定义点的首选方式是什么？

   a) `type Point = [number, number, number];`

   b) `type Point = number | number | number;`

   c) `type Point = { x: number, y: number, z: number };`

   d) `type Point = any;`

3.2 使用类型表达多选一

前面介绍的组合类型是将类型放到一起，使结果类型的值由每个成员类型的值组成。另外一种组合类型的基本方式是多选一，即结果类型的值是一个或多个成员类型的值集合中的某一个，如图3.3所示。

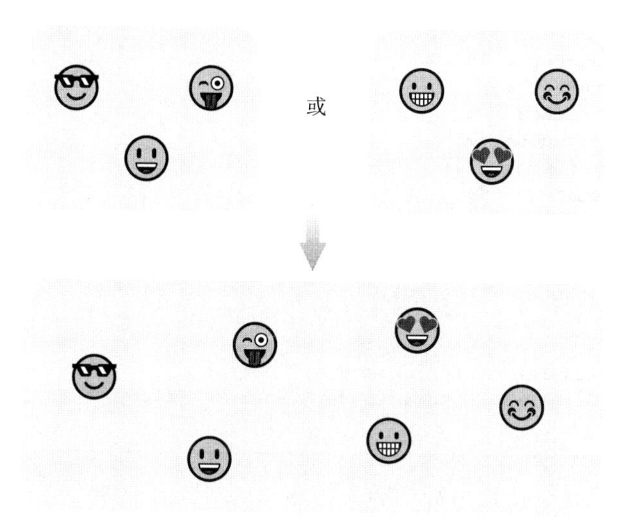

图3.3 将两个类型组合到一起，使结果类型的值可以来自其中任何一个类型

3.2.1 枚举

首先来看一个非常简单的任务：在类型系统中编码一周中的一天，参见程序清单3.8。我们可以说，一周中的一天是0～6之间的一个数字，0代表一周中的第一天，6代表一周中的最后一天。这种方案并不理想，因为使用代码的多个工程师可能对一周中的哪一天是第一天有不同的意见。美国、加拿大和日本等国家认为周日是一周中的第一天，而ISO 8601标准和大多数欧洲国家认为周一是一周中的第一天。

程序清单 3.8　将一周中的一天编码为一个数字

```
function isWeekend(dayOfWeek: number): boolean {
    return dayOfWeek == 5 || dayOfWeek == 6;
}

function isWeekday(dayOfWeek: number): boolean {
    return dayOfWeek >= 1 && dayOfWeek <= 5;
}
```

欧洲开发人员会认为5和6是周末（周六和周日）

美国开发人员会认为1～5是工作日（周一到周五）

在这个代码示例中可以明显看到，这两个函数不能同时是正确的。如果0代表周日，那么 `isWeekend()` 是错误的；如果0代表周一，那么 `isWeekday()` 是错误的。然而，因为0的意义没有被强制实施，而是通过约定来确定的，所以无法自动防止出现这种错误。

有一种方法是声明一组常量值来代表一周中的各天，确保在期望使用一周中的一天时，使用这些常量值，如程序清单 3.9 所示。

程序清单 3.9　使用常量编码一周中的各天

```
const Sunday: number = 0;
const Monday: number = 1;
const Tuesday: number = 2;
const Wednesday: number = 3;
const Thursday: number = 4;
const Friday: number = 5;
const Saturday: number = 6;

function isWeekend(dayOfWeek: number): boolean {
    return dayOfWeek == Saturday || dayOfWeek == Sunday;
}

function isWeekday(dayOfWeek: number): boolean {
    return dayOfWeek >= Monday && dayOfWeek <= Friday;
}
```

我们现在不使用数字，而使用命名常量来确保一致性

这种实现比前一种实现稍微好一点，但仍然存在一个问题：查看函数的声明时，不能清晰知道 `number` 类型的实参的期望值是什么。新接触代码的人如何知道在看到 `dayOfWeek:number` 时，应该使用其中的某个常量呢？他们可能并不知道在某个模块中定义了这些常量，所以可能自行解释这个数字，就像程序清单 3.8 中的示例一样。一些人甚至可能使用完全无效的值（例如 -1 或 10）来调用函数。更好的方案是为一周中的各天声明一个枚举，参见程序清单 3.10。

程序清单 3.10　将一周中的各天编码为一个枚举

```
enum DayOfWeek {
    Sunday,
    Monday,
    Tuesday,
    Wednesday,
```

使用枚举代替了常量

```
    Thursday,
    Friday,
    Saturday
}

function isWeekend(dayOfWeek: DayOfWeek): boolean {
    return dayOfWeek == DayOfWeek.Saturday
        || dayOfWeek == DayOfWeek.Sunday;
}

function isWeekday(dayOfWeek: DayOfWeek): boolean {
    return dayOfWeek >= DayOfWeek.Monday
        && dayOfWeek <= DayOfWeek.Friday;
}
```

现在我们用一个特殊的类型来表示一周中的各天

使用这种方法时，我们直接把一周中的各天编码为一个枚举，这有两个巨大的优势：由于代码中明确写出了各天，所以对于哪一天是周一、哪一天是周日，不再存在模糊的解释。另外，当一个函数声明期望接受 `dayOfWeek: DayOfWeek` 类型的实参时，我们清晰地知道应该传入 `DayOfWeek` 的一个成员，如 `DayOfWeek.Tuesday`，而不是传入一个数字。

这是将一组值组合成为一个新类型的一个基本示例。枚举类型的一个变量可以是提供的值中的任何一个。每当我们有一小组可能的取值，并且想要以不会导致歧义的方式表示它们时，就会使用枚举。接下来，我们将介绍如何把这个概念应用到类型而不是值上。

3.2.2 可选类型

假设我们想把用户输入的字符串转换成 `DayOfWeek`。如果能够把输入的字符串解释为一周中的一天，则将返回一个 `DayOfWeek` 值，但如果不能解释，则我们明确说明指定的一天是 `undefined`。在 TypeScript 中，可以使用 `|` 类型操作符来实现这种行为，它允许我们将类型组合到一起，如程序清单 3.11 所示。

程序清单 3.11 将输入解析为 DayOfWeek 或 undefined

```
function parseDayOfWeek(input: string): DayOfWeek | undefined {
    switch (input.toLowerCase()) {
        case "sunday": return DayOfWeek.Sunday;
        case "monday": return DayOfWeek.Monday;
        case "tuesday": return DayOfWeek.Tuesday;
        case "wednesday": return DayOfWeek.Wednesday;
        case "thursday": return DayOfWeek.Thursday;
        case "friday": return DayOfWeek.Friday;
        case "saturday": return DayOfWeek.Saturday;
        default: return undefined;
    }
}

function useInput(input: string) {
```

函数返回DayOfWeek或undefined

如果没有匹配的case，就返回undefined，指出无法解析输入

```
    let result: DayOfWeek | undefined = parseDayOfWeek(input);

    if (result === undefined) {                          <-- 检查是否没能成功解析，如果
        console.log(`Failed to parse "${input}"`);           是，就记录一个错误
    } else {
        let dayOfWeek: DayOfWeek = result;             <-- 如果结果不是undefined，就从
        /* Use dayOfWeek */                                 结果中提取一个DayOfWeek值，
    }                                                       并在以后使用这个值
}
```

parseDayOfWeek() 函数返回 DayOfWeek 或 undefined。userInput() 函数调用该函数，并尝试提取出结果，要么是记录一个错误，要么是得到一个可以使用的 DayOfWeek 值。

> **可选类型**：可选类型代表另一个类型 T 的可选值。可选类型的实例可以保存类型 T 的一个值（任意值），或者保存一个特殊值来指出不存在类型 T 的值。

自制可选类型

一些主流编程语言没有为以这种方式组合的类型提供语法级别的支持，但是在库中提供了一些常用的结构。前面的 DayOfWeek 或 undefined 的示例就是一个可选类型。可选类型包含其基本类型的值，或者不包含值。

可选类型通常封装了作为泛型实参提供的另一个类型，并提供了两个方法：hasValue() 方法告诉我们是否有一个实际值，getValue() 返回该值。试图在没有值时调用 getValue() 会导致抛出异常，如程序清单 3.12 所示。

程序清单 3.12　可选类型

```
class Optional<T> {                                <-- Optional封装了一个泛型T
    private value: T | undefined;
    private assigned: boolean;

    constructor(value?: T) {                       <-- value是一个可选实参，
        if (value) {                                   因为TypeScript不支持
            this.value = value;                        构造函数重载
            this.assigned = true;
        } else {
            this.value = undefined;
            this.assigned = false;
        }
    }

    hasValue(): boolean {
        return this.assigned;
    }

    getValue(): T {
```

```
        if (!this.assigned) throw Error();

        return <T>this.value;
    }
}
```

如果Optional未被赋值，则试图获取值会抛出一个异常

其他语言可能没有提供 | 类型来允许我们定义 T|undefined 类型，但我们可以使用 nullable 类型。nullable 类型允许该类型的任何值或 null，后者代表不存在值。

你可能不明白为什么可选类型会有用，因为在大部分语言中，允许引用类型为 null，所以不需要这种类型，也已经有一种方式来编码“没有可用值”的情形。

区别在于，使用 null 容易出错（参见下文“亿万美元的错误”），因为很难判断一个变量什么时候可以为空，什么时候不可以为空。我们必须在代码中到处添加 null 检查，以避免解引用 null 变量，因为解引用 null 变量会导致运行时错误。可选类型的思想是将 null 与允许值的范围拆分开。每当我们看到一个可选类型，就会知道它可以不包含值。在检查并知道该类型确实有值后，就可以从可选类型中提取出基本类型的变量。此后，我们知道该变量不会为 null。类型系统中会捕捉到这种区别，因为“可能为 null”的变量的类型（DayOfWeek|undefined 或 Optional<DayOfWeek>）与提取出的值是不同的，我们知道提取出的值不能为 null（DayOfWeek）。可选类型与其基本类型不兼容，这一点是有帮助的，使我们不会不小心在想要使用基本类型时，没有显式提取值就使用一个可选类型（可选类型可能没有值）。

亿万美元的错误

著名的计算机科学家、图灵奖获得者托尼·霍尔爵士称 null 引用是他犯下的“亿万美元错误”。他说过：

“1965 年我发明了 null 引用。现在我把它叫作我犯下的亿万美元错误。当时，我在一种面向对象语言中为引用设计第一个全面的类型系统。我的目标是让编译器来自动执行检查，确保所有使用引用的地方都是绝对安全的。但是，我没能抗拒诱惑，在类型系统中添加了 null 引用，这只是因为实现 null 引用太简单了。这导致了难以计数的错误、漏洞和系统崩溃，在过去四十年中可能造成了数亿美元的损失。”

几十年来发生了非常多的 null 解引用错误，所以现在很明显，最好不要让 null（即没有值）自身成为某个类型的一个有效的值。

3.2.3 结果或错误

我们接下来扩展 DayOfWeek 字符串转换示例，使得当无法确定 DayOfWeek 的值时，返回详细的错误信息，而不是简单地返回 undefined。我们想要区分字符串为空，以及我们无法解析字符串这两种情况。如果我们使用这段代码来支持文本输入控件，那么这么

做很有用，因为我们想根据不同的错误，向用户显示不同的错误消息（Please enter a day of week 或 Invalid day of week）。

一种常见的反模式是同时返回 DayOfWeek 和一个错误码，如程序清单 3.13 所示。如果错误码表示成功，则我们使用 DayOfWeek 值。如果错误码表示错误，则 DayOfWeek 值是无效的，我们不应该使用该值。

程序清单 3.13　从函数中返回结果和错误

```
enum InputError {                  <-- InputError代表错误码
    OK,
    NoInput,
    Invalid
}

class Result {     #B
    error: InputError;
    value: DayOfWeek;

    constructor(error: InputError, value: DayOfWeek) {
        this.error = error;
        this.value = value;
    }                              结果将错误码和DayOfWeek值组
}                                  合到一起

function parseDayOfWeek(input: string): Result {   <--
    if (input == "")
        return new Result(InputError.NoInput, DayOfWeek.Sunday);   <--
                                   如果字符串为空，我们返回NoInput
    switch (input.toLowerCase()) {  和默认的DayOfWeek
        case "sunday":
            return new Result(InputError.OK, DayOfWeek.Sunday);   <-- 如果能够成功解析输入，我们返回OK和解析出的DayOfWeek
        case "monday":
            return new Result(InputError.OK, DayOfWeek.Monday);
        case "tuesday":
            return new Result(InputError.OK, DayOfWeek.Tuesday);
        case "wednesday":
            return new Result(InputError.OK, DayOfWeek.Wednesday);
        case "thursday":
            return new Result(InputError.OK, DayOfWeek.Thursday);
        case "friday":
            return new Result(InputError.OK, DayOfWeek.Friday);
        case "saturday":
            return new Result(InputError.OK, DayOfWeek.Saturday);
        default:
            return new Result(InputError.Invalid, DayOfWeek.Sunday);   <--
    }
}                                  否则，如果解析失败，我们返回Invalid
                                   和默认的DayOfWeek
```

这种方案并不理想，因为如果我们不小心忘记检查错误码，就有可能使用错误的 DayOfWeek 成员。这个值可能是默认的 DayOfWeek，而我们将无法判断它是否是无效的。我们可能在系统中传播错误，例如把值写入数据库，而并没有意识到根本不应该使用这个值。

将类型视为集合时，这里的结果将包含全部可能出现的错误码和全部可能出现的结果的组合，如图 3.4 所示。

图 3.4 Result 类型的全部可能值为 InputError 和 DayOfWeek 的组合。总共有 21 个值（3 个 InputError × 7 个 DayOfWeek 值）

与之相反，我们应该尝试返回一个错误或者一个有效的值。如果这么做，可能值的集合将被显著减小，我们也不可能在 InputError 为 NoInput 或 Invalid 的时候，使用 Result 的 DayOfWeek 成员，如图 3.5 所示。

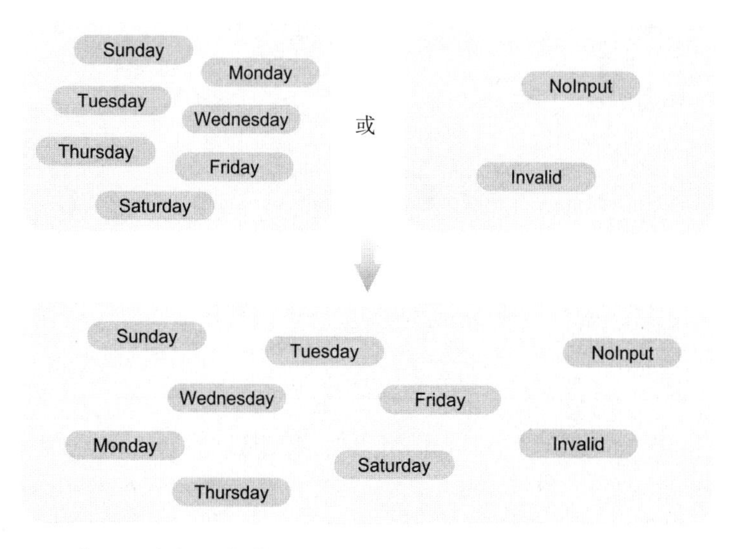

图 3.5 Result 类型的全部可能值为 InputError 或 DayOfWeek 的组合。总共有 9 个值（2 个 InputError + 7 个 DayOfWeek）。我们不再需要 OK InputError，因为有一个 DayOfWeek 值就代表没有错误

自制 Either 类型

Either 类型包含两个类型，TLeft 和 TRight。约定为 TLeft 存储错误类型，TRight 存储有效值类型。一些编程语言在库中提供了这种类型，但是，如果有必要，我们很容易实现这种类型，如程序清单 3.14 所示。

程序清单 3.14 Either 类型

```
class Either<TLeft, TRight> {
    private readonly value: TLeft | TRight;
    private readonly left: boolean;

    private constructor(value: TLeft | TRight, left: boolean) {
        this.value = value;
        this.left = left;
    }

    isLeft(): boolean {
        return this.left;
    }

    getLeft(): TLeft {
        if (!this.isLeft()) throw new Error();

        return <TLeft>this.value;
    }
    isRight(): boolean {
        return !this.left;
    }

    getRight(): TRight {
        if (!this.isRight()) throw new Error();

        return <TRight>this.value;
    }

    static makeLeft<TLeft, TRight>(value: TLeft) {
        return new Either<TLeft, TRight>(value, true);
    }

    static makeRight<TLeft, TRight>(value: TRight) {
        return new Either<TLeft, TRight>(value, false);
    }
}
```

这个类型封装了一个TLeft或TRight值，并使用一个标志来跟踪使用了哪个类型

使用私有构造函数，因为我们需要确保值和布尔标志是同步的

当有TRight却试图获取TLeft，或者反过来操作时，就抛出一个错误

当有TRight却试图获取TLeft，或者反过来操作时，就抛出一个错误

工厂函数调用构造函数，确保布尔标志与值一致

在没有类型操作符 | 的语言中，我们可以使该值成为一个公有类型，例如 Java 和 C# 中的 Object。getLeft() 和 getRight() 方法负责转换回 TLeft 和 TRight 类型。

有了这样一种类型后，我们就可以更新 parseDayOfWeek() 实现，使其返回 Either<InputError, DayOfWeek> 结果，从而无法传播一个无效的或者默认的 DayOfWeek 值。如果该函数返回 InputError，则结果中不包含 DayOfWeek，试图通过调用 getLeft() 提取 DayOfWeek 将抛出错误。

同样，我们必须显式提取值。当我们知道存在一个有效值（isLeft() 返回 true），并使用 getLeft() 提取出该值后，就一定会得到有效的数据。

程序清单 3.15 中给出了一个示例。

程序清单 3.15 从函数返回结果或错误

```
enum InputError {
    NoInput,
    Invalid
}

type Result = Either<InputError, DayOfWeek>;

function parseDayOfWeek(input: string): Result {
    if (input == "")
        return Either.makeLeft(InputError.NoInput);

    switch (input.toLowerCase()) {
        case "sunday":
            return Either.makeRight(DayOfWeek.Sunday);
        case "monday":
            return Either.makeRight(DayOfWeek.Monday);
        case "tuesday":
            return Either.makeRight(DayOfWeek.Tuesday);
        case "wednesday":
            return Either.makeRight(DayOfWeek.Wednesday);
        case "thursday":
            return Either.makeRight(DayOfWeek.Thursday);
        case "friday":
            return Either.makeRight(DayOfWeek.Friday);
        case "saturday":
            return Either.makeRight(DayOfWeek.Saturday);
        default:
            return Either.makeLeft(InputError.Invalid);
    }
}
```

我们不再需要OK InputError。如果没有错误，就说明有值

我们将Result更新为InputError或DayOfWeek，而不是二者的组合

我们通过Either.makeRight和Either.makeLeft来返回结果或错误

我们通过Either.makeRight和Either.makeLeft来返回结果或错误

更新后的实现利用类型系统去除了无效的状态，如（NoInput，Sunday），否则我们可能会不小心使用 Sunday 值。而且，在 InputError 中也不再需要 OK 值，因为如果解析成功，就不会有错误。

异常

在发生错误时抛出异常，这是返回结果或错误的一个有效的例子：函数要么返回一个结果，要么抛出一个异常。在某些情况中，不能使用异常，所以优先选择使用 Either 类型，例如：当在进程间或线程间传播错误时；作为一种设计原则，当错误本身算不上异常时（通常发生在处理用户输入的时候）；当调用操作系统的 API，而这些 API 使用错误码时，等等。在这些情况中，我们不能或者不希望抛出异常，而是希望表达我们成功获得了值或者失败了，此时最好把这种情形编码成“值或错误”，而不是“值和错误”。

当抛出异常可以接受时，我们可以使用异常来确保不会同时得到无效结果和错误。当抛出异常时，函数不再“正常”返回，即使用 return 语句把值传递给调用者。相反，它会一直传播异常对象，直到找到匹配的 catch 语句。这样一来，我们就得到了一个结果或者一个异常。我们不会深入讨论异常，因为尽管许多语言都提供了抛出和捕获异常的机制，但是从类型的角度看，异常并不是非常特殊。

3.2.4 变体

前面介绍了可选类型，它们包含基础类型的一个值，或者不包含值。之后，介绍了 Either 类型，它们包含一个 TLeft 或 TRight 值。将这些类型归纳起来，就得到了变体类型。

变体类型：变体类型也称为标签联合类型，包含任意数量的基本类型的值。标签指的是即使基本类型有重合的值，我们仍然能够准确说明该值来自哪个类型。

下面我们来看一个几何形状集合的例子，如程序清单 3.16 所示。每个形状都有一组不同的属性和一个标签（实现为一个 kind 属性）。我们可以定义一个类型，作为所有形状的联合。之后，当我们想要渲染这些形状时，就可以使用 kind 属性来判断某个实例属于哪种形状，然后将其强制转换为对应的形状。这个过程与前面例子中提取值的过程是一样的。

程序清单 3.16 形状的标签联合

```
class Point {
    readonly kind: string = "Point";
    x: number = 0;
    y: number = 0;
}

class Circle {
    readonly kind: string = "Circle";
    x: number = 0;
    y: number = 0;
    radius: number = 0;
}

class Rectangle {
    readonly kind: string = "Rectangle";
    x: number = 0;
    y: number = 0;
    width: number = 0;
    height: number = 0;
}

type Shape = Point | Circle | Rectangle;

let shapes: Shape[] = [new Circle(), new Rectangle()];
```

```
for (let shape of shapes) {
    switch (shape.kind) {
        case "Point":
            let point: Point = <Point>shape;
            console.log(`Point ${JSON.stringify(point)}`);
            break;
        case "Circle":
            let circle: Circle = <Circle>shape;
            console.log(`Circle ${JSON.stringify(circle)}`);
            break;
        case "Rectangle":
            let rectangle: Rectangle = <Rectangle>shape;
            console.log(`Rectangle ${JSON.stringify(rectangle)}`);
            break;
        default:
            throw new Error();
    }
}
```

我们迭代形状，并检查每个形状的类型

如果kind是Point，就可以安全地将该形状用作Point。对于Circle和Rectangle也是如此

如果kind是未知的，就抛出一个错误。这意味着其他某种类型以某种方式进入了联合，但这种情况应该不会发生

在上面的例子中，每个类的 kind 成员代表标签，告诉我们值的实际类型。shape.kind 的值告诉我们 Shape 是 Point、Circle 还是 Rectangle 的一个实例。我们还可以实现一个通用的变体，使其跟踪类型，而不需要类型自身存储一个标签。

接下来，我们将实现一个简单的变体，它可以存储多达 3 种类型的值，并基于一个类型索引来跟踪变体中存储的实际类型。

自制变体

不同的编程语言提供了不同的泛型和类型检查功能。一些语言允许可变数量的泛型实参，使我们能够有任意数量类型的变体；另一些语言则提供了不同的方式，在编译时和运行时判断值是不是特定的类型。

程序清单 3.17 中的 TypeScript 实现用到了 TypeScript 语言特有的功能，所以在其他编程语言中实现起来不一定完全相同。这个实现可以作为一种通用变体的起点，但在 Java 或 C# 等语言中的实现会有所不同。例如，TypeScript 不支持方法重载，但在其他语言中，我们其实可以使用一个 make() 函数，使其对每种泛型类型重载。

程序清单 3.17 Variant 类型

```
class Variant<T1, T2, T3> {
    readonly value: T1 | T2 | T3;
    readonly index: number;

    private constructor(value: T1 | T2 | T3, index: number) {
        this.value = value;
        this.index = index;
    }

    static make1<T1, T2, T3>(value: T1): Variant<T1, T2, T3> {
        return new Variant<T1, T2, T3>(value, 0);
    }
```

```
    static make2<T1, T2, T3>(value: T2): Variant<T1, T2, T3> {
        return new Variant<T1, T2, T3>(value, 1);
    }

    static make3<T1, T2, T3>(value: T3): Variant<T1, T2, T3> {
        return new Variant<T1, T2, T3>(value, 2);
    }
}
```

这个实现现在负责维护标签，所以我们可以从几何形状中删除标签，参见程序清单 3.18。

程序清单 3.18　将形状的联合作为变体

```
class Point {                          ◁─ 形状不再需要自
    x: number = 0;                        己存储标签
    y: number = 0;
}
class Circle {                         ◁─┐
    x: number = 0;                       │
    y: number = 0;                       │ 形状不再需要自己存储标签
    radius: number = 0;                  │
}                                        │
                                         │
class Rectangle {                      ◁─┘
    x: number = 0;
    y: number = 0;
    width: number = 0;
    height: number = 0;
}

type Shape = Variant<Point, Circle, Rectangle>;   ◁─ Shape现在是这3
                                                     种类型的变体
let shapes: Shape[] = [
    Variant.make2(new Circle()),
    Variant.make3(new Rectangle())
];
                                                     我们查看index属性来
for (let shape of shapes) {                          找到标签和值属性，从
    switch (shape.index) {                   ◁─┐     而得到实际的对象
        case 0:                                │
            let point: Point = <Point>shape.value;   ◁─┘
            console.log(`Point ${JSON.stringify(point)}`);
            break;
        case 1:
            let circle: Circle = <Circle>shape.value;
            console.log(`Circle ${JSON.stringify(circle)}`);
            break;
        case 2:
            let rectangle: Rectangle = <Rectangle>shape.value;
            console.log(`Rectangle ${JSON.stringify(rectangle)}`);
            break;
        default:
            throw new Error();
    }
}
```

这个实现看起来并没有添加太多优点。我们使用了数字标签，并随意决定0代表`Point`，1代表`Circle`。你可能感到疑惑，为什么不为形状使用一个类层次呢？这样一来，就可以让每个类型实现一个基类方法，而不是对标签进行switch分支。

为了解释这一点，我们需要了解访问者设计模式，以及实现访问者设计模式的方式。

3.2.5 习题

1. 用户能够选择红色、绿色和蓝色之间的一种颜色。应该为这种选择使用什么类型？
   a) `number`，让`Red = 0, Green = 1, Blue = 2`
   b) `string`，让`Red = "Red", Green = "Green", Blue = "Blue"`
   c) `enum Colors { Red, Green, Blue }`
   d) `type Colors = Red | Green | Blue`，其中的颜色都是类
2. 如果一个函数接受一个字符串作为输入，并将该字符串解析为一个数字，那么该函数的返回类型应该是什么？该函数不会抛出异常。
   a) `number`
   b) `number | undefined`
   c) `Optional<number>`
   d) b或者c
3. 操作系统通常使用数字来表示错误码。如果一个函数可能返回数值，也可能返回数值代表的错误码，那么该函数的返回类型应该是什么？
   a) `number`
   b) `{ value: number, error: number }`
   c) `number | number`
   d) `Either<number, number>`

3.3 访问者模式

接下来介绍访问者设计模式，看看如何遍历组成一个文档的项。我们首先从面向对象的角度进行介绍，然后从实现的泛型标签联合类型的角度进行介绍。如果不熟悉访问者设计模式也没有关系，在讲解示例的过程中，我们将解释这种设计模式的工作原理。

首先，我们将介绍一个简单的实现，说明访问者设计模式如何改进设计，然后给出另外一种不使用类层次的实现。

我们认为文档中包含3个项目：段落、图片和表格。我们想在屏幕上渲染它们，或者让屏幕阅读器为有视觉障碍的用户读出所显示的内容。

3.3.1 简单实现

我们可以采取的一种方法是提供一个公共接口，确保每个项目知道如何在屏幕上绘制自身和阅读自身，如程序清单 3.19 所示。

程序清单 3.19 简单实现

```
class Renderer { /* Rendering methods */ }
class ScreenReader { /* Screen reading methods */ }

interface IDocumentItem {
    render(renderer: Renderer): void;
    read(screenReader: ScreenReader): void;
}
class Paragraph implements IDocumentItem {
    /* Paragraph members omitted */
    render(renderer: Renderer) {
        /* Uses renderer to draw itself on screen */
    }

    read(screenReader: ScreenReader) {
        /* Uses screenReader to read itself */
    }
}

class Picture implements IDocumentItem {
    /* Picture members omitted */
    render(renderer: Renderer) {
        /* Uses renderer to draw itself on screen */
    }

    read(screenReader: ScreenReader) {
        /* Uses screenReader to read itself */
    }
}

class Table implements IDocumentItem {
    /* Table members omitted */
    render(renderer: Renderer) {
        /* Uses renderer to draw itself on screen */
    }

    read(screenReader: ScreenReader) {
        /* Uses screenReader to read itself */
    }
}

let doc: IDocumentItem[] = [new Paragraph(), new Table()];
let renderer: Renderer = new Renderer();

for (let item of doc) {
    item.render(renderer);
}
```

这两个类提供了渲染和阅读的方法，这里为了简洁起见省略了它们

IDocumentItem接口说明每个项目可以渲染自身和阅读自身

文档元素实现了IDocumentItem接口，在给定渲染器或屏幕阅读器时，能够绘制自身或者阅读自身

从设计的角度看，这种方法并不是很出色。文档项目存储了描述文档内容（如文本或

图片）的信息，不应该负责其他工作，例如渲染和阅读。在每个文档项目类中加入渲染和阅读代码，会使代码变得膨胀。不只如此，如果我们需要添加一个新功能，如打印，就需要更新接口及所有实现类，以实现这个新功能。

3.3.2 使用访问者模式

访问者模式是在一个对象结构的元素上执行的操作。这种模式允许在定义新操作时，不改变其操作的元素的类。

在程序清单 3.20 所示的例子中，模式允许我们添加新的功能，而不必修改文档项目的代码。通过使用双分派机制，让文档项接受任何访问者，然后把自己传递给访问者，可以实现这种任务。访问者知道如何处理每个文档项（渲染、阅读等），所以在给定文档项的实例时，就会执行正确的操作，如图 3.6 所示。

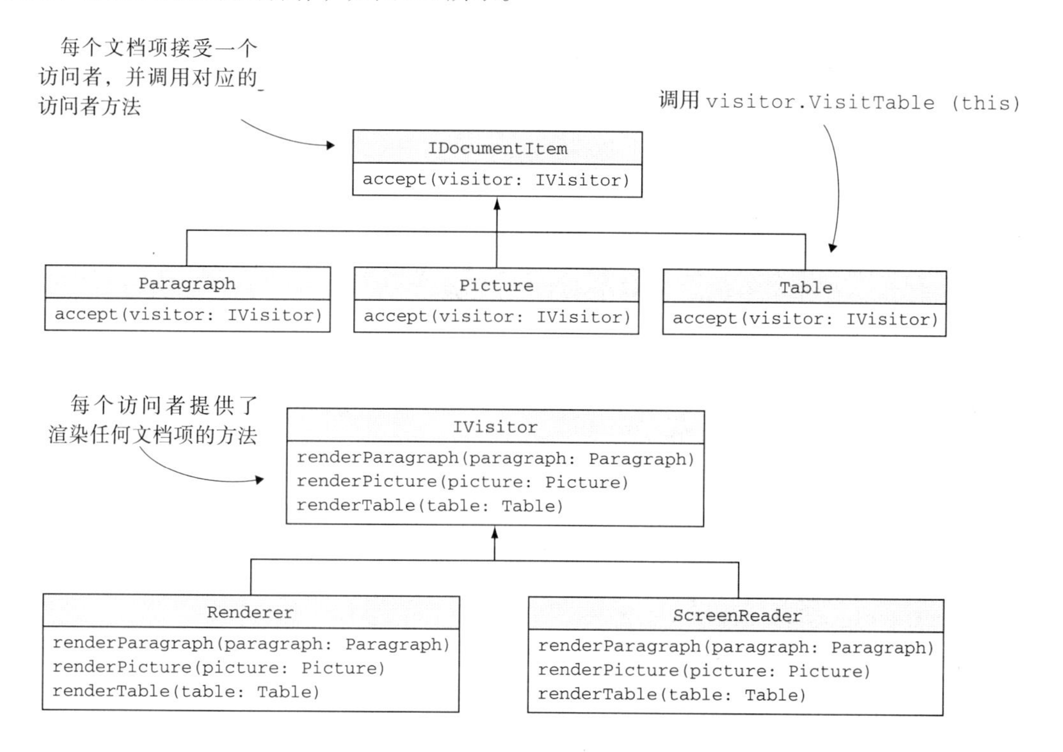

图 3.6 访问者模式。IDocumentItem 接口确保每个文档项有一个 accept() 方法，并且该方法接受一个 IVisitor。IVisitor 确保每个访问者能够处理所有可能存在的文档项类型。每个文档项实现了 accept()，将自己发送给访问者。使用这种模式时，我们可以把职责（如屏幕渲染和阅读）拆分到单独的组件（访问者），并把它们从文档项中抽象出来

双分派的名称来自这样一个事实：给定 IDocumentItem，首先调用正确的 accept()

方法；然后，给定 IVisitor 实参，执行正确的操作。

程序清单 3.20 使用访问者模式进行处理

```
interface IVisitor {                                        <-- IVisitor接口指定，
    visitParagraph(paragraph: Paragraph): void;                 每个访问者应该能够处
    visitPicture(picture: Picture): void;                       理所有文档项
    visitTable(table: Table): void;
}
class Renderer implements IVisitor {
    visitParagraph(paragraph: Paragraph) { /* ... */ }
    visitPicture(picture: Picture) { /* ... */ }                具体的Renderer和
    visitTable(table: Table) { /* ... */ }                      ScreenReader实现了
}                                                               这个接口

class ScreenReader implements IVisitor {
    visitParagraph(paragraph: Paragraph) { /* ... */ }
    visitPicture(picture: Picture) { /* ... */ }
    visitTable(table: Table) { /* ... */ }
}

interface IDocumentItem {                                   <-- 现在，文档项只需要实现一
    accept(visitor: IVisitor): void;                            个accept()方法，使其接
}                                                               受任何访问者作为实参

class Paragraph implements IDocumentItem {
    /* Paragraph members omitted */
    accept(visitor: IVisitor) {
        visitor.visitParagraph(this);
    }
}

class Picture implements IDocumentItem {
    /* Picture members omitted */                               文档项调用访问者上的
    accept(visitor: IVisitor) {                                 合适方法，并将自己作
        visitor.visitPicture(this);                             为实参传递过去
    }
}

class Table implements IDocumentItem {
    /* Table members omitted */
    accept(visitor: IVisitor) {
        visitor.visitTable(this);
    }
}

let doc: IDocumentItem[] = [new Paragraph(), new Table()];
let renderer: IVisitor = new Renderer();

for (let item of doc) {
    item.accept(renderer);
}
```

现在，访问者可以遍历一个 IDocumentItem 对象集合，通过调用每个文档项的

accept() 方法来处理它们。处理职责就从文档项自身移动到了访问者中。添加一个新的访问者，并不会影响文档项；新的访问者只需要实现 IVisitor 接口，之后文档项将能够接受它们，就像接受其他访问者一样。

假设实现了一个新的 Printer 访问者类，它将分别在 visitParagraph()、visitPicture() 和 visitTable() 方法中实现打印段落、图片和表格的逻辑。文档项自身不需要做任何修改，就能够打印出来。

这个示例是访问者模式的一个经典实现。接下来，我们看看如何使用变体来实现类似的行为。

3.3.3 访问变体

我们首先回到泛型变体类型，实现一个 visit() 函数，使其接受一个变体和一组函数，每个类型对应一个函数，并根据变体中存储的值，对其应用正确的函数，参见程序清单 3.21。

程序清单 3.21 变体访问者

```
function visit<T1, T2, T3>(
    variant: Variant<T1, T2, T3>,
    func1: (value: T1) => void,          对于组成变体的每个类型，
    func2: (value: T2) => void,          都有一个对应的函数作为
    func3: (value: T3) => void           visit函数的实参
): void {
    switch (variant.index) {
        case 0: func1(<T1>variant.value); break;    基于索引，调用与存储的
        case 1: func2(<T2>variant.value); break;    值的类型匹配的函数
        case 2: func3(<T3>variant.value); break;
        default: throw new Error();
    }
}
```

如果把文档项放到一个变体中，则可以使用这个函数来选择合适的访问者方法。如果这么做，就不需要强制类来实现特定的接口：将文档项与正确的处理方法匹配起来的工作将被移动到这个泛型 visit() 函数中。

文档项不再需要知道关于访问者的任何信息，也不需要接受它们，如程序清单 3.22 所示。

程序清单 3.22 使用变体访问者进行处理

```
class Renderer {
    renderParagraph(paragraph: Paragraph) { /* ... */ }
    renderPicture(picture: Picture) { /* ... */ }
    renderTable(table: Table) { /* ... */ }
}

class ScreenReader {
```

```
    readParagraph(paragraph: Paragraph) { /* ... */ }
    readPicture(picture: Picture) { /* ... */ }
    readTable(table: Table) { /* ... */ }
}

class Paragraph {
    /* Paragraph members omitted */
}

class Picture {
    /* Picture members omitted */
}

class Table {
    /* Table members omitted */
}

let doc: Variant<Paragraph, Picture, Table>[] = [
    Variant.make1(new Paragraph()),
    Variant.make3(new Table())
];

let renderer: Renderer = new Renderer();

for (let item of doc) {
    visit(item,
        (paragraph: Paragraph) => renderer.renderParagraph(paragraph),
        (picture: Picture) => renderer.renderPicture(picture),
        (table: Table) => renderer.renderTable(table)
    );
}
```

文档项不再需要一个公共的接口

文档项不再需要一个公共的接口

我们将文档项存储到一个变体中，该变体可以保存任何可用文档项

用正确的编程方法使visit()函数与item匹配

使用这种方法时，我们把双分派机制与使用的类型解耦，将其移动到变体/访问者中。变体和访问者是泛型类型，可以在不同的问题域中重用。这种方法的优势在于，访问者只负责处理，文档项只负责存储域数据，如图 3.7 所示。

这里介绍的 `visit()` 函数也是期望的使用变体类型的方式。当我们想要知道一个变体包含哪个类型时，对变体的索引使用 switch 容易出错。但是，通常当我们有了一个变体以后，不会希望提取出值，而是会使用 `visit()` 对其应用函数。这样一来，就可以在 `visit()` 实现中处理容易出错的 switch，我们也就不必再担心这个问题了。将易错代码封装到一个可重用的组件中，这是降低风险的一种好方法，因为当实现变得稳定并经过测试后，我们就可以在多个场景中依赖该实现。

使用基于变体的访问者，而不是经典的 OOP 实现，其优势在于将域对象与访问者完全分离开。现在，我们甚至不需要使用 `accept()` 方法，文档项也不需要知道什么在处理它们。它们也不需要遵守任何特定的接口，示例中的 `IDocumentItem` 就是这种情况。这是因为，将访问者与形状匹配起来的代码封装在 `Variant` 及 `visit()` 函数中。

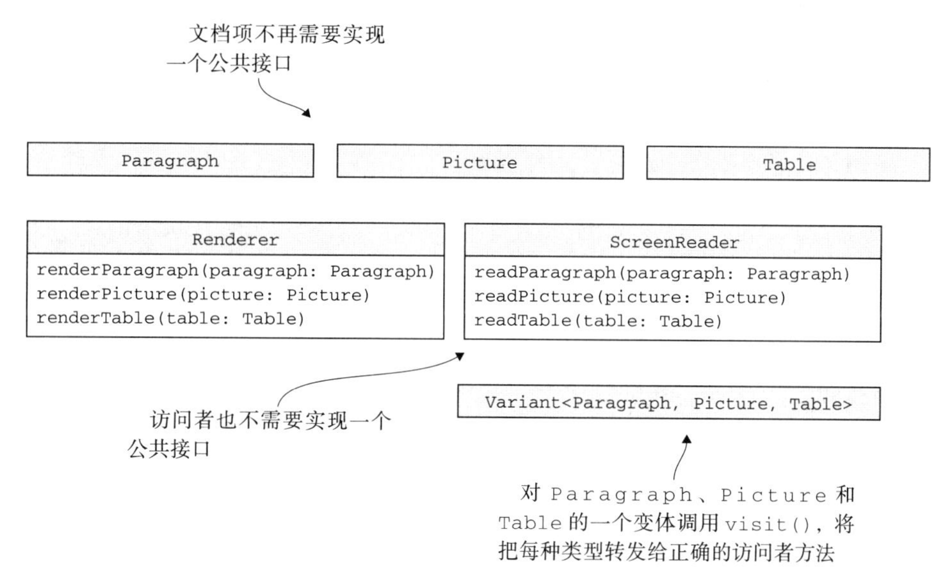

图 3.7 一种简化的访问者模式：现在文档项和访问者都不需要实现任何接口。将这个图与图 3.6 进行对比。将文档项与正确的访问者方法匹配起来的职责被封装到了 visit() 方法中。从图中可以看到，类型之间并没有关系，这是一个好消息，它让我们的程序变得更加灵活

3.3.4 习题

1. 我们的 visit() 实现返回 void。通过应用函数 (value: T1) => U1、(value: T2) => U2 或 (value: T3) => U3 来扩展这个实现，使其在给定 Variant<T1, T2, T3> 时，返回一个 Variant<U1, U2, U3>。

3.4 代数数据类型

你可能听说过术语“代数数据类型”(Algebraic Data Type，ADT)。ADT 是在类型系统中组合类型的方式。事实上，这正是本章所介绍的内容。ADT 提供了两种组合类型的方式：乘积类型与和类型。

3.4.1 乘积类型

乘积类型就是本章所称的复合类型。元组和记录是乘积类型，因为它们的值是各构成类型的乘积。类型 A = {a1, a2}（类型 A 的可能值为 a1 和 a2）和 B = {b1, b2}（类型 B 的可能值为 b1 和 b2）组合成为元素类型 <A, B> 时，结果为 A×B = {(a1, b1), (a1, b2), (a2, b1), (a2, b2)}。

> **乘积类型**：乘积类型将多个其他类型组合成为一个新类型，其中存储了每个构成类型的值。类型 A、B 和 C 的乘积类型可以写作 A×B×C，它包含 A 中的一个值、B 中的一个值和 C 中的一个值。元组和记录类型都是乘积类型的例子。另外，记录允许我们为每个成员分配有意义的名称。

你应该很熟悉记录，因为新程序员学习到的第一种组合方法通常就是记录。近来，元组逐渐进入了主流编程语言，但是理解它们应该不会特别困难。元组与记录类型非常相似，只不过我们不能给它们的成员命名，并且通常可以通过指定组成元组的类型来以内联的方式定义元组。例如，在 TypeScript 中，`[number, number]` 定义的元组类型由两个 `number` 值组成。

我们首先介绍了乘积类型，然后才介绍和类型，因为你应该更加熟悉乘积类型。几乎所有编程语言都提供了定义记录类型的方式。相对少的主流语言为和类型提供了语法支持。

3.4.2 和类型

和类型就是本章前面提到的多选一类型。它们组合类型的方式是允许有来自任何一个类型的值，但只能有一个值。类型 `A = {a1, a2}` 和 `B = {b1, b2}` 组合成为和类型 `A | B`，结果为 `A + B = {a1, a2, b1, b2}`。

> **和类型**：和类型将多个其他类型组合成为一个新类型，它存储任何一个构成类型的值。类型 A、B 和 C 的和类型可以写作 A + B + C，它包含 A 的一个值，或者 B 的一个值，或者 C 的一个值。可选类型和变体类型是和类型的例子。

我们看到，TypeScript 提供了 `|` 类型操作符，但不使用这个操作符，也可以实现常见的和类型，如 `Optional`、`Either` 和 `Variant`。这些类型为表示结果或错误，以及闭合类型集提供了强大的方式，并使我们能够用不同的方式来实现常见的访问者模式。

一般来说，和类型允许我们在一个变量中存储来自不相关类型的值。正如在访问者模式示例中所见，面向对象实现需要使用一个公共基类或接口，但是这种方式的扩展性不太好。如果我们在应用程序中的不同地方混搭不同的类型，就会有大量无法重用的接口或基类。和类型在为这种场景组合类型时，提供了一种简单、干净的方式。

3.4.3 习题

1. 下面的语句声明了什么类型？

```
let x: [number, string] = [42, "Hello"];
```

a）基本类型

b）和类型

c）乘积类型

d）既是和类型，也是乘积类型

2. 下面的语句声明了什么类型？

```
let y: number | string = "Hello";
```

a）基本类型

b）和类型

c）乘积类型

d）既是和类型，也是乘积类型

3. 给定 `enum Two {A, B}` 和 `enum Three {C, D, E}`，元组类型 `[Two, Three]` 有多少个可能的值？

a）2

b）5

c）6

d）8

4. 给定 `enum Two {A, B}` 和 `enum Three {C, D, E}`，类型 `Two | Three` 有多少个可能的值？

a）2

b）5

c）6

d）8

小结

- 乘积类型是将多个类型的值分组到一起的类型，例如元组和记录。
- 记录允许命名成员，从而赋予它们意义。相比元组，使用记录时发生歧义的可能性较低。
- 不变量是格式正确的记录必须遵守的规则。如果类型有不变量，那么将成员声明为 `private` 或 `readonly` 能够确保实施不变量，使外部代码不能违反不变量。
- 和类型以多选一的方式组合类型，此时值的类型为构成类型中的某一个类型。
- 函数应该返回一个值或者一个错误，而不应该返回一个值和一个错误。
- 可选类型或者保存构成类型的一个值，或者不保存值。当不存在值这种情况本身不是变量域的一部分时，出错的可能性通常更低（`null` 亿万美元错误）。
- Either 类型保存左侧类型或者右侧类型的一个值。按照约定，右侧是对的值，所以左侧保存错误。
- 变体可以保存任何数量的构成类型的一个值，使我们能够表示一个闭合类型集合的值，而不要求这些类型之间存在任何关系（不需要公共接口或基础类型）。
- 将正确函数应用到变体的访问者函数使我们能够以另外一种方式实现访问者模式，更好地进行职责划分。

本章介绍了通过组合现有类型来创建新类型的多种方式。第 4 章将介绍如何通过利用类型系统来编码意义以及限制类型的取值范围，从而提高程序的安全性，还将介绍如何添加和删除类型信息，以及如何在序列化等场景中利用这种处理方式。

习题答案

复合类型

1. c——为坐标的 3 个分量命名是优先选择的方法。

使用类型表达多选一

1. c——在这里使用枚举很合适。对于这里的需求，不需要使用类。

2. d——内置的和类型或 `Optional` 都是有效的返回类型，因为它们都可以代表没有值的情况。

3. d——能够区分类型的联合类型最好（`number | number` 无法区分出一个值是否代表错误）。

访问者模式

1. 下面给出了一种可行的实现：

```
function visit<T1, T2, T3, U1, U2, U3>(
    variant: Variant<T1, T2, T3>,
    func1: (value: T1) => U1,
    func2: (value: T2) => U2,
    func3: (value: T3) => U3
): Variant<U1, U2, U3> {
    switch (variant.index) {
        case 0:
            return Variant.make1(func1(<T1>variant.value));
        case 1:
            return Variant.make2(func2(<T2>variant.value));
        case 2:
            return Variant.make3(func3(<T3>variant.value));
        default: throw new Error();
    }
}
```

代数数据类型

1. c——元素是乘积类型。

2. b——这是一种 TypeScript 和类型。

3. c——因为元素是乘积类型，所以我们将两个枚举的可能值相乘（2×3）。

4. b——因为这是一个和类型，所以我们将两个枚举的可能值相加（$2 + 3$）。

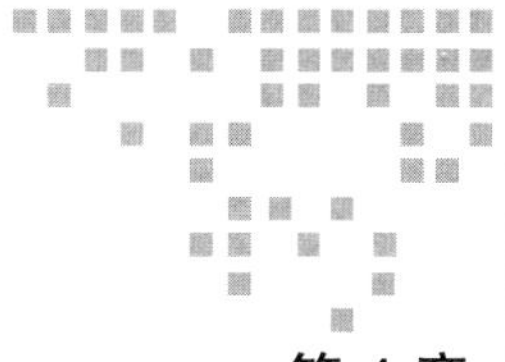

第 4 章 Chapter 4

类型安全

本章要点

- ❑ 避免基本类型偏执反模式
- ❑ 在构造实例时实施约束
- ❑ 通过添加类型信息来提高安全性
- ❑ 通过隐藏和恢复类型信息来提高灵活性

现在，我们知道了如何使用编程语言提供的基本类型，以及如何组合它们来创建新类型，本章将介绍如何使用类型来使程序更加安全。所谓“更加安全”，是指减小出现 Bug 的概率。

实现这种目的有两种方式，即创建新的类型来编码额外的信息：意义和保证。本章第一部分将介绍前一种方法，即使我们不会错误地解释一个值，例如将 1 英里[㊀]解释为 1 千米。后一种方法则允许我们编码保证，例如“这个类型的一个实例从不会小于 0”。这两种方法都可以使代码变得更加安全，因为我们从某个类型代表的可能取值的集合中去除了无效的值，并在尽可能早的阶段——最好是在编译期间，而如果是在运行期间，则是在实例化类型时——避免发生误解。当我们有了某个类型的一个实例时，就知道它代表的内容，也知道它是一个有效的值。

因为我们在讨论类型安全，所以还将介绍如何手动向类型检查器添加和隐藏信息。如果我们知道的信息比类型检查器多，就可以让它相信我们，并向它传递我们知道的信息。如果类型检查器知道的信息过多，导致影响我们的工作，就可以让它“忘记”一些类型信

㊀ 1 英里≈ 1.6 千米。——编辑注

息，使我们以安全性为代价获得更大的灵活性。这类技术不应该轻易使用，因为它们把进行合适的类型检查的职责从类型检查器转交给了开发人员。不过，我们将会看到，这些技术确实有一些合理的使用场景。

4.1 避免基本类型偏执来防止错误解释

本节中将会看到，当不同的开发人员编写了代码中的两个不同的地方，并且在编写时做出了不兼容的假定时，使用基本类型来表示值并自行假定这些值的含义可能导致问题，如图 4.1 所示。

图 4.1 数值 1000 可以表示 1000 美元，或者 1000 英里。两个不同的开发人员可能将这个值解释为不同的单位

我们能够依赖类型系统来让假定变得明确，即通过定义类型来描述值，此时类型检查器能够检测到不兼容的情况，并在不兼容的类型导致问题之前就给出警告。

假设有一个函数 `addToBill()`，它接受一个 `number` 实参。该函数的作用是把一件物品的价格加到一个账单上。该函数的实参是 `number` 类型，所以我们可以向该函数传入一个表示城市之间的距离的英里数，因为该数字也是 `number` 类型。结果，我们在总价上加了一个英里数，而类型检查器不会发现任何问题。

另一方面，如果我们使 `addToBill()` 函数接受一个 `Currency` 类型的实参，而用类型 `Miles` 来表示城市之间的距离，则代码将无法编译，如图 4.2 所示。

图 4.2 使用类型 `Currency`，能够明确地表示该值表示 1000 美元，而不是 1000 英里

4.1.1 火星气候探测者号

火星气候探测者号发生解体，是因为 Lockheed 开发的一个组件为动量使用的测量单位是磅力秒，而 NASA 开发的一个组件在使用前者测量的结果时，使用了公制单位。我们来假想一下这两个组件的代码是什么样子的。`trajectoryCorrection()` 函数以牛顿秒（Ns）为单位使用测量结果，而 `provideMomentum()` 函数产生的结果以磅力秒（lbfs）为单位，如程序清单 4.1 所示。

程序清单 4.1 不兼容组件

```
function trajectoryCorrection(momentum: number) {    <-- trajectoryCorrection 的momentum实参的类型是number
    if (momentum < 2 /* Ns */)  {    <-- 如果动量小于2Ns，则解体
        disintegrate();
    }

    /* ... */
}

function provideMomentum() {
    trajectoryCorrection(1.5 /* lbfs */);    <-- provideMomentum传入的测量值为1.5lbfs
}
```

转换为公制单位时，1lbfs 等于 4.448 222 Ns。从 `provideMomentum()` 函数的角度看，提供的值没有问题，因为 1.5 lbfs 大于 6 Ns，远大于下限值 2 Ns。什么地方发生了问题呢？在这里，主要问题是两个组件都把动量作为数值进行处理，并隐式地假定了测量单位。`trajectoryCorrection()` 将动量解释为 1 Ns，小于下限值 2 Ns，所以错误地触发了解体。

接下来看看我们是否能够利用类型系统来避免这种灾难性的误解。我们通过定义一个 `Lbfs` 类型和一个 `Ns` 类型来明确表达测量单位，如程序清单 4.2 所示。两种类型都封装了一个数字，因为实际测量值仍然是一个数值。我们将为每个类型使用一个 `unique symbol`，因为如果两个类型具有相同的形状，TypeScript 将认为它们是兼容的，这将在本书后面讨论子类型的时候进行介绍。使用了 `unique symbol` 后，就不能把一种类型隐式解释为另一种类型。并不是所有语言都需要添加这个额外的 `unique symbol` 成员。第 7 章中将解释这种技巧，现在只需关注定义的新类型。

程序清单 4.2 磅力秒和牛顿秒类型

```
declare const NsType: unique symbol;    <-- TypeScript特有的方式，用于确保具有相同形状的其他对象不会被解释为这种类型

class Ns {
    readonly value: number;    <-- Ns实质上只是封装了number类型的一个值
    [NsType]: void;    <-- TypeScript特有的方式，用于确保具有相同形状的其他对象不会被解释为这种类型
    constructor(value: number) {
        this.value = value;
```

```
    }
}

declare const LbfsType: unique symbol;

class Lbfs {
    readonly value: number;          类似地，Lbfs封装了一个number和
    [LbfsType]: void;                一个unique symbol

    constructor(value: number) {
        this.value = value;
    }
}
```

创建了这两个类型后，很容易实现这两种类型之间的转换，因为我们知道这二者之间的比率。程序清单 4.3 显示了从 lbfs 到 Ns 的转换，我们需要更新 `trajectoryCorrection()` 的代码来使用转换后的值。

程序清单 4.3 从 lbfs 转换为 Ns

```
function lbfsToNs(lbfs: Lbfs): Ns {
    return new Ns(lbfs.value * 4.448222);    <- 接受lbfs值，乘以比率，然后
}                                               返回一个Ns值
```

返回到火星气候探测者号的示例，我们可以重新实现前面的两个函数，使它们使用新的类型。`trajectoryCorrection()` 期望收到一个 Ns 动量，如果该值小于 2 Ns，则仍然会解体；`provideMomentum()` 仍然产生一个 lbfs 值。但是，现在我们不能简单地将 `provideMomentum()` 产生的值传递给 `trajectoryCorrection()`，因为返回值的类型与函数实参的类型不同。我们必须使用 `lbfsToNs()` 函数进行显式转换，如程序清单 4.4 所示。

程序清单 4.4 更新后的组件

```
function trajectoryCorrection(momentum: Ns) {       trajectoryCorrection现在
    if (momentum.value < new Ns(2).value) {         接受Ns类型的一个实参，并将其
        disintegrate();                             与2 Ns进行比较
    }

    /* ... */
}
                                                    provideMomentum生成一个1.5
function provideMomentum() {                        lbfs的值，并将其转换为Ns值
    trajectoryCorrection(lbfsToNs(new Lbfs(1.5)));  <-
}
```

如果我们省略 `lbfsToNs()` 转换，则代码将无法编译，我们将看到如下所示的错误：

```
Argument of type 'lbfs' is not assignable to parameter of type 'Ns'. Property
    '[NsType]' is missing in type 'lbfs'。
```

我们来回顾一下发生了什么：一开始，我们有两个组件，它们都操作动量值，但是，尽管它们在处理动量值时使用了不同的单位，但在表示值时都简单地使用了 `number` 类型。为了避免错误解释值，我们创建了两个新类型，分别用来表示不同的测量单位，这就避免了错误解释值。如果组件显式地处理 `Ns`，则不会不小心处理 `Lbfs` 值。

另外，注意第一个示例中的代码注释所表示的假定（`1.5 /* lbfs */`）在最终实现中成了实际的代码（`new Lbfs(1.5)`）。

4.1.2 基本类型偏执反模式

正如设计模式描述了高度可靠的、有效的、可重用的软件设计，反模式指的是在存在更好的替代方案的情况下使用的常见的、低效的设计。前面的示例就代表了一种常见的反模式：基本类型偏执。当我们依赖基本类型来表示所有的内容时，就会出现基本类型偏执，例如使用 `number` 表示邮编，使用 `string` 表示电话号码，等等。

如果落入这个陷阱，出错的机会就增加了许多，例如本节介绍的这种错误。这是因为类型系统没有显式捕捉到值的意义。如果我使用一个 `number` 类型的动量值，我会默认它是一个牛顿秒值。类型检查器没有足够的信息来判断两个开发人员做出不兼容假定的情况。当通过类型声明显式捕捉到这种假定，而我使用一个 `Ns` 类型的动量值时，类型检查器就能够识别出其他人试图提供给我一个 `Lbfs` 实例，并拒绝编译代码。

尽管邮编是一个数字，但这并不意味着我们应该将其存储为 `number` 类型的值。任何时候我们都不应该误把动量解释为邮编。

如果要表示的是简单的值，例如物理测量值和邮编，可以考虑把它们定义为新类型，即使新类型只是简单地封装了一个数字或字符串。这可以为类型系统提供更多的信息，帮助其分析我们的代码，消除由于不兼容的假定而导致的众多问题，使代码的可读性变得更好。为帮助理解，可以对比 `trajectoryCorrection()` 的第一个定义（`trajectoryCorrection(momentum: number)`）与第二个定义（`trajectoryCorrection(momentum: Ns)`）。第二个定义为阅读代码的人提供了关于其契约的更多信息（期望的动量单位是 `Ns`）。

到现在为止，我们介绍了如何把基本类型封装到其他类型中，以编码更多信息。接下来将介绍如何限制给定类型的允许值的范围，从而提供更大的安全性。

4.1.3 习题

1. 表示一个重量测量值的最安全的方式是什么？
   a）表示为 `number`
   b）表示为 `string`
   c）表示为自定义的 `Kilograms` 类型
   d）表示为自定义的 `Weight` 类型

4.2 实施约束

第 3 章介绍了组合，说明如何把基本类型组合起来，表达更加复杂的概念，例如将二维平面中的一个点表示为一对数字值，其中的两个值分别代表点的 *X* 和 *Y* 坐标。现在，我们来介绍当不需要基本类型提供的全部值时，应该怎么做。

以温度值为例。我们将避免基本类型偏执，声明一个 `Celsius` 类型来清晰表明温度值的测量单位。该类型也只是简单地封装一个数字。

不过，这里还有一个约束条件：不应该出现低于绝对零度（–273.15℃）的温度值。一种选择是，每当使用该类型的一个实例时，判断值是否是一个有效的温度值。但是，这种方法为出错留下了空间：我们知道添加判断，但是团队中新加入的开发人员不知道这种模式，所以忘记添加判断。如果能确保从不会得到一个无效的值，不是更好吗？

这有两种实现方式：通过构造函数实现，或者通过工厂实现。

4.2.1 使用构造函数实施约束

我们可以在构造函数中实施约束，使用前面在介绍整数溢出时给出的两种方式之一来处理过小的值。一种方式是在值无效时抛出异常，不允许创建对，如程序清单 4.5 所示。

程序清单 4.5 构造函数在遇到无效值时抛出异常

```
declare const celsiusType: unique symbol;

class Celsius {
    readonly value: number;
    [celsiusType]: void;

    constructor(value: number) {
        if (value < -273.15) throw new Error();

        this.value = value;
    }
}
```

值是不可变的，所以当初始化后，不能被修改

如果试图创建一个无效的温度，构造函数会抛出异常

通过将值声明为 `readonly`，可以保证在构造之后，值会始终有效。

另外一种方式是将其声明为 `private`，并通过一个 getter 来访问，这样就只能获取该值，不能设置该值。

在实现构造函数时，我们也可以强制使值有效：任何小于 –273.15 的值将被设置为 –273.15，如程序清单 4.6 所示。

取决于具体的场景，这两种方法都可能是有效的。我们还可以选择使用一个工厂函数。所谓工厂，是指其主要工作是创建另一个对象的类或函数。

程序清单 4.6 强制修改无效值的构造函数

```
declare const celsiusType: unique symbol;

class Celsius {
    readonly value: number;
    [celsiusType]: void;

    constructor(value: number) {
        if (value < -273.15) value = -273.15;    ◁ 修复值，而不是抛出异常

        this.value = value;
    }
}
```

4.2.2 使用工厂实施约束

当我们不想抛出异常，而是想返回 undefined 或者其他某个不是温度，而是表示失败的值以创建一个有效的实例时，工厂函数很有用。构造函数做不到这一点，因为它不返回值：它要么完成初始化，要么抛出异常。使用工厂函数还有另外一个原因：构造和验证对象的逻辑很复杂。此时，在构造函数外部实现逻辑可能更加合理。一般来说，构造函数不应该做太繁重的工作，而应该初始化对象的成员。

程序清单 4.7 将显示一个工厂函数的实现。我们把构造函数声明为 private，从而只有工厂函数能够调用它。工厂函数是类的一个静态方法，返回一个 Celsius 实例或者 undefined。

程序清单 4.7 在提供的值无效时，工厂函数将返回 undefined

```
declare const celsiusType: unique symbol;

class Celsius {
    readonly value: number;
    [celsiusType]: void;

    private constructor(value: number) {    ◁ 构造函数被声明为private，因为它自己不执行任何检查
        this.value = value;
    }

    static makeCelsius(value: number): Celsius | undefined {    ◁ 工厂函数返回一个有效的Celsius实例，或者返回undefined
        if (value < -273.15) return undefined;    ◁ 在工厂函数中实施约束；只能通过工厂函数来创建Celsius实例

        return new Celsius(value);
    }
}
```

在这种情况中，我们还得到了一个保证：如果获取了 Celsius 的一个实例，则其值不会小于 –273.15。在创建类型实例时进行检查，并确保不能以其他方式创建类型，这种方法

的优势在于，只要看到传递了该类型的一个实例，就能够保证该实例的值是有效的。

在使用实例的时候检查它是否有效，通常意味着需要在多个位置进行检查，而这里选择的方法只需执行一次检查，就能够确保不会存在该类型的无效对象。

当然，这种技术并非只适合简单的值包装器，如`Celsius`。我们可以确保由年、月、日创建的一个`Date`对象是有效的，并禁止出现6月31日这样的日期。许多时候，基本类型不允许我们直接施加某些限制，此时可以创建新的类型，使其封装额外的约束，并保证不会包含无效的值。

接下来，我们将介绍如何在代码中添加和隐藏类型信息，以及这种做法的适用场景。

4.2.3 习题

1. 实现一个`Percentage`类型来表示0~100之间的值。小于0的值将变成0，大于100的值将变成100。

4.3 添加类型信息

尽管类型检查有牢固的理论基础，但所有编程语言都提供了一些快捷方式，允许我们绕过类型检查，告诉编译器把某个值作为特定的类型处理。我们实际上是在告诉编译器："相信我们，关于这个类型，我们知道的比你多。"这称为"类型转换"，你可能知道这个术语。

类型转换：类型转换将一个表达式的类型转换为另一个类型。每个编程语言都制定了自己的规则，决定哪些转换是合法的，哪些是不合法的，哪些能够由编译器自动完成，哪些必须使用额外的代码来完成，如图4.3所示。

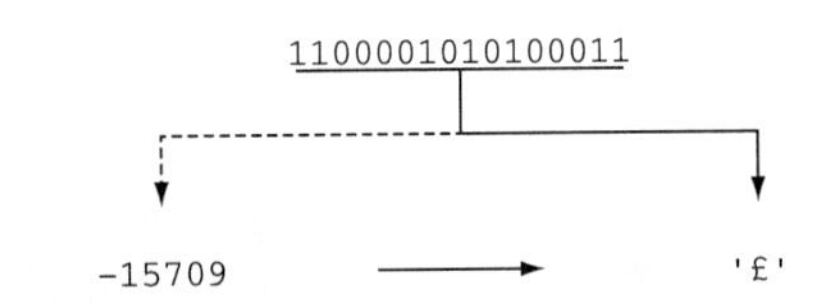

图4.3 通过类型转换，可以把16位带符号整数的值转换为一个UTF-8编码的字符

4.3.1 类型转换

显式类型转换允许我们告诉编译器将某个值视为特定的类型处理。在TypeScript中，通过在值的前面添加`<NewType>`或者在值的后面添加`as NewType`来将其转换为`NewType`。

如果滥用，这种技术可能很危险：如果绕过类型检查器，那么在试图把一个值当作其他类型使用时，会导致运行时错误。例如，如果用`Bike`代表自行车，用`ride()`代表骑自行车的动作，用SportsCar代表跑车，用drive()代表开车的动作，那么尽管可以把Bike强制转换为SportsCar，却仍然不能对Bike调用drive()，如程序清单4.8所示。

程序清单4.8 类型强制转换导致运行时错误

```
class Bike {
    ride(): void { /* ... */ }
}

class SportsCar {
    drive(): void { /* ... */ }
}

let myBike: Bike = new Bike();

myBike.ride();

let myPretendSportsCar: SportsCar = <SportsCar><unknown>myBike;

myPretendSportsCar.drive();
```

myBike在创建时的类型为Bike，所以可以对其调用ride()

我们可以告诉编译器把它当作一个SportsCar，然后赋值给myPretendSportsCar

对myPretendSportsCar调用drive()导致运行时错误

这里，我们告诉类型检查器，允许我们假装有一个SportsCar，但是这并不意味着我们真的有一个SportsCar。调用drive()将导致抛出下面的异常：TypeError: myPretendSportsCar.drive is not a function。

我们必须先把myBike转换为unknown类型，然后再转换为SportsCar，因为TypeScript编译器认识到Bike和SportsCar类型并不重叠（一个类型的值不会是另一个类型的有效值）。因此，简单地调用<SportsCar>myBike仍然会导致错误。相反，我们首先指定<unknown>myBike，告诉编译器忘记myBike的类型。然后，就可以说："相信我们，这是一个SportsCar。"不过，可以看到，这仍然会导致一个运行时错误。在其他语言中，这可能会导致崩溃。一般来说，这种情况是不合法的。那么，这种技术在什么时候有用呢？

4.3.2 在类型系统之外跟踪类型

有些时候，我们知道的比类型检查器更多。回看第3章的Either实现。它存储了TLeft和TRight类型，并使用一个boolean标志来跟踪所保存的值是否为TLeft，如程序清单4.9所示。

程序清单4.9 回看Either实现

```
class Either<TLeft, TRight> {
    private readonly value: TLeft | TRight;
    private readonly left: boolean;
```

我们保存TLeft或TRight类型的一个值

我们使用left属性跟踪这个值是不是TLeft

```
    private constructor(value: TLeft | TRight, left: boolean) {
        this.value = value;
        this.left = left;
    }

    isLeft(): boolean {
        return this.left;
    }

    getLeft(): TLeft {
        if (!this.isLeft()) throw new Error();    当我们想要获取一个TLeft值时，
                                                  检查是否存储了正确的类型，然后
        return <TLeft>this.value;                 将其转换为TLeft
    }

    isRight(): boolean {
        return !this.left;
    }

    getRight(): TRight {
        if (!this.isRight()) throw new Error();

        return <TRight>this.value;
    }

    static makeLeft<TLeft, TRight>(value: TLeft) {
        return new Either<TLeft, TRight>(value, true);   <-
    }                                                       makeLeft将left初始化
                                                            为true; makeRight将
    static makeRight<TLeft, TRight>(value: TRight) {        其初始化为false
        return new Either<TLeft, TRight>(value, false);  <-
    }
}
```

这允许我们把两个类型组合成一个和类型，使其表示其中一个类型的值。仔细观察可以发现，我们存储的值的类型为 TLeft | TRight。在赋值后，类型检查器不再知道实际的 value 被存储为 TLeft 还是 TRight。从那个时候开始，它将认为 value 是两个类型中的一个。在存储值的时候，这是我们希望获得的行为，但是在某些时候，我们需要使用这个值。

编译器不允许我们把 TLeft | TRight 类型的值传递给一个接受 TLeft 值的实参的函数，因为如果我们传递的值实际上是 TRight，就会遇到问题。如果我们有一个三角形或一个正方形，就不一定能让它穿过一个三角形的槽口。让三角形穿过三角形的槽口是可以的，但是，如果我们有的是一个正方形呢（如图 4.4 所示）？

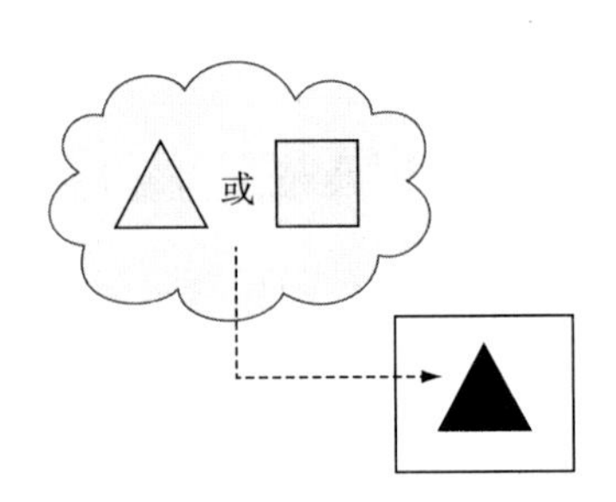

图 4.4 如果我们有一个三角形或一个正方形，就不能肯定地说实际的形状能够穿过一个三角形的槽口。如果它是一个三角形，则能够通过；如果是一个正方形，则不能通过

试图这么做，会导致一个编译错误，这其

实是好消息。但是，我们知道类型检查器不知道的信息：在设置值的时候，我们知道它是来自 TLeft 还是 TRight。如果我们使用 makeLeft() 创建对象，则将 left 设置为 true。如果使用 makeRight() 创建对象，则将其设置为 false，如程序清单 4.10 所示。即使类型检查器忘记这个事实，我们也会继续跟踪。

程序清单 4.10 makeLeft 和 makeRight

```
class Either<TLeft, TRight> {
    private readonly value: TLeft | TRight;
    private readonly left: boolean;          <-- left告诉我们存储的是不是TLeft

    private constructor(value: TLeft | TRight, left: boolean) {
        this.value = value;
        this.left = left;          <-- 在只有makeLeft和makeRight能够调用的私有构造函数中赋值left
    }

    /* ... */

    static makeLeft<TLeft, TRight>(value: TLeft) {
        return new Either<TLeft, TRight>(value, true);          <--
    }                                                               makeLeft和makeRight将left初始化为合适的值

    static makeRight<TLeft, TRight>(value: TRight) {
        return new Either<TLeft, TRight>(value, false);          <--
    }
}
```

当想要取出值时，作为调用者，我们需要首先检查值的类型是二者之中的哪一个。如果有一个 Either<Triangle, Square>，想要一个 Triangle，则首先调用 isLeft()。如果返回结果为 true，就调用 getLeft()，得到一个 Triangle，如程序清单 4.11 所示。

程序清单 4.11 Triangle 或 Square

```
declare const triangleType: unique symbol;
class Triangle {                                   <--
    [triangleType]: void;
    /* ... */
}
                                                       Triangle和Square类型
declare const squareType: unique symbol;
class Square {
    [squareType]: void;                            <--
    /* ... */
}

function slot(triangle: Triangle) {
    /* ... */
}

let myTriangle: Either<Triangle,Square>
    = Either.makeLeft(new Triangle());          <-- 从这里开始，myTriangle.value的类型为Triangle | Square；编译器不再知道我们在其中保存了一个Triangle
```

```
if (myTriangle.isLeft())
    slot(myTriangle.getLeft());        <-- getLeft()将值转换回Triangle类型
```

在内部，getLeft() 实现执行必要的检查（在这里为检查 this.isLeft() 是否为 true），并按照我们的需要处理无效调用（在这里为抛出 Error）。完成这些处理后，它把值强制转换为对应的类型。类型检查器忘记了我们在赋值时提供的类型，所以需要提醒它。如程序清单 4.12 所示，我们在 left 中跟踪值的类型。

程序清单 4.12 isLeft() 和 getLeft()

```
class Either<TLeft, TRight> {
    private readonly value: TLeft | TRight;
    private readonly left: boolean;

    /* ... */

    isLeft(): boolean {
        return this.left;        <-- 客户端可以调用isLeft()来检查存储的值是否是TLeft类型
    }

    getLeft(): TLeft {
        if (!this.isLeft()) throw new Error();   <-- 当值的类型不正确时，可以处理错误。在这里，我们抛出Error。另一种方法是返回undefined

        return <TLeft>this.value;    <-- 值被转换回TLeft类型
    }

    /* ... */
}
```

在这里，我们不需要 <unknown> 转换：TLeft | TRight 类型的值可能是 TLeft 类型的有效值，所以编译器不会报错，而是相信我们的转换是正确的。

正确使用时，强制转换是一种很强大的技术，允许我们改进值的类型。如果我们有一个 Triangle | Square 类型的值，并知道它是一个 Triangle，就可以强制转换为 Triangle，编译器将允许我们把它穿过一个三角形槽口。

事实上，大部分类型检查器会自动进行几类转换，并不需要我们编写任何代码。

> **隐式和显式类型转换**：隐式类型转换是编译器自动执行的一种类型转换，并不需要编写任何代码。这种转换通常是安全的。与之相对地，显式类型转换指的是需要我们编写代码进行指定的类型转换。这种类型转换实际上会绕过类型系统的规则，所以应该谨慎使用。

4.3.3 常见类型转换

接下来介绍一些常见的类型转换（包括隐式转换和显式转换）以及它们的用途。

向上转换和向下转换

将子类型的对象解释为父类型是一种常见的类型转换。如果基类是 Shape，从其派生了一个 Triangle，那么在任何需要 Shape 的地方，总是可以使用一个 Triangle，如程序清单 4.13 所示。

程序清单 4.13 向上转换

```
class Shape {
    /* ... */
}

declare const triangleType: unique symbol;

class Triangle extends Shape {          <-- Triangle类型扩展了Shape
    [triangleType]: void;
    /* ... */
}

function useShape(shape: Shape) {       <-- useShape()期望收到Shape类型的实参
    /* ... */
}

let myTriangle: Triangle = new Triangle();

useShape(myTriangle);                   <-- 我们可以向其传递一个Triangle，它将被自动转换为Shape
```

在 useShape() 中，即使传入一个 Triangle 作为实参，编译器也会把它当作一个 Shape。将派生类（Triangle）解释为基类（Shape）的做法称为向上转换。如果准确知道我们的 Shape 实际上是一个 Triangle，就可以把它转换回 Triangle，但是这种转换是显式转换。从父类转换到派生类称为向下转换，如程序清单 4.14 所示。大多数强类型语言不会自动完成向下转换。

程序清单 4.14 向下转换

```
class Shape {
    /* ... */
}

declare const triangleType: unique symbol;

class Triangle extends Shape {
    [triangleType]: void;
    /* ... */
}

function useShape(shape: Shape, isTriangle: boolean) {   <-- 函数的这个版本使用一个额外的实参来跟踪是否传入一个三角形
    if (isTriangle) {     #B
        let triangle: Triangle = <Triangle>shape;         <-- 如果实参确实是一个三角形，则将其转换回Triangle类型
        /* ... */
    }
```

```
    /* ... */
}

let myTriangle: Triangle = new Triangle();

useShape(myTriangle, true);
```

调用者需要正确设置这个标志，否则将发生运行时错误

与向上转换不同，向下转换不是安全的。虽然从派生类很容易知道它的父类，但是在给定父类时，编译器无法自动确定某个值是多个派生类中的哪一个。

一些编程语言在运行时存储额外的类型信息，并包含一个 `is` 操作符，用于查询对象的类型。创建新对象时，将一并保存其关联的类型，所以即使进行向上转换，向编译器隐藏了类型信息，但在运行时，仍然可以使用 `if (shape is Triangle)...` 检查某个值是否是特定类型的实例。

实现了这类运行时类型信息的语言和运行时为存储和查询类型提供了一种更加安全的方式，因为这种信息不会与对象不同步。其代价是为每个对象实例在内存中存储额外的数据。

第 7 章中，在讨论子类型时，将介绍更加复杂的向上转换以及可变性。接下来，我们将介绍拓宽转换和缩窄转换。

拓宽转换和缩窄转换

另外一种常见的隐式转换是从固定位数的整数类型（例如一个 8 位无符号整数）转换为另外一个更多位数的整数类型（例如一个 16 位无符号整数）。之所以可以隐式地完成这种转换，是因为 16 位无符号整数可以表示所有 8 位无符号整数值。这种类型的转换称为拓宽转换。

另一方面，将一个带符号整数转换为无符号整数是危险的操作，因为无符号整数无法表示负数。类似地，将位数更多的整数转换为位数更少的整数，例如将 16 位无符号整数转换为 8 位无符号整数，只能用于小类型可以表示的值。

这种类型的转换称为缩窄转换。因为缩窄转换具有危险性，所以编译器要求必须显式指定这种转换。这种要求的好处是，显式指定缩窄转换能够清晰地表明你不是不小心进行了缩窄转换。有的编译器允许缩窄转换，但是会给出警告。当新类型无法容纳值时，运行时的行为与第 2 章介绍的整数溢出相似：取决于具体的语言，我们可能会得到一个错误，或者该值可能被截断，使其能够被容纳到新类型中，如图 4.5 所示。

类型转换会绕过类型检查器，实际上是避开了类型检查带给我们的好处，所以不应该轻易使用转换。不过，它们是有用的工具，当我们知道的信息比编译器更多，并想让编译器接受这些信息的时候尤为如此。当我们告诉编译器这些信息后，它就可以利用这些信息做进一步分析。回到 `Triangle | Square` 示例，当我们告诉编译器这个值是 `Triangle` 后，就不会再有 `Square` 值。这种技术与 4.2 节讨论的技术类似，不过，该节介绍了实施约束，但这里不是进行运行时检查，而是告诉编译器要相信我们。

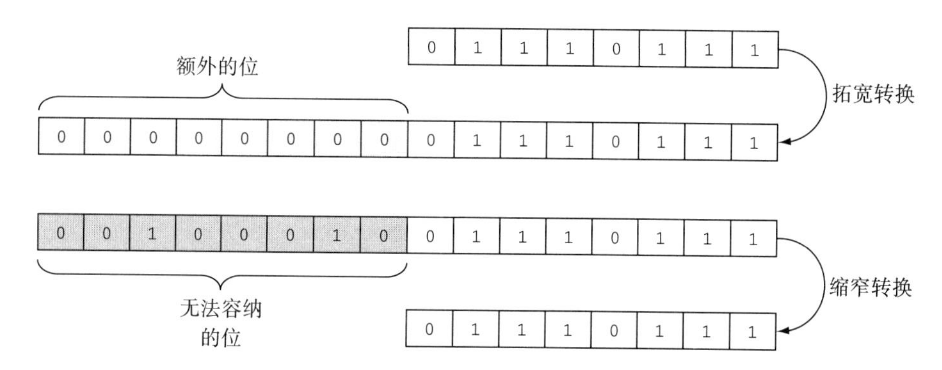

图 4.5　拓宽转换和缩窄转换的例子。拓宽转换是安全的：灰色格子代表额外获得的位，所以不会丢失信息。缩窄转换是危险的：黑色格子代表新类型中无法容纳的位

下一节将介绍另外一些情况，在那些情况中，让编译器“忘记”类型信息也是很有帮助的。

4.3.4　习题

1. 下面的哪些转换被认为是安全的？
   a）向上转换
   b）向下转换
   c）向上转换和向下转换
   d）二者都不是
2. 下面的哪些转换被认为是不安全的？
   a）拓宽转换
   b）缩窄转换
   c）拓宽转换和缩窄转换
   d）二者都不是

4.4　隐藏和恢复类型信息

隐藏类型信息的一个例子是想要获得一个集合，使其包含不同类型的值的组合。如果集合只包含一种类型的值，例如“一袋猫”，那么情况很简单，因为我们知道，每当从这个袋子中取出来一个东西时，这个东西就是一只猫。如果我们想把杂货也放到袋子中，那么当我们取出来一个东西时，就可能取出来一只猫，或者一件杂货，如图 4.6 所示。

图 4.6　如果袋子中只包含猫，则我们可以确信，从袋子中取出的任何东西都是一只猫。如果袋子中也包含杂货，则不能保证取出来的会是什么

包含相同类型的项的集合，如包含猫的袋子，也称为同构集合。因为所有项具有相同的类型，所以不需要隐藏类型信息。包含不同类型的项的集合也称为异构集合。在这种情况中，需要隐藏一些类型信息，以声明这样的一种集合。

4.4.1 异构集合

一个文档可以包含文本、图片或表格。使用文档时，我们将把其所有组成部分放到一起，所以把它们存储到一个集合中。但是，这个集合中的元素的类型是什么？实现这种集合有几种方式，都涉及隐藏一些类型信息。

基本类型或接口

我们可以创建一个类层次，让文档中的项目都是某个层次结构的一部分。如果每一项都是一个 DocumentItem，就可以存储 DocumentItem 值的集合，即使在集合中添加项目时添加了 Paragraph、Picture 和 Table 等类型。类似地，我们可以声明一个 IDocumentItem 接口，并让数组中只包含实现了该接口的类型，如程序清单 4.15 所示。

程序清单 4.15 实现了 IDocumentItem 接口的类型的一个集合

```
interface IDocumentItem {        // IDocumentItem是文档元素的公共接口
    /* ... */
}

class Paragraph implements IDocumentItem {
    /* ... */
}

class Picture implements IDocumentItem {      // Paragraph、Picture和Table都实现了IDocumentItem
    /* ... */
}

class Table implements IDocumentItem {
    /* ... */
}
class MyDocument {
    items: IDocumentItem[];        // 我们将文档项目存储为IDocumentItem对象的一个数组

    /* ... */
}
```

我们隐藏了一些类型信息，所以不再知道集合中的特定一项是 Paragraph、Picture 还是 Table，但是我们知道它实现了 DocumentItem 或 IDocumentItem 契约。如果我们只需要该契约指定的行为，则可以直接使用集合中的元素。如果我们需要一种精确的类型，例如想要把图片传递给一个图像增强插件，就必须把 DocumentItem 或 IDocumentItem 向下转换为 Picture。

和类型或变体

如果我们提前知道要处理的全部类型，就可以使用和类型，如程序清单4.16所示。我们可以把文档定义为Paragraph | Picture | Table的一个数组（此时必须通过其他某种方式跟踪集合中的每个项目是什么），或者定义为Variant<Paragraph, Picture, Table>这种类型（它在内部跟踪自己存储的类型）。

程序清单4.16 和类型的一个集合

```
class Paragraph {              <─┐
    /* ... */                    │
}                                │
                                 │ Paragraph、Picture和
class Picture {                <─┤ Table不再实现一个接口
    /* ... */                    │
}                                │
                                 │
class Table {                  <─┘
    /* ... */
}

class MyDocument {
    items: (Paragraph | Picture | Table)[];     <─ 文档项集合现在是一个对象
                                                   数组，其对象可以是这些类
    /* ... */                                      型中的任何一个
}
```

Paragraph | Picture | Table和Variant<Paragraph, Picture, Table>都允许我们存储一组彼此没有共同点的项目（没有公共基类型或没有实现相同的接口）。其优点是，我们没有对集合中的类型施加限制；其缺点是，如果不把列表中的项目向下转换为实际的类型，或者对于Variant的情况，如果不调用visit()函数并为集合中的每种可能包含的类型提供函数，就不能对列表中的项目做许多处理。

回顾一下，因为Variant这样的类型在内部跟踪实际存储的类型，正如Either一样，所以它知道在传递给visit()的一组函数中选择哪一个使用。

unknown类型

在极端情况下，我们可以说集合中能够包含任何东西。如程序清单4.17所示，TypeScript提供了类型unknown来表示这种集合。大部分面向对象的编程语言都有一个公共基础类型，作为其他所有类型的父类型，这个类型通常叫作Object。第7章在介绍子类型时将详细介绍这个主题。

程序清单4.17 unknown类型的集合

```
class MyDocument {
    items: unknown[];     <─ 数组的元素可以
    /* ... */                是任何类型
}
```

使用这种类型时，文档中可以包含任何东西。类型之间不需要有共享的契约，我们甚至不需要提前知道这些类型能做什么。此外，能够对这个集合的元素做的操作更少。要处理它们，几乎总是需要把它们转换为其他类型，所以必须在另外一个数组中跟踪它们的原始类型。

表 4.1 总结了这几种不同的方法及其优缺点。

表 4.1　异构列表实现的优缺点

类　型	优　点	缺　点
层次结构	能够轻松地使用基础类型的任何属性或方法，不需要转换	集合中的类型必须通过基础类型或者实现的接口彼此相关
和类型	不要求类型彼此相关	如果没有 `Variant` 的 `visit()`，就需要转换为实际的类型来使用项目
`unknown` 类型	可以存储任何内容	需要跟踪实际类型并转换为对应的类型才能使用项目

这些方法各有优缺点，具体使用哪种，取决于我们想让集合有多灵活，即集合中能够存储什么，以及把项目恢复为其原始类型的频度如何，等等。不过，在集合中存储项目时，所有方法都隐藏了一定程度的类型信息。序列化是隐藏并恢复类型信息的另外一个例子。

4.4.2 序列化

当我们在文件中写入信息，然后想重新加载并在文件中使用这些信息时，或者当我们连接到一个互联网服务，并向其发送及从其获取一些数据时，这些数据是以位序列的方式传输的。序列化是将特定类型的值编码为一个位序列的过程。其反向操作为反序列化，即将一个位序列解码成为可以使用的数据结构，如图 4.7 所示。

图 4.7　一辆前轮驱动的双门紧凑型车被序列化为 JSON，然后反序列化为车

具体的编码取决于我们使用的协议，可以是 JSON、XML 或众多适用协议中的某一个。从类型的角度看，重要的是在序列化后，得到的值应该与一开始带有类型的值是等效的，但是所有类型信息对类型系统不可用。实际上，我们得到了一个字符串或者一个字节数组。`JSON.stringify()` 方法接受一个对象，并将该对象的 JSON 表示返回为一个字

符串。如果字符串化一个 Cat，如程序清单 4.18 所示，就可以把结果写入磁盘、网络甚至屏幕上，但是不能对它调用 meow()。

程序清单 4.18 序列化 Cat

```
class Cat {
    meow() {              <-- Cat类型有一个
        /* ... */             meow()方法
    }
}

let serializedCat: string = JSON.stringify(new Cat());   <-- 我们使用JSON.stringify()
                                                             将一个Cat对象序列化为JSON
                                                             字符串

// serializeCat.meow();   <-- 显然，因为serializedCat
                              是一个字符串，所以我们不能
                              使用meow()方法
```

我们仍然知道值的类型，但是类型检查器不再知道。其反向操作是，接受一个序列化后的对象，将其转换回带类型的值。在这里，我们可以使用 JSON.parse() 方法，它接受一个字符串，返回一个 JavaScript 对象。因为这种技术适用于任何字符串，所以调用该方法的结果是 any 类型。

any 类型：TypeScript 提供了 any 类型。该类型用于当类型信息不可用时，与 JavaScript 进行互操作。any 是一个危险的类型，因为它可以自由转换为其他类型，其他类型也可以自由转换为 any 类型，编译器不对该类型的实例进行类型检查。开发人员有责任确保不会发生错误解释类型的情况。

如程序清单 4.19 所示，如果我们知道有一个序列化的 Cat，就可以使用 Object.assign() 把它赋值给一个新的 Cat 对象，然后再将其转换为 Cat 类型，因为 Object.assign() 返回的是 any 类型的一个值。

程序清单 4.19 反序列化 Cat

```
class Cat {
    meow() {
        /* ... */
    }
}

let serializedCat: string = JSON.stringify(new Cat());

let deserializedCat: Cat =
    <Cat>Object.assign(new Cat(), JSON.parse(serializedCat));   <-- 通过使用JSON.parse()
                                                                    反序列化对象，将其赋值给
                                                                    一个新的Cat实例，再将其
                                                                    转换为Cat类型

deserializedCat.meow();   <-- 我们可以在对象上调用meow()，因为它
                              是Cat类型的对象，有一个meow()方法
```

在一些情况中，我们可以获取并反序列化任意数量的类型，此时将一些类型信息编码到序列化后的对象中是一个好主意。我们可以定义一个协议，使用一个代表类型的字符作为每个对象的前缀。然后，我们可以编码一个 Cat，并在结果字符串的前面加上“c”作为前缀，代表 Cat。拿到一个序列化的对象时，我们检查其第一个字符。如果是“c”，则可以安全地恢复 Cat。如果是代表 Dog 的“d”，则我们知道不应该反序列化 Cat，如程序清单 4.20 所示。

程序清单 4.20　序列化及跟踪类型

```
class Cat {
    meow() { /* ... */ }
}

class Dog {
    bark() { /* ... */ }
}

function serializeCat(cat: Cat): string {
    return "c" + JSON.stringify(cat);
}

function serializeDog(dog: Dog): string {
    return "d" + JSON.stringify(dog);
}

function tryDeserializeCat(from: string): Cat | undefined {
    if (from[0] != "c") return undefined;

    return <Cat>Object.assign(new Cat(), JSON.parse(from.substr(1)));
}
```

通过在JSON表示的前面加上“c”前缀来序列化Cat对象

通过在JSON表示的前面加上“d”前缀来序列化Dog对象

给定序列化后的Cat或Dog，可以尝试反序列化Cat

如果首字符不是“c”，则返回undefined，因为我们无法反序列化Cat

否则，对剩余字符串执行JSON.parse()，并把结果赋值给一个Cat对象

如果我们序列化一个 Cat 对象，并对其序列化表示调用 tryDeserializeCat()，则会得到一个 Cat 对象。如果我们序列化一个 Dog 对象，并对其调用 tryDeserializeCat()，则会得到 undefined。然后，我们可以检查结果是否是 undefined，从而判断是否有一个 Cat，如程序清单 4.21 所示。

前面我们不能比较 Triangle 和 TLeft，但是在这里能够比较 maybeCat 和 undefined，这是因为在 TypeScript 中，undefined 是一种特殊的单元类型。undefined 类型只有一个值，即 undefined。如果语言中没有这种类型，则总是可以使用 Optional<Cat> 这样的类型。第 3 章中介绍了 Optional<T>，这是一种包含 T 类型的一个值或者什么都不包含的一种类型。

在本章中看到，类型提升了代码的安全级别。通过避免基本类型偏执，以及让类型检

查器确保不会错误解释值，我们可以使用类型声明捕捉原本隐含的一些假定，从而显式地表达它们。我们还可以进一步限制允许特定类型具有的值，以及确保在创建实例时遵守约束，从而保证得到给定类型的一个值时，它总是有效的。

程序清单 4.21 带有跟踪类型的反序列化

```
let catString: string = serializeCat(new Cat());
let dogString: string = serializeDog(new Dog());

let maybeCat: Cat | undefined = tryDeserializeCat(catString);

if (maybeCat != undefined) {
    let cat: Cat = <Cat>maybeCat;
    cat.meow();
}

maybeCat = tryDeserializeCat(dogString);
```

我们将一个Cat和一个Dog序列化为字符串

调用tryDeserializeCat将得到Cat或undefined

如果是，就可以将其转换为Cat，得到一个可以调用meow()的对象

尝试从序列化的Dog对象反序列化Cat对象将得到undefined

检查是否得到一个Cat

另一方面，我们想在一些情况中更加灵活，能够以相同的方式处理多种类型。在这种情况中，可以隐藏一些类型信息，拓展一个变量可以存储的值。在大多数情况下，我们仍然希望跟踪值的原始类型，以便在后面能够恢复类型。

这是在类型系统之外，通过把类型存储到其他地方（例如另外一个变量中）来实现的。当我们不再需要额外的灵活性，而希望依赖类型检查器的时候，可以使用类型转换来恢复类型。

4.4.3 习题

1. 如果我们想赋值任意可能的值，应该使用什么类型？
   a）any
   b）unknown
   c）any | unknown
   d）any 或 unknown
2. 表示数值和字符串数组的最佳方式是什么？
   a）(number | string)[]
   b）number[] | string[]
   c）unknown[]
   d）any[]

小结

- ❑ 当我们把值声明为基本类型，并对其意义做一些隐含的假定时，就出现了基本类型偏执反模式。
- ❑ 与基本类型偏执相反的一种做法是定义类型来显式捕捉值的含义，从而避免错误解释值。
- ❑ 如果想要施加额外的约束，但是在编译时做不到，就可以在构造函数或工厂函数中实施这些约束，从而使得当我们获得该类型的对象时，能够保证它是有效的。
- ❑ 有时候，我们知道的比类型检查器更多，因为我们可以在类型系统之外，将类型信息存储为数据。
- ❑ 我们可以使用这些信息执行安全的类型转换，为类型检查器添加更多信息。
- ❑ 我们可能想以相同的方式处理不同的类型，例如可能在一个集合中存储不同类型的值或者序列化它们。
- ❑ 通过把我们的类型转换为包含它的一个类型、它的父类型、一个和类型或者可以存储其他任意类型的值的类型，可以隐藏类型信息。

到现在为止，我们介绍了基本类型、组合基本类型的方法以及利用类型系统来提升代码安全性的其他方法。第 5 章将介绍不同的主题：当我们能够在代码中把类型赋值给函数，以及像使用其他值一样使用函数时，会有哪些新的可能性？

习题答案

避免基本偏执来防止错误解释

1. c——指定测量单位是更安全的方法。

实施约束

1. 下面是一种可行的解决方案：

```
declare const percentageType: unique symbol;

class Percentage {
    readonly value: number;
    [percentageType]: void;

    private constructor(value: number) {
        this.value = value;
    }

    static makePercentage(value: number): Percentage {
        if (value < 0) value = 0;
        if (value > 100) value = 100;
```

```
        return new Percentage(value);
    }
}
```

添加类型信息

1. a——向上转换是安全的（将子类型转换为父类型）。

2. b——缩窄转换是不安全的（可能会丢失信息）。

隐藏类型和恢复类型信息

1. b——unknown 是比 any 更加安全的选项。

2. a——unknown 和 any 会移除过多类型信息。

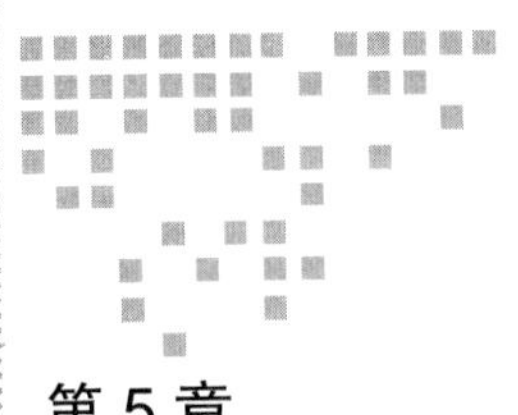

Chapter 5 第5章

函数类型

本章要点

- 使用函数类型简化策略模式
- 实现状态机时不使用 `switch` 语句
- 将延迟值实现为 lambda
- 使用基本的数据处理算法 `map`、`filter` 和 `reduce` 来减少重复代码

前面介绍了基本类型和使用基本类型构建的类型，还介绍了如何声明新的类型来提高程序的安全性，以及如何对这些类型的值施加各种约束。对于代数数据类型，或者组合和类型和乘积类型来说，我们能做的几乎就是这些。

我们将介绍的类型系统的下一个特性是函数类型，它大大提升了我们的表达能力。如果能够命名函数类型，并在使用其他类型的值的地方能够使用函数，如作为变量、实参和函数返回值，就可以简化一些常用结构的实现，并把常用算法抽象为库函数。

本章将介绍如何简化策略设计模式的实现。考虑到你可能不了解这个模式，我们会先简单地做一些介绍。之后，我们将介绍状态机，以及如何使用函数属性更加简洁地实现它们。我们将介绍延迟值，也就是如何延迟大开销的计算，这样如果最终不需要执行这种计算，就避免了不必要的开销。最后，我们将深入介绍基础性的 `map()`、`reduce()` 和 `filter()` 算法。

所有这些应用都离不开函数类型的支持。函数类型是类型系统在基本类型及其组合的基础上发展的又一个阶段。因为如今的大部分编程语言都支持这些类型，所以我们将从更新的角度观察一些旧有的、经过试用和验证的概念。

5.1　一个简单的策略模式

策略模式是最常用的设计模式之一。策略设计模式是一种行为软件设计模式，允许在运行时从一组算法中选择某个算法。它把算法与使用算法的组件解耦，从而提高了整个系统的灵活性。图 5.1 展示了这种模式。

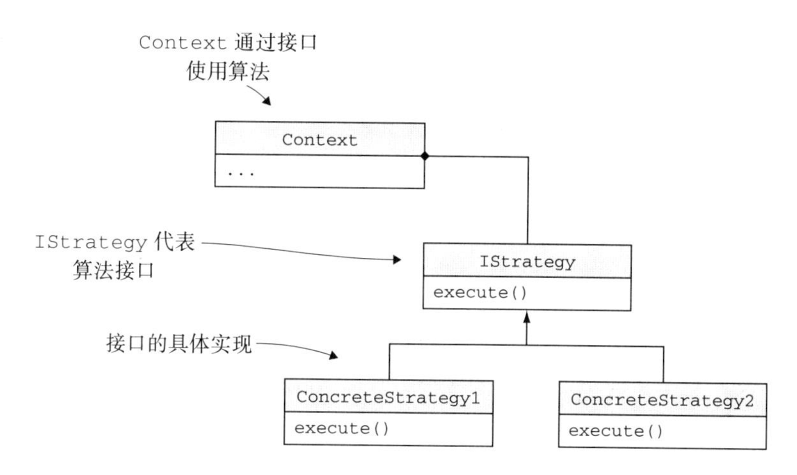

图 5.1　策略模式由 IStrategy 接口、ConcreteStrategy1 和 ConcreteStrategy2 实现以及通过 IStrategy 接口使用算法的 Context 构成

我们来看一个具体的例子。假设有一个洗车场，提供两种类型的服务：标准洗车和高档洗车（多收 3 美元，提供抛光服务）。

我们可以把这个例子实现为一个策略，让 IWashingStrategy 接口提供一个 wash() 方法。然后，我们提供这个接口的两个实现：StandardWash 和 PremiumWash。CarWash 作为上下文，根据客户选择的服务将 IWashingStrategy.wash() 应用到汽车，如程序清单 5.1 所示。

程序清单 5.1　洗车策略

```
class Car {
    /* Represents a car */          <-- Car类代表要洗的车
}

interface IWashingStrategy {        <-- IWashingStrategy是策略模式的接口，提供了wash()方法
    wash(car: Car): void;
}

class StandardWash implements IWashingStrategy {    <-- StandardWash和PremiumWash是策略的具体实现
    wash(car: Car): void {
        /* Perform standard wash */
    }
}

class PremiumWash implements IWashingStrategy {
```

```
    wash(car: Car): void {
        /* Perform premium wash */
    }
}

class CarWash {
    service(car: Car, premium: boolean) {
        let washingStrategy: IWashingStrategy;

        if (premium) {                                    <-
            washingStrategy = new PremiumWash();
        } else {                                          根据一个标志，我们选
            washingStrategy = new StandardWash();         择一种算法，用于对汽
        }                                                 车实例应用wash()

        washingStrategy.wash(car);                        <-
    }
}
```

这段代码可以工作，但是有些冗长。我们引入了一个接口和两个实现类型，它们都提供了一个 wash() 方法。这些类型并不重要，代码中真正重要的是洗车逻辑。逻辑代码只是一个函数，所以如果能够从接口和类转到函数类型和两个具体实现，那么将能够大大简化代码。

5.1.1 函数式策略

我们可以把 WashingStrategy 定义为一个类型，代表接受 Car 作为实参并返回 void 的一个函数。然后，我们可以把两种洗车服务实现为两个函数，standardWash() 和 premiumWash()，它们都接受 Car 作为实参，并返回 void。CarWash 可以选择其中一个函数应用到一辆给定的汽车，如程序清单 5.2 所示。

程序清单 5.2 修改后的洗车策略

```
class Car {
    /* Represents a car */
}                                                   WashingStrategy是
                                                    一个函数，接受Car实
type WashingStrategy = (car: Car) => void;     <-   参，返回void

function standardWash(car: Car): void {        <-
    /* Perform standard wash */                     standardWash()和
}                                                   premiumWash()实现
                                                    了洗车逻辑
function premiumWash(car: Car): void {         <-
    /* Perform premium wash */
}

class CarWash {
    service(car: Car, premium: boolean) {
```

```
        let washingStrategy: WashingStrategy;

        if (premium) {
            washingStrategy = premiumWash;
        } else {
            washingStrategy = standardWash;
        }

        washingStrategy(car);
    }
}
```

现在，在选择算法时，可以把一个函数直接赋值给 washingStrategy

因为washingStrategy变量是一个函数，所以可以直接调用

这个实现的组成部分比前一个实现的更少，如图 5.2 所示。

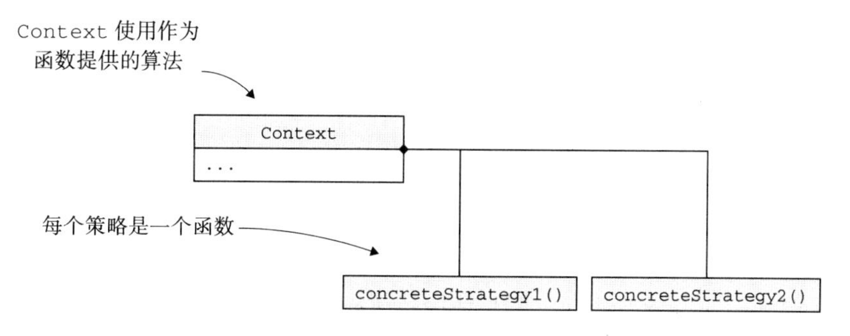

图 5.2 策略模式由 Context 构成，它使用两个函数之一：concreteStrategy1() 或 concreteStrategy2()

这是我们第一次使用函数类型，所以先来看看函数类型声明。

5.1.2 函数的类型

函数 standardWash() 接受一个 Car 类型的实参，返回 void，所以其类型为从 Car 到 void 的函数，在 TypeScript 语法中为 (car: Car) => void。虽然函数 premiumWash() 具有不同的实现，但实参类型和返回类型是相同的，所以它与 standardWash() 具有相同的类型。

函数类型或签名：函数的实参类型和返回类型决定了函数的类型。如果两个函数接受相同的实参，并返回相同的类型，那么它们具有相同的类型。实参集合加上返回类型也称为函数的签名。

我们希望使用这个类型，所以给它起了个名字：type WashingStrategy = (car: Car) =>void。每当我们把 WashingStrategy 用作类型时，就意味着使用函数类型 (car: Car) => void。我们在 CarWash.service() 方法中使用了这个类型。

因为我们可以定义函数的类型，所以可以使用变量代表函数。在我们的例子中，`washingStrategy` 变量代表一个具有前面指定的签名的函数。我们可以把任何接受 `Car` 作为实参并返回 `void` 的函数赋值给该变量，还可以像调用函数一样调用该变量。在使用 `IWashingStrategy` 接口的第一个例子中，我们通过调用 `washingStrategy.wash(car)` 来执行洗车逻辑。在第二个例子中，`washingStrategy` 是一个函数，所以我们只是简单地调用 `washingStrategy(car)`。

一等函数：将函数赋值给变量，并像处理类型系统中的其他值一样处理它们，就得到了所谓的一等函数。这意味着语言将函数视为“一等公民”，赋予它们与其他值相同的权利：它们有类型，可被赋值给变量，可作为实参传递，可被检查是否有效，以及在兼容的情况下可被转换为其他类型。

5.1.3 策略实现

前面看到了实现策略模式的两种方法。我们来对比这两种实现方法。第一个例子采用了策略模式的惯例实现，需要进行许多额外的工作：我们需要声明一个接口，还需要有多个类来实现该接口，以提供策略的具体逻辑。第二种实现则简化到我们想要实现的核心逻辑：我们用两个函数实现这个逻辑，并直接使用这些函数。

这两种实现都完成了相同的目标。第一种方法（即依赖接口的方法）之所以更加常见，是因为当设计模式在 20 世纪 90 年代流行起来时，并不是所有主流编程语言都支持一等函数。事实上，当时只有很少的编程语言支持一等函数。但现在情况发生了变化，大部分语言都可以定义函数类型，所以我们能够利用这种能力，为一些设计模式提供更加简洁的实现。

需要记住的是，模式是相同的：我们仍然是封装一组算法，在运行时使用其中一个算法。区别在于实现，现代编程语言的能力使我们能够更加轻松地表达实现。我们把一个接口和两个类（每个类实现一个方法）分别替换为一个类型声明和两个函数。

在大多数情况中，使用更简洁的实现就足够了。当无法把算法表达为简单的函数时，我们可能需要重新考虑接口和类实现。有时候，我们需要多个函数，或者需要跟踪某个状态，此时第一种实现更加合适，因为它把策略的相关部分组合到了一个公共类型下。

5.1.4 一等函数

在介绍后面的内容之前，先来快速回顾本节引入的一些术语：

- 函数的实参集合加上返回类型称为函数的签名。下面的两个函数具有相同的签名：

```
function add(x: number, y: number): number {
    return x + y;
}
```

```
function subtract(x: number, y: number): number {
    return x - y;
}
```

- 在支持函数类型的语言中，函数的签名相当于函数的类型。前面两个函数的类型为从(数字，数字)到数字的函数，或者 `(x: number, y: number) => number`。注意，实参的实际名称是什么并不重要；`(a: number, b: number) => number` 的类型与 `(x: number, y: number) => number` 相同。
- 当语言看待函数的方式与看待其他任何值相同时，我们称该语言支持一等函数。可以把函数赋值给变量、作为实参传递以及像使用其他值一样使用，这使得代码的表现力更强。

5.1.5 习题

1. 假设函数 `isEven()` 接受一个数字作为实参，并且当该数字为偶数时返回 `true`，否则返回 `false`，那么该函数的类型是什么？

   a) `[number, boolean]`

   b) `(x: number) => boolean`

   c) `(x: number, isEven: boolean)`

   d) `{x: number, isEven: boolean}`

2. 假设函数 `check()` 接受一个数字和与 `isEven()` 相同类型的函数作为实参，并返回将给定函数应用到给定值的结果，那么该函数的类型是什么？

   a) `(x: number, func: number) => boolean`

   b) `(x: number) => (x: number) => boolean`

   c) `(x: number, func: (x: number) => boolean) => boolean`

   d) `(x: number, func: (x: number) => boolean) => void`

5.2 不使用 switch 语句的状态机

一等函数的一种非常有用的应用允许我们将类的属性定义为函数类型。然后，我们可以向其赋值不同的函数，从而在运行时改变行为。这就像类的一个插入式方法，我们可以根据需要切换。

例如，可以实现一个插入式 `Greeter`。我们不是实现一个 `greet()` 方法，而是实现一个函数类型的 `greet` 属性。然后，我们就可以把多个问候函数赋值给该属性，例如 `sayGoodMorning()` 和 `sayGoodNight()`，如程序清单 5.3 所示。

程序清单 5.3 插入式 Greeter

```
function sayGoodMorning(): void {        <-- 两个问候函数，它们把各自
    console.log("Good morning!");            的问候语输出到控制台
}

function sayGoodNight(): void {
    console.log("Good night!");
}

class Greeter {
    greet: () => void = sayGoodMorning;   <-- greet是一个函数，没有实
}                                             参，返回void，并且默认
                                              使用sayGoodMorning()

let greeter: Greeter = new Greeter();

greeter.greet();                          <-- 因为greet是一个函数属性，所以
                                              可以像调用类的方法一样调用它

greeter.greet = sayGoodNight;             <-- 我们可以把另一个函数赋值给属性

greeter.greet();   <-- 第二次调用将调用
                       sayGoodNight()
```

这与前一节讨论的策略模式实现有相近之处，但是值得注意的是，这种方法使我们能够轻松地在类中添加插入式行为。如果想添加一个新的问候，只需添加另外一个具有相同签名的函数，然后将其赋值给 greet 属性。

5.2.1 类型编程小试牛刀

在撰写本书时，我写了一个小脚本来帮助保持源代码与正文同步。草稿是用流行的 Markdown 格式撰写的。我把源代码保存在单独的 TypeScript 文件中，以便能够编译它们，并确保即使更新了代码示例，它们也能够工作。

我需要一种方式来确保 Markdown 正文始终包含最新的代码示例。代码示例总是出现在包含 ```ts 的一行和包含 ``` 的一行中间。当从 Markdown 源文件生成 HTML 时，```ts 被解释为 TypeScript 代码块的开头，并使用 TypeScript 语法高亮显示，而 ``` 则标记了 TypeScript 代码块的结束。这些代码块的内容来自实际的 TypeScript 源文件，即我能够在正文之外编译和验证的源文件，但需要内联到正文中，如图 5.3 所示。

为了确定哪个代码示例放到哪个位置，我利用了一个小技巧。因为 Markdown 允许在文档正文中使用原生 HTML，所以我使用一个 HTML 注释（如 <!-- sample1 -->）标注了每个代码示例。HTML 注释不会被渲染，因此当把 Markdown 转换为 HTML 时，它们是不可见的。另外，我的脚本可以使用这些注释来判断在什么地方内联哪个代码示例。

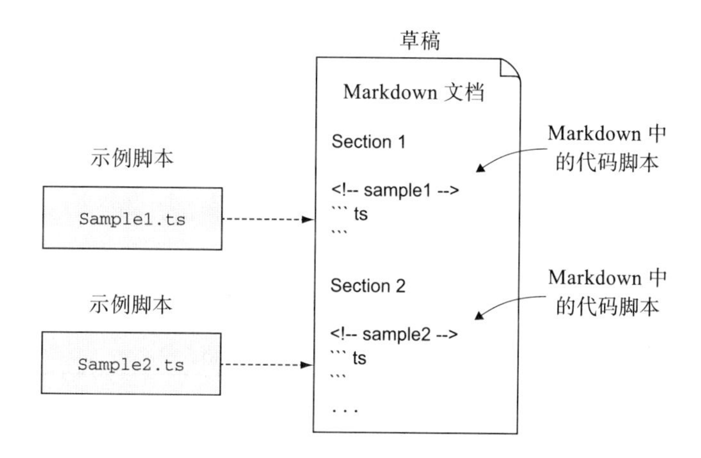

图 5.3　两个 TypeScript（.ts）文件包含的代码示例应该内联到 Markdown 文档的 ```ts 和 ``` 标记之间。<!-- ... --> 注释标注了脚本中的代码示例

从磁盘加载全部代码示例后，我需要处理草稿的每个 Markdown 文档，并生成一个更新后的版本，如下所示：

- 在文本处理模式中，只需将每行输入文本直接赋值到输出文档。当遇到一个标记（<!-- sample -->）时，拿到对应的代码示例，并切换到标记处理模式。
- 在标记处理模式中，同样，将每行输入文本复制到输出文档中，直到遇到代码块标记（```ts）。当遇到代码标记时，输出从 TypeScript 文件中加载的最新版本的代码示例，并切换到代码处理模式。
- 在代码处理模式中，我们已经确保把最新版本的代码放到了输出文件中，因此可以跳过代码块中有可能已经过时的版本。我们跳过每一行，直到遇到代码块结束标记（```）。然后，我们切换回文本处理模式。

每次运行时，文件中 <!-- ... --> 标记后面的现有代码示例会被更新为磁盘上的 TypeScript 文件中的最新版本。其他没有出现在 <!-- ... --> 标记后面的代码块不会被更新，因为它们是在文本处理模式中处理的。

下面以一个 helloWorld.ts 代码示例作为例子，如程序清单 5.4 所示。

程序清单 5.4　helloWorld.ts

```
console.log("Hello world!");
```

我们想把这段代码嵌入 Chapter1.md 中，并确保它保持最新，如程序清单 5.5 所示。这个文件将被逐行处理，如下所示：

1）在文本处理模式中，将“# Chapter 1”原样复制到输出中。

2）将“”（空行）原样复制到输出中。

3）将“Printing "Hello world!".”原样复制到输出中。

4）将“<!-- helloWorld -->”原样复制到输出中。不过，这是一个标记，所以我们将跟踪要被内联的代码示例（helloWorld.ts），并切换到标记处理模式。

5）“```ts”被原样复制到输出中。这个标记是代码块标记，所以在把它复制到输出中以后，还会立即输出 helloWorld.ts 的内容，并切换到代码处理模式。

6）“console.log("Hello");”将被跳过。在代码处理模式中，我们不会复制代码行，因为我们是在用代码示例文件中的最新版本替换代码。

7）“```”是代码块结束标记。我们插入该标记，然后切换回文本处理模式。

程序清单 5.5　Chapter1.md

````
# Chapter 1

Printing "Hello world!".
<!-- helloWorld -->
```ts
console.log("Hello");        <—— 这段代码不是最新的。这里的字符串是“Hello”，与helloWorld.ts中的字符串并不匹配
```
````

5.2.2　状态机

我们的文本处理脚本非常适合建模为一个状态机。状态机有一组状态，以及状态之间的转移。状态机以给定状态（也叫作开始状态）开始；如果满足特定条件，就能转移到另外一个状态。

这正是我们的文本处理程序的 3 个处理模式的行为。在文本处理模式下按一定方式处理输入行。当满足某个条件（遇到<!-- sample -->标记）时，处理程序就转移到标记处理模式。当满足另外一个条件（遇到```ts 代码块标记）时，就转移到代码处理模式。当遇到代码块结束标记（```）时，就转移回文本处理模式，如图 5.4 所示。

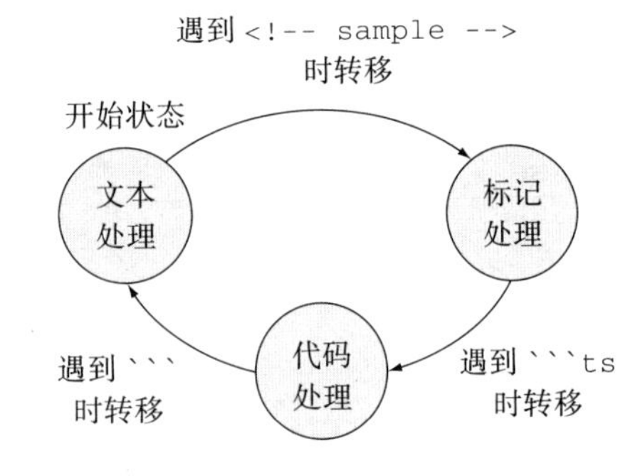

图 5.4　有 3 个状态（文本处理、标记处理、代码处理）的文本处理状态机，基于输入在不同状态之间转移。文本处理是初始（开始）状态

现在我们建模了解决方案，接下来介绍如何实现这种方案。实现状态机的一种方法是将状态集合定义为一个枚举，跟踪当前的状态，并使用覆盖所有可能状态的 switch 语句来获得所希望的行为。在我们的例子中，可以定义一个 TextProcessingMode 枚举。

我们的 TextProcessor 类在一个 mode 属性中跟踪当前的状态，并在一个 processLine() 方法中实现 switch 语句。取决于状态，该方法将调用 3 个处理方法之一：processTextLine()、processMarkerLine() 或 processCodeLine()。这些函数

将实现文本处理，并在合适时，通过更新当前状态，转移到另外一个状态。

处理一个包含多行文本的 Markdown 文档，意味着逐个处理各行，这需要使用状态机，并把最终结果返回给调用者，如程序清单 5.6 所示。

程序清单 5.6　状态机实现

```
enum TextProcessingMode {          <-- 状态机用一个枚举表示
    Text,
    Marker,
    Code,
}

class TextProcessor {
    private mode: TextProcessingMode = TextProcessingMode.Text;
    private result: string[] = [];
    private codeSample: string[] = [];

    processText(lines: string[]): string[] {
        this.result = [];
        this.mode = TextProcessingMode.Text;

        for (let line of lines) {          <-- 处理文本文档意味着处理每
            this.processLine(line);            行文本，并返回结果字符串
        }                                      数组

        return this.result;
    }
private processLine(line: string): void {
    switch (this.mode) {          <-- 状态机switch语句根据当
        case TextProcessingMode.Text:  前状态调用不同的处理程序
            this.processTextLine(line);
            break;
        case TextProcessingMode.Marker:
            this.processMarkerLine(line);
            break;
        case TextProcessingMode.Code:
            this.processCodeLine(line);
            break;
    }
}

private processTextLine(line: string): void {  <-- 处理一行文本。如果文本行以
    this.result.push(line);                        "<!--"开头，则加载代码示
                                                   例，并转移到下一个状态
    if (line.startsWith("<!--")) {  <--
        this.loadCodeSample(line);

        this.mode = TextProcessingMode.Marker;
    }
}

private processMarkerLine(line: string): void {  <-- 处理标记。如果文本行以"```ts"
    this.result.push(line);                          开头，则内联代码示例，并转移到下
                                                     一个状态
    if (line.startsWith("```ts")) {  <--
```

```
            this.result = this.result.concat(this.codeSample);

            this.mode = TextProcessingMode.Code;
        }
    }

    private processCodeLine(line: string): void {
        if (line.startsWith("```")) {
            this.result.push(line);

            this.mode = TextProcessingMode.Text;
        }
    }

    private loadCodeSample(line: string) {
        /* Load sample based on marker, store in this.codeSample  */
    }
}
```

通过跳过文本行来处理代码。如果文本行以"```"开头，则转移到文本处理状态

省略了函数体，因为其中的代码对于本例并不重要

我们省略了从外部文件加载示例的代码，因为这些代码对于讨论状态机并不重要。这里的实现可以起到效果，但是如果使用插入式函数，则可以简化这个实现。

注意，所有文本处理函数的签名是相同的：它们接受一行文本作为 string 实参，并返回 void。如果我们不让 processLine() 实现一个很大的 switch 语句，将具体处理转交给合适的函数，而是让 processLine() 成为一个处理函数，会怎么样？

我们不把 processLine() 实现为一个方法，而是将其定义为类的一个属性，类型为 (line: string) => void，并将它初始化为 processTextLine()，如程序清单 5.7 所示。然后，在 3 个文本处理方法中，不把 mode 设置为不同的枚举值，而是将 processLine 设置为不同的方法。事实上，我们不再需要在内部跟踪状态，甚至不需要使用枚举！

程序清单 5.7　另外一种状态机实现

```
class TextProcessor {
    private result: string[] = [];
    private processLine: (line: string) => void = this.processTextLine;
    private codeSample: string[] = [];

    processText(lines: string[]): string[] {
        this.result = [];
        this.processLine = this.processTextLine;

        for (let line of lines) {
            this.processLine(line);
        }

        return this.result;
    }

    private processTextLine(line: string): void {
        this.result.push(line);
```

```
        if (line.startsWith("<!--")) {
            this.loadCodeSample(line);

            this.processLine = this.processMarkerLine;
        }
    }

    private processMarkerLine(line: string): void {
        this.result.push(line);

        if (line.startsWith("```ts")) {
            this.result = this.result.concat(this.codeSample);

            this.processLine = this.processCodeLine;
        }
    }

    private processCodeLine(line: string): void {
        if (line.startsWith("```")) {
            this.result.push(line);

            this.processLine = this.processTextLine;
        }
    }

    private loadCodeSample(line: string) {
        /* Load sample based on marker, store in this.codeSample  */
    }
}
```

现在通过把this.processLine更新为合适的方法来实现状态转移

第二种实现去掉了 `TextProcessingMode` 枚举、`mode` 属性以及将处理转交给合适方法的 `switch` 语句。现在不需要转交处理，因为 `processLine` 自己就是合适的处理方法。

在这种实现中，不需要单独跟踪状态，并使状态与处理逻辑保持同步。如果我们想引入一个新状态，那么原来的实现需要我们在多个位置更新代码。除了实现新的处理逻辑和状态转移，我们还需要更新枚举，并在 `switch` 语句中新添加一个 case。第二种实现则不需要做这些工作：状态完全是由一个函数来表示的。

使用和类型的状态机

需要注意的一个地方是，对于有多个状态的状态机，显式捕捉状态或状态转移可能会让代码更容易理解。即便如此，除了使用枚举和 `switch` 语句，有另外一种实现可以把每种状态表示为一个单独的类型，把整个状态机表示为可能状态的一个和类型，从而允许我们把状态机分解到类型安全的组件中。下面给出了使用和类型实现状态机的一个例子。代码有些冗长，所以如果有可能，我们就应该使用前面讨论的那种实现，它也可以替代基于 `switch` 的状态机。

使用和类型时，用一个不同的类型代表每种状态，所以有 `TextLineProcessor`、

MarkerLineProcessor 和 CodeLine-Processor。每个类在一个 result 成员中跟踪已经处理的文本行，并提供一个 process() 方法来处理一行文本。

使用和类型的状态机

```
class TextLineProcessor {
    result: string[];

    constructor(result: string[]) {
        this.result = result;
    }

    process(line: string): TextLineProcessor | MarkerLineProcessor {
        this.result.push(line);

        if (line.startsWith("<!--")) {
            return new MarkerLineProcessor(
                this.result, this.loadCodeSample(line));
        } else {
            return this;
        }
    }
    private loadCodeSample(line: string): string[] {
        /* Load sample based on marker, store in this.codeSample */
    }
}

class MarkerLineProcessor {
    result: string[];
    codeSample: string[]

    constructor(result: string[], codeSample: string[]) {
        this.result = result;
        this.codeSample = codeSample;
    }

    process(line: string): MarkerLineProcessor | CodeLineProcessor {
        this.result.push(line);

        if (line.startsWith("```ts")) {
            this.result = this.result.concat(this.codeSample);

            return new CodeLineProcessor(this.result);
        } else {
            return this;
        }
    }
}

class CodeLineProcessor {
    result: string[];

    constructor(result: string[]) {
        this.result = result;
    }

    process(line: string): CodeLineProcessor | TextLineProcessor {
```

TextLineProcessor返回TextLineProcessor或MarkerLineProcessor来处理下一行

如果文本行以“<!--”开头，则返回一个新的MarkerLineProcessor；否则，返回当前处理程序

MarkerLineProcessor返回MarkerLineProcessor或CodeLineProcessor

如果遇到“```ts”，则加载代码示例并返回一个新的CodeLineProcessor；否则，返回当前处理程序

CodeLineProcessor返回CodeLineProcessor或TextLineProcessor

```
        if (line.startsWith("```")) {
            this.result.push(line);

            return new TextLineProcessor(this.result);
        } else {
            return this;
        }
    }
}

function processText(lines: string): string[] {
    let processor: TextLineProcessor | MarkerLineProcessor
        | CodeLineProcessor = new TextLineProcessor([]);

    for (let line of lines) {
        processor = processor.process(line);
    }

    return processor.result;
}
```

如果文本行以“```”开头，则将其追加到结果中，并返回一个新的TextLineProcessor；否则，返回当前处理程序

状态由处理程序表示，这是TextLineProcessor、MarkerLineProcessor和CodeLineProcessor的和类型

处理完每行文本后，如果有状态变化，会更新处理程序

如果没有状态变化，那么所有处理程序会返回一个处理程序实例 this；否则，会返回一个新的处理程序。processText() 运行状态机的方式是对每行文本调用 process()，并在状态变化时，通过把方法调用的结果赋值给 processor 来更新处理程序。

现在，状态集在 processor 变量的签名中清晰地表达了出来，它可以是 TextLineProcessor、MarkerLineProcessor 或 CodeLineProcessor。

process() 方法的签名则捕捉了可能的状态转移。例如，TextLineProcessor.process 返回 TextLineProcessor | MarkerLineProcessor，所以它可以保留在相同的状态（TextLineProcessor）或转移到 MarkerLineProcessor 状态。如果必要，这些状态类可以有更多属性和成员。这种实现比依赖函数的实现更长，所以如果不需要额外的功能，我们最好还是使用更加简单的解决方案。

5.2.3 回顾状态机实现

我们快速回顾一下本节讨论的各种状态机实现，然后介绍函数类型的其他应用。

- 状态机的“经典”实现使用枚举来定义所有可能的状态，使用该枚举类型的一个变量来跟踪当前状态，并使用一个很大的 switch 语句来根据当前状态决定执行哪种处理。通过更新当前状态变量来实现状态转移。这种实现的缺点是，状态没有与想要在每种状态下运行的逻辑联系在一起，所以当我们在给定状态下运行错误的逻辑时，编译器不能阻止出现错误。例如，当我们在 TextProcessingMode.Text 中时，没有机制阻止我们调用 processCodeLine()。我们还需要把状态和转移作为一个单独的枚举进行维护，这有导致它们不同步的风险。（例如，我们可能在枚

举中添加了一个新值，但是忘记在 `switch` 语句中为其添加一个 case。)

- 函数实现将每种处理状态表达为一个函数，并依赖一个函数属性来跟踪当前状态。通过把另外一个状态赋值给函数属性来实现状态转移。这种实现是轻量级的，应该可以用在许多情况下。但这种实现有两个缺点：有时候，我们需要为每种状态关联更多信息，以及我们可能想要显式声明可能的状态和转移。
- 和类型实现将每种处理状态表达为一个类，并依赖使用这些状态的和类型的一个变量来跟踪当前状态。通过把另外一个状态赋值给该变量来实现状态转移，这允许我们在每种状态中添加属性和成员，把它们组合在一起。这种实现的缺点是代码比函数实现更多。

关于状态机的讨论到此结束。下一节将介绍函数类型的另外一种用途：实现延迟计算。

5.2.4 习题

1. 将一个可以处于打开（`open`）或关闭（`closed`）状态的简单连接建模为一个状态机。使用 `connect` 函数打开连接，使用 `disconnect` 关闭连接。
2. 使用 `process()` 方法将前面的连接实现为一个函数状态机。对于关闭的连接，`process()` 打开一个连接；对于打开的连接，`process()` 调用 `read()` 函数，后者返回一个字符串。如果该字符串为空，则关闭连接；否则，将读取的字符串输出到控制台。`read()` 函数的声明如下：`declare function read(): string;`。

5.3 使用延迟值避免高开销的计算

像使用其他值一样使用函数还有另外一个优势：我们可以存储它们，然后只在需要的时候调用它们。有时候，我们想要获得某个值的计算开销比较大。假设我的程序可以构建一个 `Bike` 和一个 `Car`。我可能想要一个 `Car`，但是构建 `Car` 的开销比较大。所以我可能决定骑自行车。构建 `Bike` 的开销极低，所以我不担心开销问题。相比每次运行程序都构建一个 `Car`，以便在需要的时候能够使用 `Car`，能够在需要时请求一个 `Car` 不是更好吗？如果是这样，我会在真正需要 `Car` 的时候请求它，到那时再执行高开销的构建逻辑。如果我不请求，就不会浪费资源。具体内容参见程序清单 5.8。

这里的思想是尽可能推迟高开销的计算，寄望于可能根本不需要进行这样的计算。因为计算是以函数的方式表达的，所以我们可以传递函数而不是传递实际的值，并在需要值的时候调用这些函数。这个过程称为延迟计算。其反向操作称为立即计算，即我们立即得到并传递值，即使我们在以后决定丢弃该值。

在立即创建 `Car` 的例子中，要调用 `chooseMyRide()`，需要提供一个 `Car` 对象，所以我们当时就承担了构建 `Car` 的开销。如果天气很好，我决定骑自行车，那么 `Car` 实例就白白创建了。

程序清单 5.8 立即创建 Car

```
class Bike { }                    Car和Bike。假设创建Car的开销
class Car { }                     较大

function chooseMyRide(bike: Bike, car: Car): Bike | Car {     <-
    if (isItRaining()) {
        return car;                       chooseMyRide()函数将根据
    } else {                              某个条件选择Bike或Car
        return bike;
    }
}
                                          要调用chooseMyRide(),
chooseMyRide(new Bike(), new Car());  <-  需要创建一个Car
```

下面来看延迟方法。我们不提供 Car，而是提供一个在调用时返回 Car 的函数，如程序清单 5.9 所示。

程序清单 5.9 延迟生成 Car

```
                                          现在chooseMyRide()的实
class Bike { }                            参不是Car，而是一个返回
class Car { }                             Car的函数

function chooseMyRide(bike: Bike, car: () => Car): Bike | Car {   <-
    if (isItRaining()) {
        return car();          <-  只有当我们确定需要一个Car
    } else {                       的时候才调用这个函数
        return bike;
    }
}

function makeCar(): Car {              <-
    return new Car();                     我们把创建Car的逻辑放到一个
}                                         函数中，然后把该函数传递给
                                          chooseMyRide()
chooseMyRide(new Bike(), makeCar);     <-
```

在延迟版本中，直到确实需要 Car 的时候，才会执行开销较大的创建 Car 的操作。如果我决定骑自行车，就不会调用该函数，也就不会创建 Car。

使用纯粹的面向对象结构也能够实现这种效果，但是要编写的代码会多得多。我们可以声明一个 CarFactory 类，在其中封装 makeCar() 方法，然后使用该类作为 chooseMyRide() 的实参。当调用 chooseMyRide() 时，会创建 CarFactory 的一个新实例，并在需要时调用该方法。不过，能少写代码，为什么要多写？事实上，我们还可以让代码变得更短。

5.3.1 lambda

大部分现代编程语言都支持匿名函数，也称为 lambda。lambda 与普通的函数类似，但

是没有名称。每当我们需要使用一次性函数时，就会使用 lambda。所谓一次性函数，是指我们只会引用这种函数一次，所以为其命名就成了多余的工作。相反，我们可以提供一种内联实现。

在延迟生成 `Car` 的示例中，`makeCar()` 是 lambda 的一个很好的候选。因为 `chooseMyRide()` 需要一个没有实参并返回 `Car` 的函数，我们声明了这个只使用一次的新函数：把它作为实参传递给 `chooseMyRide()`。我们可以不使用这个函数，而是使用一个匿名函数，如程序清单 5.10 所示。

程序清单 5.10 匿名生成 Car

```
class Bike { }
class Car { }

function chooseMyRide(bike: Bike, car: () => Car): Bike | Car {
    if (isItRaining()) {
        return car();
    } else {
        return bike;
    }
}

chooseMyRide(new Bike(), () => new Car());   <-- 不接受任何实参并返回Car的lambda
```

TypeScript 的 lambda 语法与函数类型声明很相似：把实参列表（本例中为空）放到圆括号内，然后输入 =>，最后输入函数体。如果函数包含多行代码，我们把代码放到 { 和 } 之间，但是因为这里的函数体只是调用 `new Car()`，所以被隐含地视为 lambda 的返回语句，这样一来，我们就去掉了 `makeCar()` 函数，而是把构造 `Car` 的逻辑放到了一行代码中。

lambda 或匿名函数：lambda，也称为匿名函数，是没有名称的函数定义。lambda 通常用于一次性的、短期存在的处理，并像数据一样被传来传去。

如果不能指定函数类型，lambda 就没那么有用。`() => new Car()` 这样的表达式能够用来做什么？如果我们不能将其存储到变量中或作为实参传递给另外一个函数，那么它就没什么用途。如果能够像传递值一样传递函数，就能够得到与上面的例子一样的场景，即延迟生成 `Car` 实例的代码只比立即生成版本多几个字符。

延迟计算

延迟计算是许多函数式编程语言共有的特征。在这种语言中，所有内容都是尽可能晚计算的，不需要我们明确说明。在这种语言中，`chooseMyRide()` 默认不会构造 `Bike` 或 `Car`。只有当我们试图使用 `chooseMyRide()` 返回的值时，例如我们对其调

用了 `ride()`，才会创建 `Bike` 或 `Car`。

命令式编程语言（如 TypeScript、Java、C# 和 C++）是立即计算的。虽然如此，前面已经看到，在必要时我们可以相当轻松地模拟延迟计算。后面在讨论生成器的时候，会给出更多示例。

5.3.2 习题

1. 下面哪行代码实现了对两个数字求和的 lambda？

   a) `function add(x: number, y: number)=> number { return x + y; }`

   b) `add(x: number, y: number) => number { return x + y; }`

   c) `add(x: number, y: number) { return x + y; }`

   d) `(x: number, y: number) => x + y;`

5.4 使用 map、filter 和 reduce

接下来介绍函数类型提供的另外一种能力：函数能够接受其他函数作为实参，或者返回其他函数。接受一个或多个非函数实参并返回一个非函数类型的“标准”函数也称为一阶函数，或普通函数。接受一个一阶函数作为实参或者返回一个一阶函数的函数称为二阶函数。

我们可以继续往后推，称接受二阶函数作为实参或者返回二阶函数的函数为三阶函数，但是在实际运用中，我们只是简单地把所有接受或返回其他函数的函数称为高阶函数。

5.3 节的第二个 `chooseMyRide()` 函数就是高阶函数的一个例子。该函数需要的实参类型为 `() => Car`，这本身是一个函数。

事实上，有几种非常有用的算法可被实现为高阶函数，其中最基础的是 `map()`、`filter()` 和 `reduce()`。大部分编程语言都提供了库，库中提供了这些函数，不过，我们将通过自己创建这些函数的方式，介绍可以参考的实现以及具体实现细节。

5.4.1 map()

使用 `map()` 函数的前提十分简单：给定某个类型的值的一个集合，对其中每个值调用一个函数，然后返回结果集合。这种类型的处理十分常见，所以减少代码重复很合理。

我们来看两种场景。在第一种场景中，我们有一个数字数组，想要对数组中的每个数字求平方。在第二种场景中，我们有一个字符串数组，想要计算数组中每个字符串的长度。

我们可以使用两个 `for` 循环实现这两个需求，但是把它们放到一起时，如程序清单 5.11 所示，我们能够感觉到，它们之间存在一些共性，应该可以把这些共性抽象到共有的代码中。

程序清单 5.11 特殊映射

```
let numbers: number[] = [1, 2, 3, 4, 5];          <—— 数字数组
let squares: number[] = [];

for (const n of numbers) {                        对于数组中的每个数字求平方，
    squares.push(n * n);                     <——  然后添加到squares数组中
}
let strings: string[] = ["apple", "orange", "peach"];    <—— 字符串数组
let lengths: number[] = [];

for (const s of strings) {                        对于数组中的每个字符串，我们
    lengths.push(s.length);                  <——  将其长度添加到lengths数组中
}
```

虽然数组和变换是不同的，但是它们的结构显然很相似，如图 5.5 所示。

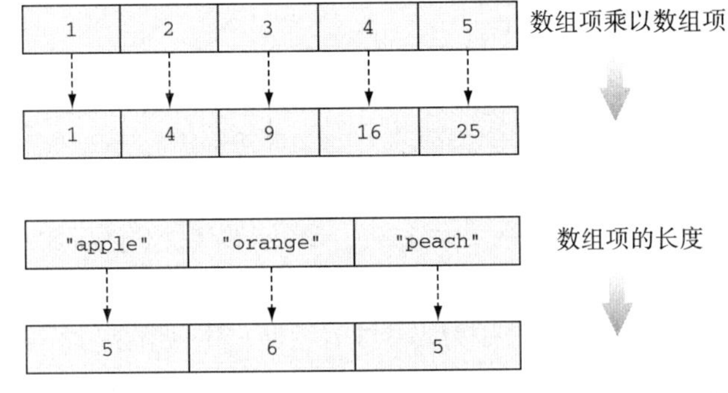

图 5.5 求数字的平方和获得字符串的长度是两种区别很大的场景，但是变换的总体结构是相同的：获取一个输入数组，应用一个函数，然后得到输出数组

自制 map

我们来看针对数组的一种 map() 实现，以了解如何避免重复编写这种循环。我们将使用泛型类型 T 和 U，因为无论 T 和 U 是什么类型，函数实现都可以工作。这样一来，我们就可以把这个函数用于不同的类型，而不是把函数局限到数字数组。

我们的函数以一个 T 数组和一个函数作为实参，该实参函数接受项目 T 作为实参，并返回 U 类型的一个值。函数把结果添加到一个 U 数组中。程序清单 5.12 遍历 T 数组中的每个数组项，对其应用给定的函数，然后把结果存储到 U 数组中。

程序清单 5.12 map()

```
                                                  map()接受类型T的一个数组和从
                                                  T到U的一个函数作为实参，并返
                                                  回一个U数组
function map<T, U>(items: T[], func: (item: T) => U): U[] {      <——
    let result: U[] = [];                         <—— 首先创建一个U类型
                                                      的空数组
```

```
    for (const item of items) {
        result.push(func(item));      对于每个数组项，把func(item)
    }                                 的结果添加到U数组中

    return result;      返回U数组
}
```

这个简单的函数封装了上一个示例中的公共处理逻辑。使用 map() 时，只需要编写两行代码，就可以得到平方值数组和字符串长度数组，如程序清单 5.13 所示。

程序清单 5.13 使用 map()

```
                                       使用lambda (item) => item * item调
                                       用map()（在这里，数组项是一个数字）
let numbers: number[] = [1, 2, 3, 4, 5];
let squares: number[] = map(numbers, (item) => item * item);

let strings: string[] = ["apple", "orange", "peach"];
let lengths: number[] = map(strings, (item) => item.length);
                                   使用lambda (item) => item.length调用
                                   map()（在这里，数组项是一个字符串）
```

map() 将应用其实参函数的过程封装了起来。我们只需给它提供一个项目数组和一个函数，就可以得到该函数返回的结果数组。后面在讨论泛型时，我们将介绍如何进一步泛型化，使其能够用于任何数据结构，而不只是数组。不过，即使只有现在的实现，我们也已经对把函数应用到一组数据项做了很好的抽象，从而能够在许多场景中重复使用。

5.4.2 filter()

filter() 是另外一种很常见的场景，它与 map() 有相近之处。给定一个数据项集合和一个条件，过滤掉不满足该条件的数据项，返回满足该条件的数据项集合。

继续以数字和字符串为例。我们将过滤列表，只保留偶数和长度为 5 的字符串。这使用 map() 无法实现，因为它会处理集合中的全部元素，但在这里，我们想做的是丢弃一些元素。这里的特殊实现依然是遍历集合元素，检查是否满足条件，如程序清单 5.14 所示。

程序清单 5.14 特殊过滤

```
let numbers: number[] = [1, 2, 3, 4, 5];
let evens: number[] = []

for (const n of numbers) {
    if (n % 2 == 0) {        只添加偶数项
        evens.push(n);
    }
}
```

```
let strings: string[] = ["apple", "orange", "peach"];
let length5Strings: string[] = [];
for (const s of strings) {
    if (s.length == 5) {          <-- 只添加长度为5的数据项
        length5Strings.push(s);
    }
}
```

同样，我们能够立即看到一种共有的底层结构，如图 5.6 所示。

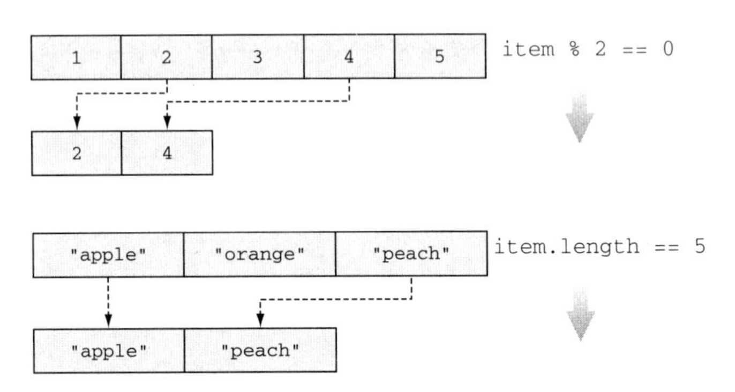

图 5.6　偶数和长度为 5 的字符串共有一种结构。我们遍历输入，应用过滤条件，然后输出过滤条件返回 true 的数据项

自制 filter

与 map() 一样，我们可以实现一个泛型 filter() 高阶函数，使其将一个输入数组和一个过滤函数作为实参，并返回过滤后的输出，如程序清单 5.15 所示。在本例中，如果输入数组的类型为 T，则过滤函数接受 T 作为实参，并返回 boolean 结果。接受一个实参并返回一个 boolean 的函数也称为“谓词”。

程序清单 5.15　filter()

```
function filter<T>(items: T[], pred: (item: T) => boolean): T[] {   <-- filter()接受一个T数组和一个谓词（从T到boolean的函数）作为实参
    let result: T[] = [];

    for (const item of items) {
        if (pred(item)) {          <-- 如果谓词返回true，则把数据项添加到结果数组中；否则，跳过该数据项
            result.push(item);
        }
    }

    return result;
}
```

接下来看看在使用 filter() 函数实现的公共结构时，过滤代码是什么样子的。在程序清单 5.16 中，偶数和长度为 5 的字符串都只需要一行代码。

程序清单 5.16 使用 filter()

```
let numbers: number[] = [1, 2, 3, 4, 5];
let evens: number[] = filter(numbers, (item) => item % 2 == 0);

let strings: string[] = ["apple", "orange", "peach"];
let length5Strings: string[] = filter(strings, (item) => item.length == 5);
```

这里使用了谓词来过滤数组。在第一种情况中，谓词是一个 lambda，在数字可被 2 整除时返回 `true`；在第二种情况中，谓词也是一个 lambda，在字符串的长度为 5 时返回 `true`。

我们已经把第二种常见的操作实现为了一个泛型函数，接下来我们介绍第三种，也是本章要介绍的最后一种操作。

5.4.3 reduce()

现在，我们能够使用 `map()` 对数据项集合应用一个函数，使用 `filter()` 从集合中过滤掉不满足条件的数据项。第三种常见的操作是将所有集合项合并为一个值。

例如，我们可能想计算一个数字数组中全部数字的乘积，或者把一个字符串数组中的全部字符串连接成一个长字符串。这些场景是不同的，但是它们有一个共同的底层结构。首先来看特殊实现，如程序清单 5.17 所示。

程序清单 5.17 特殊缩减

```
let numbers: number[] = [1, 2, 3, 4, 5];
let product: number = 1;                      <-- 对于求乘积的场景，先将其初始值设为1

for (const n of numbers) {
    product = product * n;                    <-- 然后将product与集合中的每个数字相乘，不断累积结果
}

let strings: string[] = ["apple", "orange", "peach"];
let longString: string = "";                  <-- 对于字符串场景，首先创建一个空字符串

for (const s of strings) {
    longString = longString + s;              <-- 我们把每个字符串追加到空字符串，不断累积结果
}
```

在这两种场景中，都首先创建一个初始值，然后通过遍历集合并把每个数据项与累积项合并，不断累积结果。遍历完集合后，`product` 将包含数字数组中所有数字的乘积，`longString` 将是字符串数组中所有字符串的连接结果，如图 5.7 所示。

自制 reduce

在程序清单 5.18 中，我们将实现一个泛型函数，使其实参为 `T` 数组、`T` 类型的一个初始值，以及一个接受两个 `T` 类型的实参并返回 `T` 类型的结果的函数。我们将在一个局部变量中存储累积结果，并通过向该变量和输入数组中的每个元素应用函数来更新该变量。

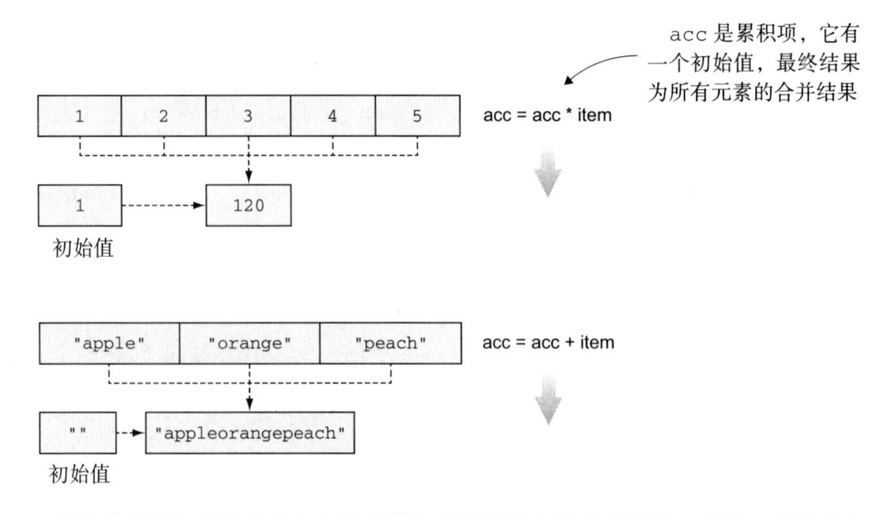

图 5.7 合并数字数组中的数字和字符串数组中的字符串的公共结构。在第一种情况中，初始值是 1，我们应用的合并是乘以每个数据项。在第二种情况中，初始值是“ ”，我们应用的合并是连接每个字符串

程序清单 5.18 reduce()

```
function reduce<T>(items: T[], init: T, op: (x: T, y: T) => T): T {
    let result: T = init;

    for (const item of items) {
        result = op(result, item);
    }

    return result;
}
```

reduce()的实参为T数组、初始值以及将两个T值合并为一个值的操作

通过使用给定操作将数组中的每个数据项与累积结果合并起来

这个函数有 3 个实参，其他函数有两个实参。我们之所以需要有一个初始值，而不是从数组的第一个元素开始计算，是因为需要处理输入数组为空的情况。如果集合中没有数据项，result 会是什么？有一个初始值能够覆盖那种情况，因为我们会返回该初始值。

接下来看如何更新特殊实现来使用 reduce()，如程序清单 5.19 所示。

程序清单 5.19 使用 reduce()

```
let numbers: number[] = [1, 2, 3, 4, 5];
let product: number = reduce(numbers, 1, (x, y) => x * y);

let strings: string[] = ["apple", "orange", "peach"];
let longString: string = reduce(strings, "", (x, y) => x + y);
```

对于数字，我们将初始值设置为1，并指定操作为(x, y) => x * y(乘法)

对于字符串，我们将初始值设置为“ ”，并指定操作为(x, y) => x + y(连接字符串)

reduce() 有其他两个函数所不具备的细节。除了需要有一个初始值，合并数据项的顺序可能会影响最终结果。对于示例中的操作和初始值，不会出现那种情况。但是，如果初始字符串是“banana”，会出现什么情况？从左向右连接时，将得到“bananaappleorangepeach”。如果从右向左遍历数组，并总是把数据项添加到字符串的开头，则将得到“appleorangepeachbanana”。

如果合并操作将每个字符串的第一个字母连接起来，则将该操作首先应用到“apple”和“orange”得到“ao”，再将其应用到“ao”和“peach”，得到“ap”。如果我们首先应用到“orange”和“peach”，则将得到“op”。再应用到“apple”和“op”，将得到“ao”，如图 5.8 所示。

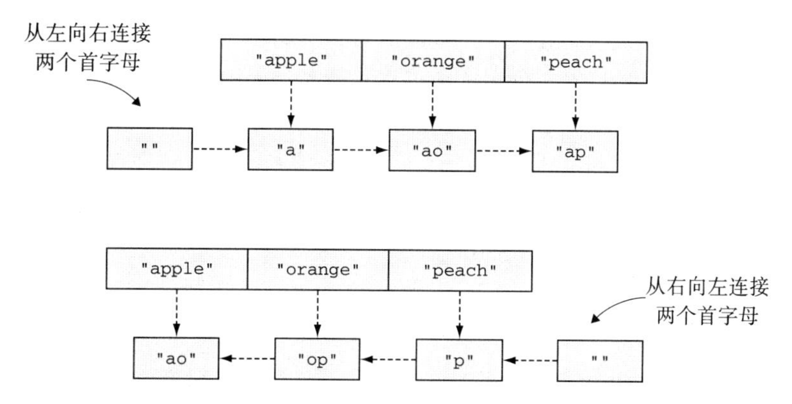

图 5.8 使用“连接两个字符串的首字母”操作合并一个字符串数组时，从左向右和从右向左应用该操作将得到不同的结果。在第一种情况中，首先将操作应用到一个空字符串和“apple”，然后应用到“a”和“orange”，再应用到“ao”和“peach”，从而得到“ap”。在第二种情况中，首先将操作应用到“peach”和一个空字符串，然后应用到“orange”和“p”，得到“op”，再应用到“apple”和“op”，得到“ao”

传统做法是从左向右应用 reduce()，所以每当遇到作为库函数提供的 reduce() 时，假设该库函数也符合这种操作方式应该是安全的。一些库还提供了从右向左应用的版本。例如，JavaScript 的 Array 类型同时提供了 reduce() 和 reduceRight() 方法。如果想了解这种操作背后的数学原理，请参看下面的“幺半群”部分。

幺半群

抽象代数处理集合以及集合上的操作。前面看到，我们可以把一个类型看作可能值的一个集合。如果类型 T 的一个操作接受两个 T 作为实参，并返回另一个 T，即 (T, T) => T，则可以把该操作解释为 T 值集合上的一个操作。例如，number 集合和 +，即 (x, y) => x + y，就构成了一个代数结构。

这些结构由其操作的属性定义。单位元是 T 的一个元素 id，它具有这样的属性：操作 op(x, id) == op(id, x) == x。换句话说，将 id 与其他任何元素合并起来，并不会改变其他元素。当集合为 number，操作为加法时，单位元是 0；当集合为 number，操作是乘法时，单位元是 1；当集合为 string，操作为字符串连接时，单位元是“ ”(空字符串)。

相关性是操作的一个属性，表明对元素序列应用操作的顺序并不重要，因为最终结果是相同的。即对于 T 类型的任何 x，y，z，有 op(x, op(y, z)) == op(op(x, y), z)。例如，对于数字加法和乘法，这种属性成立，但是对于减法或者前面的“连接两个字符串的首字母”，这种属性不成立。

如果集合 T 上的操作 op 有一个单位元，并且具有相关性，那么得到的代数结构称为幺半群（monoid)。对于幺半群，将单位元作为初始值，从左向右或者从右向左进行缩减将得到相同的结果。我们甚至可以不要求提供初始值，而是在集合为空时默认使用单位元。还可以并行执行缩减操作。我们可以并行缩减集合的前半部分和后半部分，然后合并结果，因为相关性属性保证了我们将得到相同的结果。对于 [1, 2, 3, 4, 5, 6]，我们可以同时合并 1 + 2 + 3 及 4 + 5 + 6，然后把结果加到一起。

一旦失去其中一个属性，就失去了这种保证。如果没有相关性，而只有集合、操作和单位元，那么虽然我们仍然不需要有一个初始值（可以使用单位元)，但是应用操作的方向就变得重要起来。如果没有单位元，但是有相关性，就得到了一个半群。没有单位元时，把初始值放到第一个元素的左边或者最后一个元素的右边，就变得重要起来。

这里的要点是，reduce() 在幺半群上的效果是无缝衔接的，但是如果没有幺半群，就要仔细考虑初始值是什么，以及在哪个方向上进行缩减。

5.4.4 库支持

本节开始时提到，大部分编程语言为这些常用算法提供了库支持。不过，它们在不同的库中可能有不同的名称，因为关于如何命名它们，并没有一条黄金准则。

在 C# 中，map()、filter() 和 reduce() 包含在 System.Linq 命名空间中，名称分别为 Select()、Where() 和 Aggregate()。在 Java 中，它们包含在 java.util.stream 中，名称分别为 map()、filter() 和 reduce()。

在不同的库中，map() 也叫作 Select() 或 transform()，filter() 也叫作 Where()，reduce() 也叫作 accumulate()、Aggregate() 或 fold()。

尽管具有不同的名称，但这些算法是基础性的，在多种应用场景中都很有用。本书后面会讨论许多类似的算法，但这三种算法构成了使用高阶函数进行数据处理的基础。

Google 著名的 MapReduce 大型数据处理框架使用了与 map() 和 reduce() 算法相

同的基本原理，在多个结点上运行大规模并行 map() 操作，并通过一个类似于 reduce() 的操作合并结果。

5.4.5 习题

1. 实现一个 first() 函数，使其将一个 T 数组和一个 pred 函数（pred 代表 predicate，即谓词）作为实参，pred() 函数接受 T 作为实参，返回 boolean。first() 将返回数组中 pred() 返回 true 的第一个元素；如果 pred() 对所有元素都返回 false，则 first() 返回 undefined。
2. 实现一个 all() 函数，使其将一个 T 数组和一个 pred() 函数作为实参，pred() 函数接受 T 作为实参，返回 boolean。如果 pred() 对数组中的所有元素都返回 true，则 all() 将返回 true，否则 all() 将返回 false。

5.5 函数式编程

虽然本章介绍的内容有些复杂，但好消息是，我们介绍了函数式编程的关键元素。如果你习惯了命令式的面向对象编程语言，那么一些函数式语言的语法可能让你望而却步。函数式语言的类型系统通常提供了和类型、乘积类型、一阶函数支持的某种组合，并且提供了一组库函数来处理数据，如 map()、filter() 和 reduce()。许多函数式语言使用了延迟计算，本章也对其进行了讨论。

能够指定函数类型，就使得我们能够在非函数式语言（或者不是纯粹的函数式语言）中实现函数式语言中形成的许多概念。这一点在本章中多次体现。我们介绍了这类主题，并为所有关键组件提供了命令式语言的实现。

小结

- 如果我们能够指定函数类型，就能够关注实现逻辑的函数，丢弃辅助性的框架，从而以更加简单的方式来实现策略模式。
- 能够将函数作为属性添加到类中，并像调用方法一样调用该属性，使我们能够实现不依赖于大型 switch 语句的状态机。这样一来，编译器就能够避免一些错误，例如不小心在给定状态中应用错误处理。
- 另外一种替代 switch 语句来实现状态机的方法是和类型，即使用一种不同的类型来捕捉每个状态。
- 通过依赖延迟值，我们可以推迟高开销的计算。延迟值是我们可以传递的、封装了高开销计算的函数。当我们需要得到某个值的时候，就调用它们，但是如果不需要它们，就可以跳过高开销的计算。

- lambda 是可以用于一次性逻辑的无名称函数，对于这样的逻辑，为函数命名并没有太大帮助。
- 高阶函数是指将其他函数作为实参或者返回一个函数的函数。
- `map()`、`filter()` 和 `reduce()` 是三个基础性的高阶函数，在数据处理中有众多应用。

第 6 章将讨论函数类型的更多应用。我们将了解闭包，以及如何使用闭包来简化另外一种常用的设计模式：装饰器。我们还将介绍 promise，以及任务和事件驱动的系统。之所以能够实现这样的应用，要归功于能够将计算（函数）表示为类型系统的“一等公民”。

习题答案

一个简单的策略模式

1. b——这是唯一的函数类型；其他声明不代表函数。

2. c——该函数接受 `number` 和 `(x: number) => boolean` 作为实参，并返回 `boolean`。

不使用 `switch` 语句的状态机

1. 我们可以把连接建模为状态机，它有两个状态和两个转移。这两个状态为 `open` 和 `closed`，这两个转移为从 `closed` 转移到 `open` 的 `connect` 转移，以及从 `open` 转移到 `closed` 的 `disconnect` 转移。

2. 下面给出了一种可行的实现：

```
declare function read(): string;

class Connection {
    private doProcess: () => void = this.processClosedConnection;
    public process(): void {
        this.doProcess();
    }

    private processClosedConnection() {
        this.doProcess = this.processOpenConnection;
    }

    private processOpenConnection() {
        const value: string = read();

        if (value.length == 0) {
            this.doProcess = this.processClosedConnection;
        } else {
            console.log(value);
        }
    }
}
```

使用延迟值避免高开销的计算

1. d——其他语句实现了命名函数，只有选项 d 实现了匿名函数。

使用 map、filter 和 reduce

1. 下面给出了 `first()` 的一种可行的实现：

```
function first<T>(items: T[], pred: (item: T) => boolean):
    T | undefined {
    for (const item of items) {
        if (pred(item)) {
            return item;
        }
    }

    return undefined;
}
```

2. 下面给出了 `all()` 的一种可行的实现：

```
function all<T>(items: T[], pred: (item: T) => boolean): boolean {
    for (const item of items) {
        if (!pred(item)) {
            return false;
        }
    }

    return true;
}
```

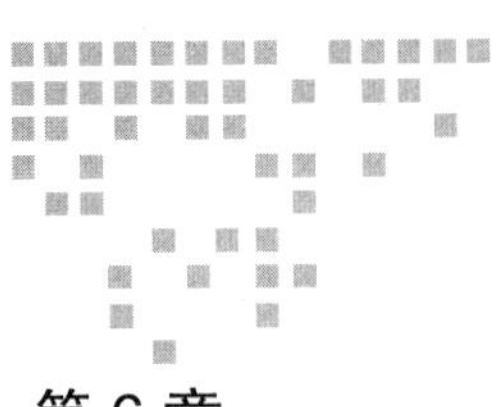

Chapter 6 第 6 章

函数类型的高级应用

本章要点

- ❑ 使用简化的装饰器模式
- ❑ 实现可恢复的计数器
- ❑ 处理运行时间长的操作
- ❑ 使用 promise 和 async/await 编写整洁的异步代码

第 5 章介绍了函数类型的基础知识，以及通过像使用其他值一样使用函数，即把函数作为实参进行传递以及返回函数作为结果，所能够实现的场景。我们还介绍了一些强大的抽象，它们实现了常用的数据处理模式：map()、filter() 和 reduce()。

本章将讨论函数类型的一些更加高级的应用。首先介绍装饰器模式、其常规实现以及另外一种实现。如果忘记了装饰器模式是什么，也不必担心，我们会快速回顾一下这种模式。然后，我们将介绍闭包的概念，并看看如何使用它来实现一个简单的计数器。之后，我们介绍实现计数器的另外一种方式，这一次使用生成器，即生成多个结果的函数。

接下来，我们将介绍异步操作。我们将介绍两种主要的异步执行模型：线程和事件循环，并讨论如何安排多个运行时间长的操作的顺序。我们将首先介绍回调，然后介绍 promise，最后介绍如今大部分主流编程语言都提供了的 async/await 语法。

本章讨论的主题之所以能够成为现实，全在于我们能够把函数用作值，如下文所示。

6.1 一个简单的装饰器模式

装饰器模式是一个简单的行为软件设计模式，可扩展对象的行为，而不必修改对象的类。装饰的对象可以执行其原始实现没有提供的功能。装饰器模式如图 6.1 所示。

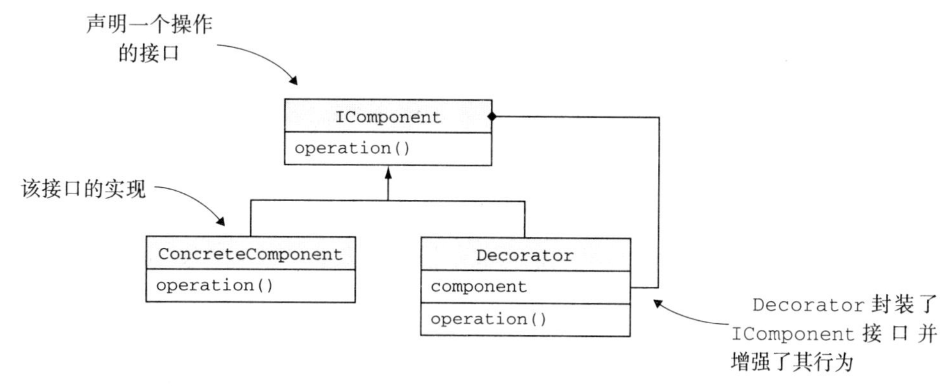

图 6.1　装饰器模式：一个 IComponent 接口，一个具体实现，即 ConcreteComponent，以及使用额外行为来增强 IComponent 的 Decorator

举个例子。假设我们有一个 IWidgetFactory，它声明了一个返回 Widget 的 makeWidget() 方法。其具体实现（WidgetFactory）实现了该方法来实例化新的 Widget 对象。

假设我们想重用 Widget。这样一来，我们不是每一次都创建一个新的 Widget，而是只创建一个，然后总是返回这个实例（也就是有一个单例）。我们不需要修改 WidgetFactory，而是可以创建一个装饰器，将其命名为 SingletonDecorator，使其封装 IWidgetFactory，如程序清单 6.1 所示，并扩展其行为，以确保只会创建一个 Widget，如图 6.2 所示。

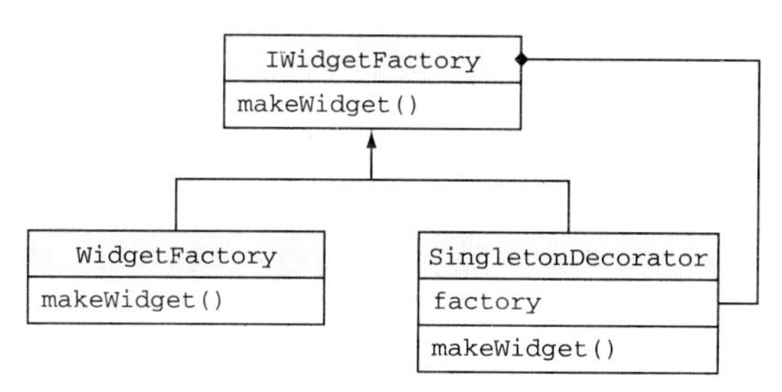

图 6.2　用于小部件工厂的装饰器模式。IWidgetFactory 是接口，WidgetFactory 是具体实现，SingletonDecorator 为 IWidgetFactory 添加单例行为

程序清单 6.1　WidgetFactory 装饰器

```
class Widget { }

interface IWidgetFactory {
    makeWidget(): Widget;
}
```

```
class WidgetFactory implements IWidgetFactory {
    public makeWidget(): Widget {
        return new Widget();        <-- WidgetFactory只是创建一个新的Widget
    }
}

class SingletonDecorator implements IWidgetFactory {    SingletonDecorator
    private factory: IWidgetFactory;                <-- 封装了IWidgetFactory
    private instance: Widget | undefined = undefined;

    constructor(factory: IWidgetFactory) {
        this.factory = factory;
    }

    public makeWidget(): Widget {
        if (this.instance == undefined) {
            this.instance = this.factory.makeWidget();    makeWidget()实现了单
        }                                                 例逻辑，并确保只会创建
                                                          一个Widget）
        return this.instance;
    }
}
```

使用这种模式的优势在于它支持单一职责原则，即每个类只应该承担一种职责。在本例中，WidgetFactory 负责创建小部件，而 SingletonDecorator 负责单例行为。如果我们想获得多个实例，可以直接使用 WidgetFactory。如果想要获得单个实例，就使用 SingletonDecorator。

6.1.1 函数装饰器

我们来看看如何使用函数类型简化这个实现。首先，我们删除 IWidgetFactory 接口，改为使用一个函数类型。该类型的函数不接受实参，返回一个 Widget：() => Widget。

现在，我们可以把 WidgetFactory 类替换为一个简单的函数 makeWidget()。在之前使用 IWidgetFactory 并传入 WidgetFactor 实例的地方，现在需要使用 () => Widget 类型的函数，并传入 makeWidget()，如程序清单 6.2 所示。

程序清单 6.2 函数式小部件工厂

```
class Widget { }
                                                小部件工厂的函数类型
type WidgetFactory = () => Widget;          <--

function makeWidget(): Widget {          <-- makeWidget()的类型为
    return new Widget();                     WidgetFactory
}

function use10Widgets(factory: WidgetFactory) {    <-- use10Widgets()需要一个
    for (let i = 0; i < 10; i++) {                     WidgetFactory，用于创建10
        let widget = factory();                        个Widget实例
```

```
        /* ... */
    }
}

use10Widgets(makeWidget);
```

示例调用：我们传入makeWidget函数作为实参

在函数式小部件工厂中，我们使用了一种类似于第 5 章的策略模式的技术：将函数作为实参，在需要的时候进行调用。接下来看如何添加单例行为。

我们提供一个新函数 `singletonDecorator()`，它接受一个 `WidgetFactory` 类型的函数，并返回另外一个 `WidgetFactory` 类型的函数。第 5 章介绍过，lambda 是没有名称的函数，我们可以从另外一个函数返回 lambda。在程序清单 6.3 中，装饰器将接受一个工厂，用于创建一个处理单例行为的新函数，如图 6.3 所示。

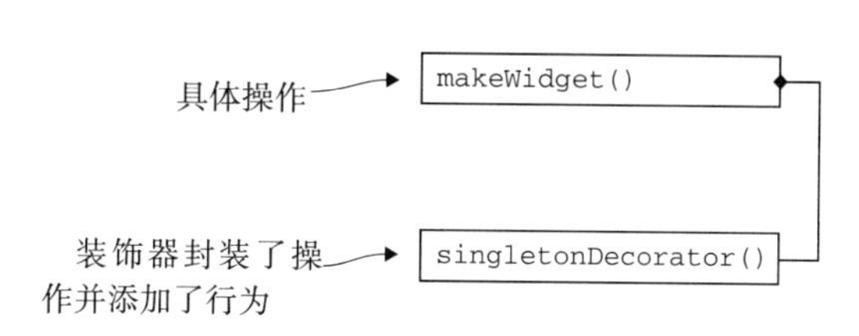

图 6.3　函数式装饰器：现在只有一个 `makeWidget()` 函数和一个 `singletonDecorator()` 函数

程序清单 6.3　函数式小部件工厂装饰器

```
class Widget { }

type WidgetFactory = () => Widget;

function makeWidget(): Widget {
    return new Widget();
}

function singletonDecorator(factory: WidgetFactory): WidgetFactory {
    let instance: Widget | undefined = undefined;

    return (): Widget => {
        if (instance == undefined) {
            instance = factory();
        }
        return instance;
    };
}

function use10Widgets(factory: WidgetFactory) {
    for (let i = 0; i < 10; i++) {
        let widget = factory();
        /* ... */
    }
}

use10Widgets(singletonDecorator(makeWidget));
```

singletonDecorator()返回一个lambda，该lambda实现了单例行为，并使用给定工厂创建一个Widget

因为singletonDecorator()返回一个WidgetFactory，所以可以将其作为实参传递给use10Widgets()

现在，`use10Widgets()` 不会构造 10 个 Widget 对象，而是会调用 lambda，为所有调用重用相同的 Widget 实例。

之前的实现有一个接口和两个类，每个类有一个方法（具体操作和装饰器），而这段代码将组件数量减少为两个函数。

6.1.2 装饰器实现

与策略模式一样，面向对象方法和函数式方法实现了相同的装饰器模式。面向对象版本需要声明一个接口（IWidgetFactory），该接口的至少一个实现（WidgetFactory），以及处理附加行为的一个装饰器类。与之相对，函数式实现只是声明了工厂函数的类型（() => Widget），并使用两个函数：一个工厂函数（makeWidget()）和一个装饰器函数（singletonDecorator()）。

需要注意的一点是，在函数式实现中，装饰器的类型与 makeWidget() 不同。工厂返回一个 Widget，但是并不期望收到任何实参，而装饰器则把一个小部件工厂作为实参，并返回另外一个小部件工厂。换句话说，singletonDecorator() 接受一个函数作为实参，返回一个函数作为结果。如果没有一等函数，是无法实现这种行为的。所谓一等函数，是指能够像对待其他变量一样对待函数，并能够把函数用作实参和返回值。

现代类型系统所支持的更加简洁的实现在许多场景中都很有用。当我们需要处理多个函数的时候，可以使用更加冗长的面向对象解决方案。如果接口声明了多个方法，就无法使用一个函数类型来替代接口。

6.1.3 闭包

我们重点关注程序清单 6.4 中的 singletonDecorator() 实现。你可能已经注意到，尽管函数返回一个 lambda，但是该 lambda 引用了 factory 实参和 instance 变量，而该变量应该是 singletonDecorator() 函数的局部变量。

程序清单 6.4 装饰器函数

```
function singletonDecorator(factory: WidgetFactory): WidgetFactory {
    let instance: Widget | undefined = undefined;

    return (): Widget => {
        if (instance == undefined) {
            instance = factory();
        }

        return instance;
    };
}
```

即使从 singletonDecorator() 返回，instance 变量仍然是存活的，因为 lambda “捕获”了该变量，这被称为 lambda 捕获。

闭包和 lambda 捕获： lambda 捕获是 lambda 内捕获的一个外部变量。编程语言通过闭包来实现 lambda 捕获。闭包不只是一个简单的函数，它还记录了创建该函数时的环境，所以可以在不同调用之间维护状态。

在我们的例子中，`singletonDecorator()` 中的 `instance` 变量是这种环境的一部分。我们返回的 lambda 将仍然能够引用 `instance`（如图 6.4 所示）。

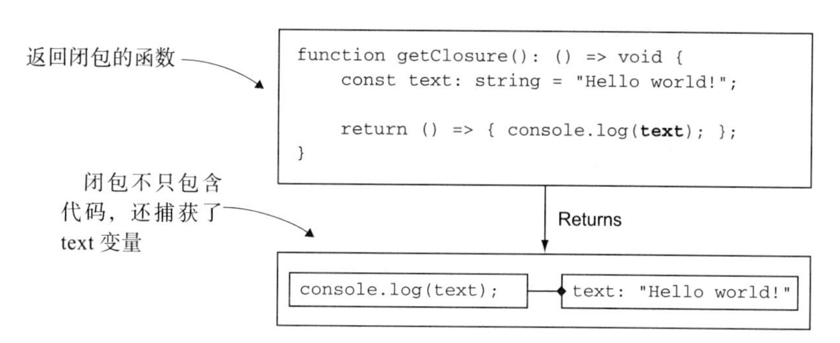

图 6.4　返回闭包的一个简单函数：lambda 引用了函数的局部变量。即使在 `getClosure()` 返回后，闭包仍然会引用该变量，所以其生存期将大于创建它的函数

只有存在高阶函数，闭包才有意义。如果不能从一个函数中返回另一个函数，就不存在要捕获的环境。对于那种情况，所有函数都在全局作用域内，所以全局作用域就是它们的环境。此时，函数只能引用全局变量。

将闭包与对象进行比较，是思考闭包的另外一种方式。对象代表一组方法的某个状态，闭包则代表捕获到某个状态的函数。接下来介绍另外一个可以使用闭包的例子：实现一个计数器。

6.1.4　习题

1. 实现一个函数 `loggingDecorator()`，它接受另外一个函数 `factory()` 作为实参。`factory()` 函数没有实参，返回一个 `Widget` 对象。装饰给定函数，使得调用该函数时，会在返回 `Widget` 对象之前记录“`Widget created`”。

6.2　实现一个计数器

我们来看一个非常简单的场景：我们想要创建一个计数器，使其从 1 开始，产生连续的数字。虽然这个例子看起来很简单，但是会涉及几种可能的实现方式，可推广到需要生成数字的任何场景。一种实现方式是使用全局变量和一个函数，让该函数返回该变量，然后递增该变量，如程序清单 6.5 所示。

程序清单 6.5 全局计数器

```
let n: number = 1;                    <-- 计数器存储到一个全局变量中

function next() {
    return n++;                       <-- next()返回n，然后递增n
}

console.log(next());
console.log(next());
console.log(next());                  这将记录1 2 3
```

这种实现可以工作，但是不理想。首先，n 是一个全局变量，所以任何人都能够访问它。其他代码可能在我们不知道的情况下修改 n 的值。其次，这种实现得到了一个计数器。如果我们想要两个从 1 开始的计数器，该怎么办？

6.2.1 一个面向对象的计数器

我们将介绍的第一种实现是面向对象实现，这应该是你熟悉的一种实现方式。我们创建一个 Counter 类，在其中把计数器的状态存储为一个私有成员。然后提供一个 next() 方法，使其返回并递增计数器。通过这种方式，我们就封装了计数器，使外部代码不能修改它，并且我们可以根据需要，创建这个类的任意多的实例作为计数器，如程序清单 6.6 所示。

程序清单 6.6 面向对象计数器

```
class Counter {
    private n: number = 1;            <-- 计数器值现在是类的私有成员

    next(): number {
        return this.n++;
    }
}

let counter1: Counter = new Counter();
let counter2: Counter = new Counter();     我们可以创建多个计数器
console.log(counter1.next());
console.log(counter2.next());
console.log(counter1.next());
console.log(counter2.next());              这将记录1 1 2 2
```

这种方法更好。事实上，大部分现代编程语言都为类似于我们的计数器这样的类型提供了一个接口，能够在每次调用时提供一个值，并使用特殊的语法来迭代值。在 TypeScript 中，这是使用 Iterable 接口和 for...of 循环实现的。本书后面在介绍泛型编程的时候会讨论这个主题。现在，我们只需要知道这种模式很常见就可以了。C# 使用 IEnumerable 接口和 foreach 循环实现这种模式，而 Java 则使用 Iterable 接口和 for : loop 循环实现。

接下来，我们介绍一种函数式实现，利用闭包来实现计数器。

6.2.2 函数式计数器

在程序清单 6.7 中，我们将通过 makeCounter() 函数实现函数式计数器，该函数在调用时返回一个计数器函数。我们将把计数器初始化为 makeCounter() 的一个局部变量，然后在返回函数中捕获该变量。

程序清单 6.7 函数式计数器

```
type Counter = () => number;          <- 我们将Counter类型定义为一个函数，它不接受实参，返回一个数字

function makeCounter(): Counter {
    let n: number = 1;
                                      counter值被声明为一个变量，并被lambda捕获
    return () => n++;
}

let counter1: Counter = makeCounter();
let counter2: Counter = makeCounter();

console.log(counter1());
console.log(counter2());
console.log(counter1());              这将记录1 1 2 2
console.log(counter2());
```

现在，每个计数器都是一个函数，所以不是调用 counter1.next()，而是直接调用 counter1()。还可以看到，每个计数器捕获一个不同的值：调用 counter1() 不会影响 counter2()，因为每当我们调用 makeCounter() 时，会创建一个新的 n。返回的每个函数都保留自己的 n。这里的计数器是闭包的，而且在不同调用之间，这些值都是存活的。这种行为不同于函数的局部变量，因为函数的局部变量在调用函数时创建，在函数返回时销毁（如图 6.5 所示）。

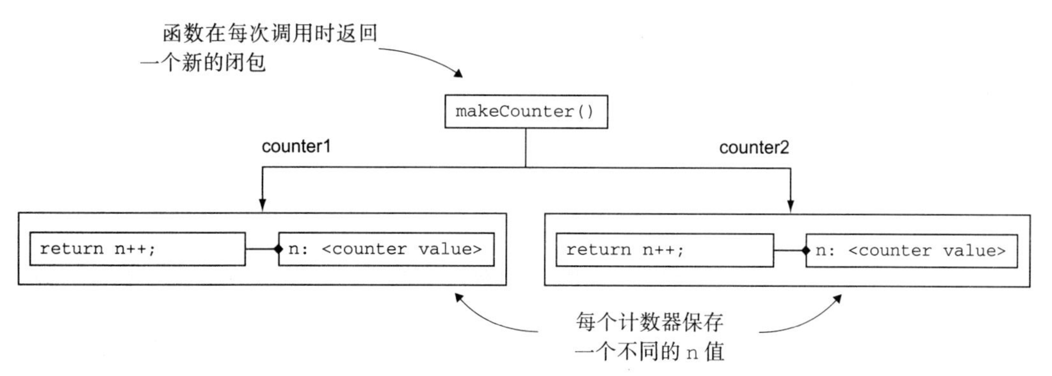

图 6.5 每个闭包（在这里为 counter1 和 counter2）会得到一个不同的 n，理解这一点很重要。每当我们调用 makeCounter() 时，会把一个新的 n 初始化为 1，这个 n 会被返回的闭包捕获。因为值是独立的，所以不会彼此干扰

6.2.3 一个可恢复的计数器

定义计数器的另外一种方式是使用可恢复的函数。面向对象计数器通过私有成员跟踪状态，函数式计数器在其捕获的上下文中跟踪状态。

可恢复的函数：可恢复的函数是跟踪自己状态的函数，在被调用时，不会从头运行，而是从上一次返回时所在的状态恢复执行。

在 TypeScript 中，这种函数不使用关键字 `return` 来退出函数，而是使用关键字 `yield`，如程序清单 6.8 所示。这个关键字会挂起函数，将控制权交给调用者。当再次被调用时，将从 `yield` 语句恢复执行。

使用 `yield` 有另外两个限制：必须把函数声明为一个生成器，并且其返回类型必须是可迭代的迭代器。通过在函数名称的前面加上星号来声明生成器。

程序清单 6.8 可恢复的计数器

```
function* counter(): IterableIterator<number> {    <-- 函数被声明为一个生成器
    let n: number = 1;

    while (true) {
        yield n++;                 <-- 使用yield而不是return
    }
}

let counter1: IterableIterator<number> = counter(); | 计数器是实现了IterableIterator
let counter2: IterableIterator<number> = counter(); | 接口的对象

console.log(counter1.next());  |
console.log(counter2.next());  | 这将记录1 1 2 2
console.log(counter1.next());  |
console.log(counter2.next());  |
```

这种实现在某种意义上混合了面向对象计数器和函数式计数器。计数器的实现类似一个函数：我们首先让 `n` 从 1 开始，然后一直循环，将计数器值交出去，然后递增计数器的值。另一方面，编译器生成的代码是面向对象的：计数器实际上是一个 `IterableIterator<number>`，我们对它调用 `next()` 来获得下一个值。

虽然我们使用 `while(true)` 实现了这个函数，但是不会陷入无限循环；函数总是会把值交出去，并在每次执行 `yield` 之后挂起。在后台，编译器会把我们编写的代码翻译为与前面的实现类似的代码。

这个函数的类型是 `() => IterableIterator<number>`。注意，它是一个生成器这一点并不影响它的类型。一个没有实参、返回 `IterableIterator<number>` 的函数将具有与其完全相同的类型。`*` 声明被编译器用来允许使用 `yield` 语句，但是对类型系统是透明的。

后面的章节将会深入探讨迭代器和生成器。

6.2.4 回顾计数器实现

在介绍后面的内容之前，我们快速回顾计数器的四种实现方式，以及我们学到的一些语言特性：

- 全局计数器被实现为一个引用全局变量的简单函数。这种计数器有一些缺点：计数器的值没有被恰当封装，我们也不能使用计数器的两个独立的实例。
- 面向对象计数器的实现很直观：计数器值是私有状态，我们提供一个 `next()` 方法来读取和递增计数器的值。大部分语言都声明了 `Iterable` 这样的接口来支持这种场景，并提供了语法糖来方便地使用它们。
- 函数计数器是返回一个函数的函数。返回的函数是一个计数器。这种实现利用 lambda 捕获来保存计数器的状态，代码比面向对象版本的更加简洁。
- 生成器通过特殊语法来创建可恢复的函数。生成器不是返回控制权，而是交出控制权；它向调用者提供一个值，但也会跟踪该值的状态，并在下一次调用时从该状态继续执行。生成器函数必须返回可迭代的迭代器。

接下来，我们讨论函数类型的另外一种常见的应用：异步函数。

6.2.5 习题

1. 使用闭包创建一个函数，使其在被调用时返回斐波那契数列中的下一个数字。
2. 使用生成器创建一个函数，使其在被调用时返回斐波那契数列中的下一个数字。

6.3 异步执行运行时间长的操作

我们希望应用程序的运行速度和响应速度尽可能快，即使某些操作需要较长的时间才能完成。按顺序运行代码可能导致不可接受的延迟。如果在用户单击按钮时，由于需要等待下载而无法做出响应，用户会产生挫败感。

一般来说，在执行要求快速响应的操作时，我们不希望等待运行时间长的操作。最好让运行时间长的任务异步执行，从而在等待下载完成的过程中，UI 仍然是可以交互的。异步执行指的是操作不会按照它们在代码中出现的顺序逐一运行。它们可以并行执行，但这不是强制的。JavaScript 是单线程的，所以运行时通过事件循环来实现异步执行。我们将从更高层级上讲解使用多线程的并行执行，以及使用单线程的、基于事件循环的执行，不过，我们首先来看一个异步运行代码提供帮助的示例。

假设我们想执行两个操作：欢迎用户，以及把用户定向到 www.weather.com，使他们能够查看今天的天气。我们将用到两个函数：`greet()` 函数请求用户的姓名，然后显示问候语，`weather()` 函数启动浏览器来查看今天的天气。我们先介绍一种同步实现，然后介绍一种异步实现作为对比。

6.3.1 同步执行

我们将使用 readline-sync Node 包来实现 greet()，如程序清单 6.9 所示。这个 Node 包提供了使用 question() 函数从 stdin 读取输入的一种方式。该函数返回用户输入的字符串。执行将被阻塞，直到用户输入回答并按下回车键。使用 npm install -save readline-sync 可安装该包。

为实现 weather()，我们将使用 open Node 包，它允许我们在浏览器中打开一个 URL。使用 npm install -save open 可安装该包。

程序清单 6.9 同步执行

```
function greet(): void {
    const readlineSync = require('readline-sync');

    let name: string = readlineSync.question("What is your name? ");   <-- 调用question()会阻塞执行，直到用户输入回答
    console.log(`Hi ${name}!`);
}

function weather(): void {
    const open = require('open');
    open('https://www.weather.com/');
}

greet();        | 我们首先调用greet()，
weather();      | 然后调用weather()
```

我们来看看运行这段代码时会发生什么。首先，调用 greet()，要求用户提供姓名。执行会在这里停止，直到从用户那里收到回复，然后恢复执行，输出问候语。当 greet() 返回后，调用 weather()，启动 www.weather.com。

这种实现可以工作，但不是最优的。在本例中，两个函数（发出问候和把用户定向到一个网站）是独立的，所以一个函数不应该被阻塞，一直等到另一个函数完成才执行。我们可以按不同的顺序调用函数，因为在本例中，显然请求用户输入比启动应用程序需要更长的时间。但是在实际应用中，我们并非始终能够判断两个函数中的哪一个需要更长时间才能完成。更好的方法是异步运行函数。

6.3.2 异步执行：回调

greet() 的异步版本会提示用户输入姓名，但是不会阻塞并等待用户输入。代码将继续执行，调用 weather()。我们仍然希望在用户输入姓名后显示他们的姓名，所以需要有一种方式来知道用户给出了回答。这是通过回调实现的。

回调是作为实参提供给异步函数的一个函数。异步函数不会阻塞执行，下一行代码会执行。当运行时间长的操作完成后（在本例中，即等待用户提供姓名），回调函数会被执行，

使我们可以处理结果。

程序清单 6.10 中显示了 `greet()` 的异步实现。我们将使用 Node 提供的 `readline` 模块。在本例中，`question()` 函数不会阻塞执行，而是将一个回调作为实参。

程序清单 6.10　使用回调的异步执行

```
function greet(): void {
    const readline = require('readline');    <-- 使用readline而不是readline-sync

    const rl = readline.createInterface({    <-- createInterface()是readline要求的一个额外的配置步骤，在本例中不重要
        input: process.stdin,
        output: process.stdout
    });

    rl.question("What is your name? ", (name: string) => {    <-- 回调是一个lambda，它将收到并显示姓名
        console.log(`Hi ${name}!`);
        rl.close();
    });
}

function weather(): void {
    const open = require('open');
    open('https://www.weather.com/');
}

greet();
weather();
```

我们来看这个程序的运行。当调用 `question()` 并向用户发出提示后，程序会继续执行，并不等待用户的回答，所以将从 `greet()` 返回，继续调用 `weather()`。运行这个程序将在终端显示“`What is your name?`”，但在用户提供回答之前，就会打开 www.weather.com。

当收到回答后，将调用 lambda。lambda 使用 `console.log()` 在屏幕上显示问候，并使用 `rl.close()` 关闭交互会话，从而不会再请求用户输入。

6.3.3　异步执行模型

本节开头简单提到，异步执行有两种实现方式：线程或事件循环。具体选择哪种方式，取决于运行时和你使用的库如何实现异步操作。在 JavaScript 中，使用事件循环实现异步执行。

线程

每个应用程序作为进程运行。进程在主线程上启动，但是我们可以创建其他多个线程来运行代码。在 POSIX 兼容系统（如 Linux 和 MacOS）上，使用 `pthread_create()` 创建新线程，而 Windows 则提供了 `CreateThread()`。这些 API 是由操作系统提供的。编程语言提供了具有不同接口的库，但是这些库最终都在内部使用了操作系统的 API。

独立的线程可以同时运行。多个 CPU 核心可以并行执行指令，每个核心处理一个不同的线程。如果线程数量超过了硬件能够并行处理的数量，则操作系统会确保每个线程都得到一定的运行时间。线程调度程序会暂停和恢复线程，以实现这种效果。线程调度程序是操作系统内核的核心组件。

我们不会给出线程的代码示例，因为 JavaScript（及 TypeScript）是单线程的。Node 近来为工作线程提供了试验性支持，但是在撰写本书时，这还是一个新发展。虽然如此，如果你使用其他某种主流编程语言进行编程，那么很可能已经熟悉了如何创建新线程，以及在线程上并行执行代码（如图 6.6 所示）。

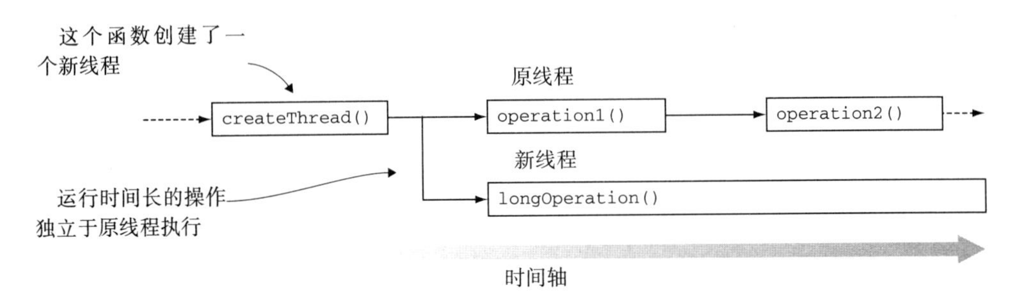

图 6.6　createThread() 创建了一个新线程。原来的线程会继续执行 operatiaon1()，然后执行 operation2()，新线程则并行执行 longRunningOperation()

事件循环

除了多线程，还可以使用事件循环。事件循环使用一个队列：异步函数将被加入队列，而它们自己也可以将其他函数排队。只要队列不为空，队列中的第一个函数就将被取出来执行。

例如，我们来看一个从给定数字倒数的函数，如程序清单 6.11 所示。这个函数不会阻塞执行，一直到倒数完成，而是使用一个事件队列，把对自己的另一个调用加入队列，直到到达 0（如图 6.7 所示）。

程序清单 6.11　在事件循环中倒数

```
type AsyncFunction = () => void;        ◁ 我们将把异步函数限制为没有实参、返回void的函数

let queue: AsyncFunction[] = [];        ◁ 队列将是一个函数数组

function countDown(counterId: string, from: number): void {
    console.log(`${counterId}: ${from}`);        ◁ 计数器输出自己的id和当前值

    if (from > 0)
```

```
            queue.push(() => countDown(counterId, from - 1));
    }

    queue.push(() => countDown('counter1', 4));

    while (queue.length > 0) {
        let func: AsyncFunction = <AsyncFunction>queue.shift();
        func();
    }
```

如果大于0，计数器就把对countDown()的另一个调用加入队列，并递减值

我们启动倒数，首先将针对4进行的countDown()调用加入队列

只要队列中还有函数，就取出该函数并调用

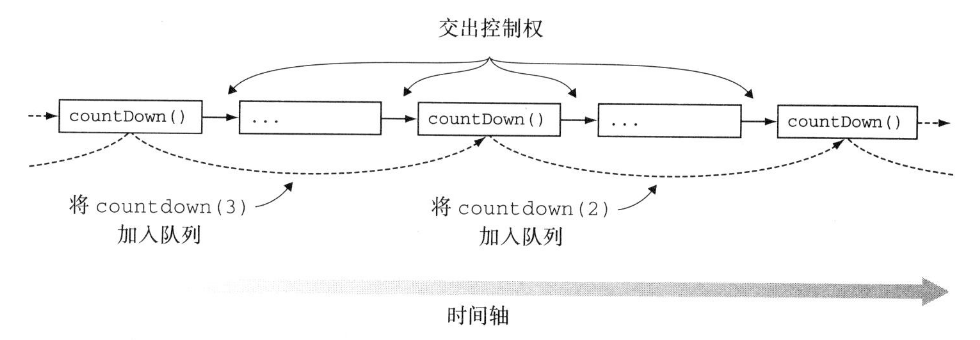

图 6.7　countDown() 统计一个步骤，然后交出控制权，允许其他代码运行。它还把使用递减后的计数器值对 countDown() 进行的另外一个调用加入队列。如果计数器到达 0，countDown() 就停止把对自己的另一个调用加入队列

这段代码将会输出：

```
counter1: 4
counter1: 3
counter1: 2
counter1: 1
counter1: 0
```

当计数器到达 0 时，就不再把另一个调用加入队列，所以程序将停止。现在，这只不过是在一个循环中进行计数，并没有太多趣味，但是如果我们把两个计数器加入队列，会发生什么？来看一下程序清单 6.12。

程序清单 6.12　一个事件循环中的两个计数器

```
type AsyncFunction = () => void;

let queue: AsyncFunction[] = [];

function countDown(counterId: string, from: number): void {
    console.log(`${counterId}: ${from}`);

    if (from > 0)
```

```
        queue.push(() => countDown(counterId, from - 1));
}

queue.push(() => countDown('counter1', 4));
queue.push(() => countDown('counter2', 2));

while (queue.length > 0) {
    let func: AsyncFunction = <AsyncFunction>queue.shift();
    func();
}
```

与上一个示例的唯一区别是，现在我们把另一个计数器加入了队列

这一次，输出为：

```
counter1: 4
counter2: 2
counter1: 3
counter2: 1
counter1: 2
counter2: 0
counter1: 1
counter1: 0
```

可以看到，这一次计数器穿插在一起。每个计数器倒数 1，然后另一个计数器有机会计数。如果在循环中进行倒数，是无法实现这种结果的。通过使用队列，两个函数在每次倒数后会交出控制权，让其他代码能够运行，然后再次开始倒数。

这两个计数器不是同时运行的，要么是 counter1 在运行，要么是 counter2 在运行。不过，它们确实是彼此异步或者独立运行的。无论其中一个函数需要多久才能完成，另一个函数都可以先完成执行（如图 6.8 所示）。

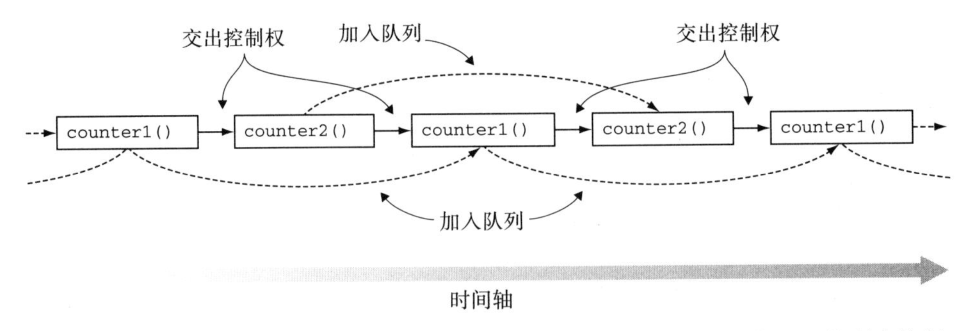

图 6.8　每个计数器运行，然后把另一个操作加入队列。代码会按照操作入队的顺序执行。所有操作都在一个线程上运行

对于等待输入的操作，例如等待键盘输入，运行时可以确保只有在收到输入后，才会把处理输入的操作加入队列中，在等待输入的过程中，其他代码仍然可以运行。这样一来，就可以把一个需要输入的、运行时间长的操作拆分为两个运行时间更短的操作：第一个操作请求输入并返回，第二个操作在收到输入后处理输入。运行时负责在输入可用时调度第

二个操作。

对于运行时间长，但是不能被拆分为多个操作的任务，事件循环的效果就没那么好了。如果我们把一个不会交出控制权，并且会长时间运行的操作加入队列，事件循环会阻塞执行，直到该操作完成。

6.3.4　回顾异步函数

如果我们同步执行运行时间长的操作，那么在该运行时间长的操作完成之前，其他代码将无法执行。例如，输入 / 输出操作都是运行时间长的操作，因为从磁盘或网络读取数据相比从内存读取数据的延迟更高。

我们不同步执行这种操作，而是异步执行，并提供一个回调函数，在运行时间长的操作完成之后将调用该回调函数。执行异步代码有两种主要模型：使用多个线程，或者使用事件循环。

线程可以在多个 CPU 核心上并行运行，这是它们的主要优势。因为不同代码能够同时运行，所以整个程序能够更快地完成操作。其缺点在于进行同步的开销：在线程之间传递数据需要小心同步。本书不会讨论这个主题，但你可能听说过“死锁”和“活锁”问题，即两个线程彼此等待，结果都无法完成操作。

事件循环在单个线程上运行，但是能够在运行时间长的代码等待输入时，将其放到队列末尾。使用事件循环的优点是不需要同步，因为所有代码在一个线程上运行。缺点在于，虽然在 I/O 操作等待数据时让它们排队的效果很好，但是 CPU 密集的操作仍然会造成阻塞。CPU 密集的操作（如复杂计算）不能被排队，因为这种操作没有等待数据，而是需要 CPU 周期。对于这种任务，线程的效果更好。

大部分主流编程语言都使用线程，但 JavaScript 是一个例外。虽然如此，JavaScript 正在被扩展为支持 Web 工作线程（在浏览器中运行的后台线程），而且 Node 为浏览器外的工作线程提供了试验性的支持。

下一节将讨论如何让异步代码更加整洁、更容易阅读。

6.3.5　习题

1. 下面哪种技术能够用来实现异步执行模型？
   a）线程
   b）事件循环
   c）a 和 b 都不可以
   d）a 和 b 都可以
2. 两个函数能否同时在基于事件循环的异步系统中执行？
   a）可以
   b）不可以

3. 两个函数能否同时在基于线程的异步系统中执行？
  a）可以
  b）不可以

6.4 简化异步代码

回调的工作方式与上一个示例中的计数器相同。计数器在每次运行后把对自己的另一个调用添加到队列中，而异步函数可以把另一个函数作为实参，并在完成执行后把对该函数的调用添加到队列中。

例如，在程序清单 6.13 中，我们使用回调来增强计数器，当计数器达到 0 时，将把该回调添加到队列中。

程序清单 6.13 使用回调的计数器

```
function countDown(counterId: string, from: number,
    callback: () => void): void {
    console.log(`${counterId}: ${from}`);

    if (from > 0)
        queue.push(() => countDown(counterId, from - 1, callback));
        else
            queue.push(callback);
}

queue.push(() => countDown('counter1', 4,
    () => console.log('Done')));
```

我们添加了回调实参，这是一个没有实参、返回void的函数

完成倒数后，我们把要执行的回调添加到队列中

我们提供一个回调，在计数完成后输出“Done”

回调是处理异步代码的常用模式。在我们的例子中，使用了没有实参的回调，但是回调也可以从异步函数那里收到实参。我们使用的 `readline` 模块中的异步 `question()` 调用就属于这种情况，它把用户提供的字符串传递给回调函数。

将多个异步函数与回调链接起来，会导致大量嵌套函数，如程序清单 6.14 所示。在这段代码中，我们想要使用 `getUserName()` 函数询问用户的姓名，使用 `getUserBirthday()` 函数询问用户的生日，再询问用户的邮件地址等。这些函数彼此依赖，因为每个函数都需要前一个函数提供的一些信息。例如，`getUserBirthday()` 需要用户的姓名。每个函数也是一个异步函数。因为它们的运行时间有可能很长，所以需要使用回调来提供它们的结果。我们使用这些回调来调用链中的下一个函数。

在 `getUserName()` 获取姓名后调用的回调中，我们调用 `getUserBirthday()`，并传入姓名。在 `getUserBirthday()` 获取生日后调用的回调中，我们调用 `getUserEmail()` 并传入生日，以此类推。

我们不会详细说明本例中的所有 `getUser...` 函数的实际实现，因为它们与前一节的 `greet()` 实现是类似的。这里更加关注的是调用代码的总体结构。

程序清单 6.14　链接回调

```
declare function getUserName(
    callback: (name: string) => void): void;          <-┐
declare function getUserBirthday(name: string,          │ 我们不提供这些函数的
    callback: (birthday: Date) => void): void;        <-┤ 实现，只提供声明
declare function getUserEmail(birthday: Date,           │
    callback: (email: string) => void): void;         <-┘

getUserName((name: string) => {
    console.log(`Hi ${name}!`);
    getUserBirthday(name, (birthday: Date) => {        <-┐ getUserName()的回调调
        const today: Date = new Date();                  │ 用getUserBirthday()
        if (birthday.getMonth() == today.getMonth() &&   │
            birthday.getDay() == today.getDay())
            console.log('Happy birthday!');

        getUserEmail(birthday, (email: string) => {   <-┐ getUserBirthday()的回
            /* ... */                                   │ 调调用getUserEmail()，
        });                                             │ 以此类推
    })
});
```

这样的代码结构很难阅读，因为随着链接的回调越来越多，就会有越来越多的 lambda 中嵌套 lambda 的情况。实际上，对于这种异步函数模式，有一种更好的抽象：promise。

6.4.1　链接 promise

我们首先注意到，`getUserName(callback: (name: string) => void)` 这样的函数是一个异步函数，它在将来的某个时刻确定用户的姓名，然后将其传递给我们提供的回调函数。换句话说，`getUserName()`“承诺”最终会传回一个姓名字符串。我们还注意到，每当该函数有了承诺的值，我们希望它调用另一个函数，并传递该值作为实参。

> **promise 和 continuation**：promise 是将来某个时刻可用的值的一个代理。在生成该值的代码运行之前，其他代码可以使用该 promise 设置在该值可用后如何处理该值，在发生错误时如何处理，甚至取消将来的执行。在 promise 的结果可用后调用的函数称为 continuation。

promise 包含两个主要组成部分：函数 promise 提供给我们某个类型 `T` 的值，以及指定从 `T` 到其他某个类型 U 的函数（`(value: T) => U`）的能力，当承诺被履行，我们得到了值以后，将调用这个函数（它就是 continuation）。这是不同于向函数直接提供回调的另外一种方法。

我们首先在程序清单 6.15 中更新函数声明，使它们不接受回调实参，而是返回一个 Promise。`getUserName()` 将返回一个 `Promise<string>`，`getUserBirthday()` 将返回一个 `Promise<Date>`，`getUserEmail()` 将返回另一个 `Promise<string>`。

程序清单 6.15 返回 promise 的函数

```
declare function getUserName(): Promise<string>;
declare function getUserBirthday(name: string): Promise<Date>;
declare function getUserEmail(birthday: Date): Promise<string>;
```

JavaScript（及 TypeScript）提供了一个内置的 `Promise<T>` 类型，实现了这种抽象。在 C# 中，`Task<T>` 实现了这种抽象；在 Java 中，`CompletableFuture<T>` 提供了类似的功能。

promise 提供了一个 `then()` 方法，允许我们传入自己的 continuation。每个 `then()` 函数返回另一个 promise，所以我们可以把 `then()` 调用链接起来。这个过程就消除了我们在基于回调的实现中看到的嵌套，如程序清单 6.16 所示。

程序清单 6.16 链接 promise

```
getUserName()
    .then((name: string) => {          <-- 我们在getUserName()返回
        console.log(`Hi ${name}!`);        的promise上调用then()
                                           在这个continuation中，我们使用
    return getUserBirthday(name);      <-- getUserName()提供的值
})
.then((birthday: Date) => {            <-- 因为then()返回另一个
    const today: Date = new Date();        promise，所以我们仍
    if (birthday.getMonth() == today.getMonth() &&   然可以在返回的值上调用
        birthday.getDay() == today.getDay())          then()
        console.log('Happy birthday!');
    return getUserEmail(birthday);
})
.then((email: string) => {             <-- 仍然可以继续调用then()
    /* ... */
});
```

可以看到，我们不是在回调内使用回调，而是用一种容易理解的方式把 continuation 链接起来：我们运行一个函数，然后使用 `then()` 运行另一个函数，以此类推。

6.4.2 创建 promise

如果我们想使用这种模式，那么还需要了解如何创建 promise。其原理很简单，不过要依赖于高阶函数——一个 promise 将一个函数作为实参，而该函数将另一个函数作为实参。这一开始可能有些难以理解。

特定类型的值的 promise，如 `Promise<string>`，并不知道如何计算该值。它提供了一个 `then()` 方法，用于我们前面看到过的 continuation 链，但是它不能确定这个字符串是什么。对于 `getUserName()`，承诺的字符串是用户的姓名，而对于 `getUserEmail()`，承诺的字符串是电子邮件地址。那么，泛型的 `Promise<string>` 如何确定这个值呢？答案是，如果没有帮助，它就不能确定这个值。Promise 的构造函数接

受一个函数作为实参，这个函数实际上用来处理计算值。对于 getUserName()，该函数将提示用户输入姓名，并获取他们的输入。然后，该 promise 可以直接调用该函数，在事件循环中把该函数加入队列，或者在线程上调度其执行，具体采用哪种方式要取决于具体实现，而在不同的语言或者不同的库中，具体实现可能不同。

到目前为止，一切还好。Promise<string> 有一些能够提供值的代码。但是，因为这种代码可能在后面的时间执行，所以还需要有一种机制来让代码告诉 promise 值已经可用。为了实现这种目的，promise 将把一个 resolve() 函数传递给相关代码。当确定值以后，代码可以调用 resolve()，把值交给 promise（如图 6.9 所示）。

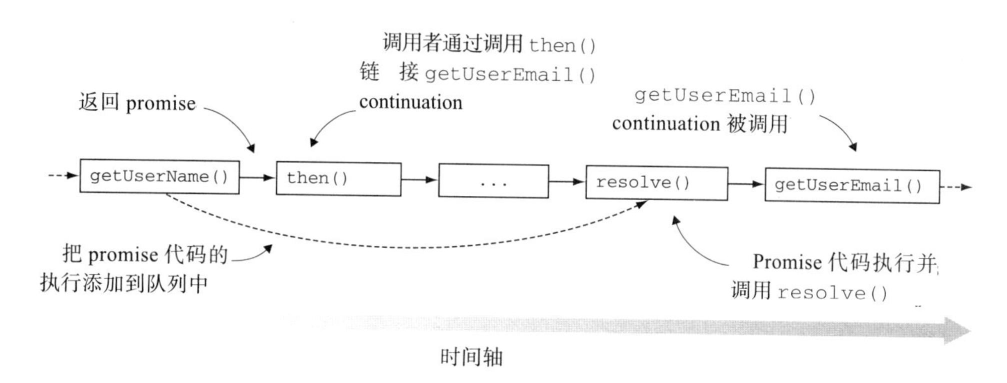

图 6.9　getUserName() 把获取用户名的代码加入队列，并返回 Promise<string>。getUserName() 的调用者可以调用该 promise 的 then() 来链接到 getUserEmail() continuation，即我们获得用户名之后运行的代码。在后面的某个时间，获取用户名的代码运行，并使用用户名调用 resolve()。此时，将使用现在可用的用户名调用 getUserEmail() continuation

下面看看如何实现 getUserName() 来返回一个 promise，如程序清单 6.17 所示。

程序清单 6.17　getUserName() 返回一个 promise

```
function getUserName(): Promise<string> {
    return new Promise<string>(
        (resolve: (value: string) => void) => {       <-- 我们向构造函数传递一个lambda，它接受一个resolve()函数作为实参
        const readline = require('readline');

        const rl = readline.createInterface({
            input: process.stdin,
            output: process.stdout
        });                                             我们使用与greet()相同的代码，从stdin读入一个字符串

        rl.question("What is your name? ", (name: string) => {
            rl.close();
            resolve(name);                <-- 最后，当我们获取姓名后，就调用提供的resolve()函数，并传入姓名
        });
    });
}
```

getUserName() 只是创建并返回一个 promise。该 promise 被初始化为一个接受 (value: string) => void 类型的 resolve 实参的函数。该函数包含要求用户提供姓名的代码，当收到姓名后，该函数将调用 resolve() 来把值传递给 promise。

如果我们将运行时间长的函数实现为返回 promise，就可以使用 Promise.then() 把这些异步调用链接起来，使代码的可读性更好。

6.4.3 关于 promise 的更多信息

使用 promise 并不只是提供 continuation。接下来，我们介绍 promise 如何处理错误，以及除了使用 then() 之外，指定执行顺序的其他两种方式。

处理错误

promise 可以处于三种状态之一：等待（pending）、完成（settled）和拒绝（rejected）。等待的意思是 promise 已被创建，但还没有完成（即提供的负责生成值的函数还没有调用 resolve()）。完成的意思是已经调用了 resolve()，并提供了一个值，此时将调用 continuation。但是，如果存在错误，将发生什么？当负责提供值的函数抛出一个异常时，promise 将进入拒绝状态。

事实上，负责为 promise 提供值的函数还可以接受另外一个函数作为实参，使其能够把 promise 设置为拒绝状态，并提供对应的原因。即调用者不是向构造函数提供 (resolve: (value: T) => void) => void，而是提供 (resolve: (value: T) => void, reject: (reason: any) => void) => void。

第二个实参是函数 (reason: any) => void，它可以向 promise 提供任何类型的一个原因，并把 promise 标记为拒绝状态。

即使没有调用 reject()，在函数抛出异常时，promise 也将自动认为自己被拒绝了。除了 then() 函数，promise 还公开了一个 catch() 函数，我们可以在其中提供一个 continuation，当基于某种原因 promise 被拒绝时，将调用该 continuation（如图 6.10 所示）。

我们来扩展 getUserName() 函数，以拒绝一个空字符串，如程序清单 6.18 所示。

程序清单 6.18 拒绝一个 promise

```
function getUserName(): Promise<string> {
    const readline = require('readline');

    const rl = readline.createInterface({
        input: process.stdin,
        output: process.stdout
    });

    return new Promise<string>(
        (resolve: (value: string) => void,
         reject: (reason: string) => void) => {      ◁ 我们提供额外的拒绝实参
```

```
        rl.question("What is your name? ", (name: string) => {
            rl.close();

            if (name.length != 0) {
                resolve(name);
            } else {
                reject("Name can't be empty");    <-- 如果name.length为0，就拒绝promise
            }
        });
    });
}
                                                   关联到catch()的新continuation将
                                                   在拒绝（或者抛出异常）时调用
getUserName()
    .then((name: string) => { console.log(`Hi ${name}!`); })
    .catch((reason: string) => { console.log(`Error: ${reason}`); });   <--
```

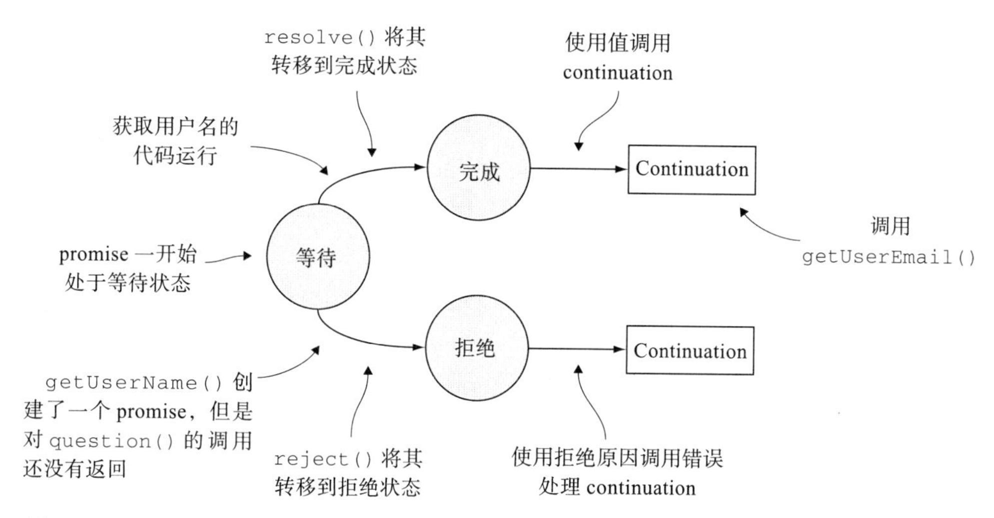

图 6.10　promise 一开始处于等待状态（getUserName() 调度提示用户的代码，但是 question() 还没有返回）。当用户提供了姓名后，resolve() 将 promise 转移到完成状态，并调用 continuation（如果提供了一个的话）。值是可用的，所以能够调用 continuation（在本例中为 getUserEmail()）。reject() 将 promise 转移到拒绝状态，并调用错误处理 continuation（如果提供了一个的话）。值是不可用的；相反，代表错误的原因是可用的

调用 reject() 或者抛出错误时，不只当前的 promise 会被拒绝，通过 then() 链接到该 promise 的其他所有 promise 都会被拒绝。如果 then() 调用链接中的任何 promise 被拒绝，则将调用该 then() 来调用链末尾添加的 catch() continuation。

链接同步函数

除了前面的介绍，还有很多将 continuation 链接到一起的方法。首先，continuation 并非必须返回一个 promise。我们并不是总会链接异步函数。可能 continuation 的运行时间较

短，可以同步执行。我们在程序清单 6.19 中再看看最初的示例，其中所有 continuation 都返回 promise。

程序清单 6.19　将返回 promise 的函数链接到一起

```
getUserName()
    .then((name: string) => {
        console.log(`Hi ${name}!`);
        return getUserBirthday(name);
    })
    .then((birthday: Date) => {
        const today: Date = new Date();
        if (birthday.getMonth() == today.getMonth() &&
            birthday.getDay() == today.getDay())
        console.log('Happy birthday!');
    return getUserEmail(birthday);
})
.then((email: string) => {
    /* ... */
});
```

getUserName()返回一个Promise<string>

getUserBirthday()返回一个Promise<Date>

getUserEmail()返回一个Promise<string>

在本例中，所有函数都需要异步运行，因为它们期望收到用户输入。但是，如果在获取用户名后，我们只想在一个字符串中插入姓名，然后返回结果，该怎么办？如果 continuation 只是 `` return `Hi ${name}!` ``，那么它返回的是一个字符串，而不是 promise。但这没有问题；`then()` 函数将自动把它转换为 `Promise<string>`，使得另一个 continuation 可以处理它，如程序清单 6.20 所示。

程序清单 6.20　将不返回 promise 的函数链接起来

```
getUserName()
    .then((name: string) => {
        return `Hi ${name}!`;
    })
    .then((greeting: string) => {
        console.log(greeting);
    });
```

在本例中，我们没有返回 promise，但是then()会将结果转换为Promise<string>

直觉上，这应该是合理的：尽管我们的 continuation 只是返回一个字符串，但因为它链接到一个 promise，所以不能立即执行。这一点自动让它成为在原始 promise 完成后完成的一个 promise。

组合 promise 的其他方式

前面介绍了 `then()` 和 `catch()`，它把 promise 链接到一起，使它们一个个完成。还有另外两种调度异步函数的执行的方法：`Promise.all()` 和 `Promise.race()`。这两个方法是 Promise 类上提供的静态方法。`Promise.all()` 将一组 promise 作为实参，返回当提供的所有 promise 都完成后完成的一个 promise。`Promise.race()` 接受一组 promise 作为实参，返回当提供的任何一个 promise 完成时完成的一个 promise。

当我们想要调度一组独立的异步函数时，可以使用 Promise.all()。例如，从数据库中获取用户的收件箱信息，从 CDN 获取他们的头像，然后把这两个值传递给 UI，如程序清单 6.21 所示。我们并不想让这些获取信息的函数依次执行，因为它们并不彼此依赖。另一方面，我们确实想把它们的结果合并起来，传递给另外一个函数。

程序清单 6.21 使用 Promise.all() 确定执行顺序

```
class InboxMessage { /* ... */ }
class ProfilePicture { /* ... */ }

declare function getInboxMessages(): Promise<InboxMessage[]>;
declare function getProfilePicture(): Promise<ProfilePicture>;
declare function renderUI(
    messages: InboxMessage[], picture: ProfilePicture): void;

Promise.all([getInboxMessages(), getProfilePicture()])
    .then((values: [InboxMessage[], ProfilePicture]) => {
        renderUI(values[0], values[1]);
    });
```

getInboxMessages()和getProfilePicture()是独立的异步函数

renderUI()需要两个函数的结果

Promise.all()创建在两个函数都完成承诺后完成的一个promise

values是包含两个结果的元组

我们把获取的值传递给renderUI()

使用回调很难实现这样的模式，因为没有把回调链接起来的机制。

程序清单 6.22 中给出了使用 Promise.race() 的一个例子。假设在两个结点上包含相同的用户资料，我们试图从两个结点中获取用户资料，哪个返回结果更快就用哪个。在本例中，一旦我们从任何一个结点获得结果，就可以继续操作。

程序清单 6.22 使用 Promise.race() 确定执行顺序

```
class UserProfile { /* ... */ }

declare function getProfile(node: string): Promise<UserProfile>;

declare function renderUI(profile: UserProfile): void;

Promise.race([getProfile("node1"), getProfile("node2")])
    .then((profile: UserProfile) => {
        renderUI(profile);
    });
```

我们为每个结点调用一次getProfile()

在本例中，continuation的实参是一个UserProfile，也就是赢得竞争的那个UserProfile

如果不使用 promise，而使用回调，就更难实现这种场景（如图 6.11 所示）。

Promise 为运行异步函数提供了干净的抽象。通过使用 then() 和 catch() 方法（它们支持设置执行顺序），promise 让代码的可读性相比使用回调时更好，而且不止如此，还能够处理错误传播，并通过 Promise.all() 和 Promise.race() 来处理多个 promise 的连接和竞争。大部分主流编程语言都提供了 promise 库，而且它们提供了类似的功能，尽管方法的名称可能稍有区别（例如，race() 有时候被叫作 any()）。

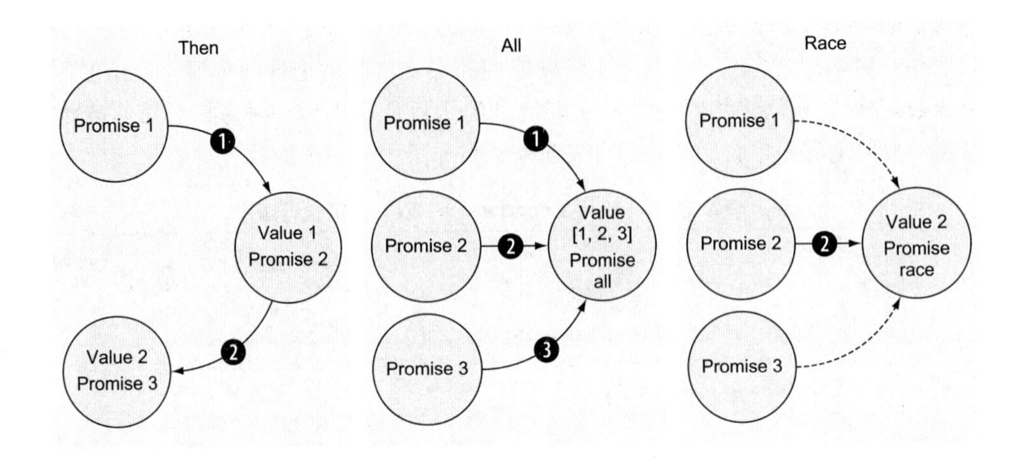

图 6.11 合并 promise 的不同方式。Then：`Promise 1` 完成，将 `Value 1` 交给 `Promise 2`；`Promise 2` 完成，将 `Value 2` 交给 `Promise 3`。All：`Promise 1`、`Promise 2` 和 `Promise 3` 完成。当它们全部完成时，`Promise.all` 获取它们的全部值，然后继续操作，完成自己的值。Race：其中一个 Promise 先完成（在本例中为 Promise 2）。`Promise.race` 获取 `Value 2`，并继续操作，完成自己的值

在帮助我们编写整洁的异步代码方面，库能够提供给我们的帮助就这么多了。要使异步代码的可读性更好，需要更新语言自身的语法。正如 `yield` 语句使我们更容易表达生成器函数，许多语言使用 `async` 和 `await` 扩展了自己的语法，使我们更容易编写异步函数。

6.4.4 async/await

通过使用 promise，我们请求用户输入各种信息，并使用 continuation 来确定问题的顺序。在程序清单 6.23 中再来看看该实现。我们将把它封装到一个 `getUserData()` 函数中。

程序清单 6.23 回顾链接 promise

```
function getUserData(): void {
    getUserName()
        .then((name: string) => {
            console.log(`Hi ${name}!`);
            return getUserBirthday(name);
        })
        .then((birthday: Date) => {
            const today: Date = new Date();
            if (birthday.getMonth() == today.getMonth() &&
                birthday.getDay() == today.getDay())
                console.log('Happy birthday!');
            return getUserEmail(birthday);
        })
        .then((email: string) => {
            /* ... */
        });
}
```

注意，每个 continuation 的实参的类型与前一个函数的 promise 的类型相同。async/await 允许我们在代码中更好地表达这一点。我们可以类比前面某一节介绍的生成器和 */yield 语法。

async 是一个关键字，出现在关键字 function 的前面，正如在生成器中，* 出现在关键字 function 的后面一样。正如 * 只能用在函数返回一个 Iterator 的情况，async 只能出现在返回 Promise 的函数中，而且正如 *，async 不会改变函数的类型。function getUserData(): Promise<string> 和 async function getUserData(): Promise<string> 具有相同的类型：() => Promise<string>。正如 * 将一个函数标记为生成器，并允许我们在其中调用 yield，async 将一个函数标记为异步函数，并允许我们在其中调用 await。

我们可以在一个返回 promise 的函数前面使用 await，以获取该 promise 完成时返回的值。我们不使用 getUserName().then((name: string) => { /* ... */ })，而是使用 let name: string = await getUserName()。在介绍具体工作方式之前，先来看看如何使用 async 和 await 编写 getUserData()，如程序清单 6.24 所示。

程序清单 6.24　使用 async/await

```
async function getUserData(): Promise<void> {    // getUserData()必须返回一个Promise，因为它被标记为async
    let name: string = await getUserName();      // 等待getUserName()完成，并向我们提供一个姓名字符串
    console.log(`Hi ${name}!`);                  // 我们可以在同一个函数中使用这个姓名字符串

    let birthday: Date = await getUserBirthday(name);   // 等待getUserBirthday()完成，并向我们提供一个生日
    const today: Date = new Date();
    if (birthday.getMonth() == today.getMonth() &&
        birthday.getDay() == today.getDay())
        console.log('Happy birthday!');

    let email: string = await getUserEmail(birthday);   // 对于getUserEmail()也是如此；我们等待promise完成，然后获取字符串值
    /* ... */
}
```

我们立即看到，相比使用 then() 链接 promise，用这种方式编写 getUserData() 使代码的可读性更好。编译器会生成相同的代码；在后台，并没有什么特殊的地方。这种技术只是更好地表达 continuation 链的一种方式。我们不把每个 continuation 放到一个单独的函数中，并通过 then() 把它们链接起来，而是把所有代码写到一个函数中，每当调用另外一个返回 promise 的函数，就等待（await）其结果。

每个 await 等同于把它后面的代码放到一个 then() continuation 中：这减少了我们需要编写的 lambda 数量，并使得异步代码读起来类似于同步代码。至于 catch()，如

果没有需要返回的值，例如我们遇到了一个异常，则该异常将从 `await` 调用抛出，可在 `try/catch` 语句中捕获。只需将 `await` 调用放到一个 try 块中来捕获期望的错误。

6.4.5 回顾整洁的异步代码

我们快速回顾一下本节介绍的编写异步代码的方法。我们首先介绍了回调，将回调函数传递给异步函数，当异步函数完成工作后会调用该回调。这种方法可以工作，但我们通常会得到大量嵌套回调，使代码更难理解。而且，当我们需要几个独立异步函数的全部结果才能继续操作时，也很难把这几个独立的异步函数连接起来。

接下来，我们介绍了 promise。promise 为编写异步代码提供了一种抽象。它们调度代码的执行（在依赖线程的语言中，把代码执行调度到线程上），并允许提供 continuation 函数，当 promise 完成后（有值）或被拒绝后（遇到错误）将会调用该 continuation。promise 还通过 `Promise.all()` 和 `Promise.race()` 提供了连接一组 promise 和使一组 promise 竞争的方法。

最后，`async/await` 语法现在在大部分主流编程语言中都很常见，它们提供了一种更加整洁的方法来编写异步代码，使异步代码读起来就像是普通代码。我们不使用 `then()` 提供 continuation，而是等待（`await`）promise 的结果，然后在得到结果后继续执行。计算机执行的底层代码是相同的，但是语法读起来更加容易。

6.4.6 习题

1. promise 一开始处于什么状态？
   a）完成
   b）拒绝
   c）等待
   d）任何状态
2. 下面哪种函数链接了在 promise 被拒绝后调用的 continuation？
   a）`then()`
   b）`catch()`
   c）`all()`
   d）`race()`
3. 下面的哪种函数链接了当一组 promise 完成后被调用的 continuation?
   a）`then()`
   b）`catch()`
   c）`all()`
   d）`race()`

小结

- 闭包是保留了其外层函数的一些状态信息的 lambda。
- 通过使用闭包并捕获被装饰的函数，而不是实现一个全新的类型，我们能够实现更加简单的装饰器模式。
- 通过使用一个跟踪计数器状态的闭包，我们可以实现一个计数器。
- 生成器是一个可恢复的函数，使用 `*/yield` 语法表示。
- 运行时间长的操作应该异步运行，以免阻塞程序的其余部分。
- 异步执行的两种主要模型是线程和事件循环。
- 回调是传递给异步函数的一个函数，当异步函数完成后会调用该回调函数。
- promise 为运行异步函数提供了一种公共抽象，并提供了 continuation 来替代回调。promise 可以处在等待、完成（获得了值）或拒绝（发生了错误）状态。
- `Promise.all()` 和 `Promise.race()` 是连接一组 promise 和让一组 promise 进行竞争的机制。
- `async/await` 是编写基于 promise 的代码的现代语法，使异步代码读起来就像同步代码。

现在，我们已经深入介绍了函数类型的应用，从传递函数作为实参这样的基础知识一直讲解到生成器和异步函数。下一个要介绍的重要主题是子类型。第 7 章将会讲到，子类型并不只是继承，还涉及其他很多知识。

习题答案

一个简单的装饰器模式

1. 下面给出了一种可行的实现，即返回一个函数，使其在封装的工厂中添加记录：

```
function loggingDecorator(factory: () => Widget): () => Widget {
    return () => {
        console.log("Widget created");
        return factory();
    }
}
```

实现一个计数器

2. 下面给出了一种可行的实现，即使用闭包来捕获外层函数中的 `a` 和 `b`：

```
function fib(): () => number {
    let a: number = 0;
    let b: number = 1;

    return () => {
```

```
        let next: number = a;
        a = b;
        b = b + next;
        return next;
    }
}
```

3. 下面给出了一种可行的实现，即使用生成器来交出序列中的下一个数字：

```
function *fib2(): IterableIterator<number> {
    let a: number = 0;
    let b: number = 1;

    while (true) {
        let next: number = a;
        a = b;
        b = a + next;
        yield next;
    }
}
```

异步执行运行时间长的操作

1. d——线程和事件循环都可以用来实现异步执行。

2. b——事件循环不会并行执行代码。它可以使用队列异步执行函数，但是不能同时执行函数。

3. a——线程允许并行执行；多个线程可以同时运行多个函数。

简化异步代码

1. c——promise 一开始处于等待状态。

2. c——我们使用 `catch()` 来链接一个在 promise 被拒绝时调用的 continuation。

3. c——我们使用 `all()` 来链接一个在所有 promise 完成后调用的 continuation。

第7章 Chapter 7

子　类　型

本章要点

- ❑ 在 TypeScript 中消除类型的歧义
- ❑ 安全的反序列化
- ❑ 错误情况的值
- ❑ 和类型、集合以及函数的类型兼容

我们已经介绍了基本类型、组合和函数类型，现在是时候介绍类型系统的另一个方面了：类型之间的关系。本章将介绍子类型关系。虽然你可能在使用面向对象语言编程的过程中熟悉了这个概念，但本章不会介绍继承。相反，我们将关注子类型的另外一组应用。

首先，我们将介绍子类型的概念，以及编程语言实现子类型的两种方式：结构上和名义上。之后，我们将回顾火星气候探测者示例，解释第4章在讨论类型安全时使用的 `unique symbol` 技巧。

一个类型可以是另外一个类型的子类型，而它也可以有自己的子类型。我们将介绍这种类型层次：在这个层次的顶部通常有一个类型，在这个层次的底部有时候也会有一个类型。我们将介绍如何在反序列化场景中使用这种顶部类型，在这种场景中，并没有太多可用的类型信息。另外还将介绍如何把底部类型用作错误情况的值。

本章的后半部分将介绍如何建立更加复杂的子类型关系。这有助于我们理解哪些值能够被替换为其他值。我们需要实现封装器吗？还是可以直接传递另外一个类型的值？如果一个类型是另一个类型的子类型，那么这两个类型的集合之间有怎样的子类型关系？接受或返回这些类型的实参的函数又是什么情况？我们将介绍一个涉及形状的简单示例，了解如何把它们作为和类型、集合和函数传递，这个过程也叫作可变性。我们还将介绍可变性的不同类型。不过，我们首先来看看子类型在 TypeScript 中的含义。

7.1 在 TypeScript 中区分相似的类型

本书中的大部分示例虽然是使用 TypeScript 给出的，但它们是语言无关的，也可以转换为使用其他大部分主流编程语言实现。但是，本节是一个例外。我们将讨论一种特定于 TypeScript 的技术。之所以介绍这种技术，是因为这有助于我们把主题过渡到子类型。

回顾一下第 4 章的磅力秒 / 牛顿秒的示例。我们把两个不同的测量单位建模为两个不同的类。我们希望确保类型检查器不会把一个类型的值解释为另一个类型的值，所以使用了 `unique symbol` 来消除歧义。当时没有详细解释为什么需要这么做，不过现在我们就来解释，如程序清单 7.1 所示。

程序清单 7.1　磅力秒和牛顿秒类型

```
declare const NsType: unique symbol;

class Ns {
    value: number;
    [NsType]: void;

    constructor(value: number) {
        this.value = value;
    }
}

declare const LbfsType: unique symbol;

class Lbfs {
    value: number;
    [LbfsType]: void;

    constructor(value: number) {
        this.value = value;
    }
}
```

我们把NsType声明为一个unique symbol，并向Ns添加了一个类型为void、名为[NsType]的属性

我们还将LbfsType声明为一个unique symbol，并向Lbfs添加了一个类型为void、名为[LbfsType]的属性

如果我们省略这两个声明，会发生一件有趣的事情：我们可以把一个 `Ns` 对象作为 `Lbfs` 对象传递，也可以把一个 `Lbfs` 对象作为 `Ns` 对象传递，编译器不会报出任何错误。我们实现一个函数来演示这个过程：该函数被命名为 `acceptNs()`，它期望收到一个 `Ns` 实参。然后，在程序清单 7.2 中，我们尝试向 `acceptNs()` 传递一个 `Lbfs` 对象。

令人惊奇的是，这段代码可以工作，并记录 `Momentum: 10 Ns.`，但这肯定不是我们想要的结果。我们之所以定义这两个单独的类型，就是为了避免混淆两种测量单位，导致火星气候探测者发生问题。那么这里发生了什么呢？为了理解这一点，我们需要理解子类型。

程序清单 7.2 没有使用 unique symbol 的磅力秒和牛顿秒

```
class Ns {
    value: number;

    constructor(value: number) {
        this.value = value;
    }
}

class Lbfs {
    value: number;

    constructor(value: number) {
        this.value = value;
    }
}

function acceptNs(momentum: Ns): void {
    console.log(`Momentum: ${momentum.value} Ns`);
}

acceptNs(new Lbfs(10));
```

Ns和Lbfs不再有一个unique symbol属性

acceptNs()接受一个Ns对象作为实参，并记录其值

向acceptNs()传递一个Lbfs实例

子类型：如果在期望类型 T 的实例的任何地方，都可以安全地使用类型 S 的实例，那么称类型 S 是类型 T 的子类型。

这是著名的里氏替换原则（Liskov substitution principle）的一种非正式的定义。如果在期望收到父类型的实例的任何地方，不需要修改代码就可以使用子类型的一个实例，那么这两种类型就存在子类型–父类型关系。

子类型关系的建立有两种方式。第一种方式，也是大部分主流编程语言（如 Java 和 C#）采用的方式，称为“名义子类型”。在名义子类型中，如果我们使用类似 `class Triangle extend Shape` 这样的语法，显式声明一个类型是另一个类型的子类型，这种关系才成立。现在，每当期望有 `Shape` 的实例（例如作为函数的实参）时，我们可以使用 `Triangle` 的一个实例。如果没有将 `Triangle` 声明为扩展 `Shape`，则编译器不会允许我们将其用作 `Shape`。

另外，“结构子类型”不需要我们在代码中显式声明子类型关系。只要某个类型（如 `Lbfs`）包含另外一个类型（如 `Ns`）声明的所有成员，那么前者的实例就可以代替后者的实例使用。换句话说，如果一个类型的结构与另一个类型相似（具有相同的成员，可能还有额外的成员），则它将自动被视为后者的子类型。

名义和结构子类型：在名义子类型中，如果显式声明一个类型是另一个类型的子类型，则二者构成子类型关系。在结构子类型中，如果一个类型具有另一个类型的所有成员，并且可能还有其他成员，那么前者是后者的子类型。

与 C# 和 Java 不同，TypeScript 使用结构子类型。因此，如果我们将 Ns 和 Lbfs 声明为只有 number 类型的 value 成员的类，它们就仍然可被互换使用。

7.1.1 结构和名义子类型的优缺点

结构子类型在许多情况中很有用，因为它允许我们在类型之间建立关系，即使类型不在我们的控制范围内。假设我们使用的一个库中将 User 类型定义为有一个 name 和 age。在我们的代码中有一个 Named 接口，要求实现该接口的类型有一个 name 属性。每当需要 Named 时，我们可以使用 User 的一个实例，即使 User 并没有显式实现 Named，如程序清单 7.3 所示（我们没有使用声明 class User implements Named）。

程序清单 7.3 User 在结构上是 Named 的子类型

```
/* Library code */
class User {                        <-- User是我们不能修改的
    name: string;                       外部库中的一个类型
    age: number;

    constructor(name: string, age: number) {
        this.name = name;
        this.age = age;
    }
}

/* Our code */
interface Named {
    name: string;
}                                           greet()期望收到一个
                                            遵守Named接口的实例
function greet(named: Named): void {  <--
    console.log(`Hi ${named.name}!`);
}                                    我们可以将一个User实
                                     例作为Named传递
greet(new User("Alice", 25));   <--
```

如果我们需要明确声明 User 实现了 Named，就会出现问题，因为 User 是来自外部库的一个类型。我们不能修改库代码，所以必须想办法绕开这种场景：只为了将这两个类型联系起来，就需要声明一个扩展 User 并实现 Named 的新类型（class NamedUser extends User implements Named {}）。如果类型系统使用结构子类型，就不需要这么做。

在一些场景中，我们并不希望由于结构相似，一个类型就被认为是另一个类型的子类型。例如，绝不应该使用 Lbfs 实例替代 Ns 实例。在名义子类型中，这是默认行为，所以很容易避免错误。另外，对于结构子类型，我们需要做更多工作，以确保某个值的类型是我们期望的类型，而不是具有相似形状的类型。在这种场景中，结构子类型会好得多。

如果我们希望使用名义子类型，在 TypeScript 中可以使用几种技术来实现这种行为，其中一种就是本书中一再使用的 unique symbol 技巧。下面就来详细介绍这个技巧。

7.1.2 在 TypeScript 中模拟名义子类型

在 Ns/Lbfs 示例中，我们实际上是在模拟名义子类型。我们希望只有在显式声明时，编译器才把某个类型视为 Ns 的子类型，而不能仅仅因为某个类型具有 value 成员，就认为它是 Ns 的子类型。

为了实现这一点，我们需要在 Ns 中添加一个其他类型不会不小心声明的成员。在 TypeScript 中，unique symbol 生成了一个在所有代码中保持唯一的“名称”。不同的 unique symbol 声明将生成不同的名称，用户声明的名称绝不会匹配生成的名称。

我们声明一个 unique symbol 来把 Ns 类型表示为 NsType。unique symbol 声明如下：declare const NsType: unique symbol（如程序清单 7.1 所示）。现在有了唯一名，我们可以将这个名称放到方括号内，从而使用该名称创建一个属性。我们需要为这个属性定义一个类型，但并不真的要给它提供有意义的值，因为使用它只是为了区分类型。我们不关心它的实际值，所以在这里最适合使用单元类型。因此，我们使用了 void。

对 Lbfs 也做相同的处理后，现在两个类型就有了不同的结构：一个有 [NsType] 属性，另一个有 [LbfsType] 属性，如程序清单 7.4 所示。因为我们使用了 unique symbol，所以不可能不小心在另外一个类型上定义同名的属性。现在，要创建 Ns 和 Lbfs 的子类型，只能显式地从它们进行继承。

程序清单 7.4 模拟名义子类型

```
declare const NsType: unique symbol;

class Ns {
    value: number;
    [NsType]: void;

    constructor(value: number) {
        this.value = value;
    }
}

declare const LbfsType: unique symbol;

class Lbfs {
    value: number;
    [LbfsType]: void;

    constructor(value: number) {
        this.value = value;
    }
}

function acceptNs(momentum: Ns): void {
    console.log(`Momentum: ${momentum.value} Ns`);
}

acceptNs(new Lbfs(10));          <- 现在，这行代码无法通过编译
```

当我们尝试把 Lbfs 实例作为 Ns 传递时，将得到下面的错误：

```
Argument of type 'Lbfs' is not assignable to parameter of
type 'Ns'. Property '[NsType]' is missing in type 'Lbfs'
but required in type 'Ns'.
```

本节介绍了子类型的定义，并解释了在两个类型之间建立子类型关系的两种方式：名义上（我们明确指定）和结构上（类型具有相同的结构）。我们还看到，尽管 TypeScript 使用结构子类型，但是在不适合使用结构子类型的场景中，通过使用 unique symbol，我们可以模拟名义子类型。

7.1.3 习题

1. 在 TypeScript 中，对于下面定义的类型，Painting 是 Wine 的子类型吗？

```
class Wine {
    name: string;
    year: number;
}

class Painting {
    name: string;
    year: number;
    painter: Painter;
}
```

2. 在 TypeScript 中，对于下面定义的类型，Car 是 Wine 的子类型吗？

```
class Wine {
    name: string;
    year: number;
}
class Car {
    make: string;
    model: string;
    year: number;
}
```

7.2 子类型的极端情况

了解了子类型是什么以后，我们来看两种极端情况：我们可以把任何东西赋值给它的类型，以及我们可以赋值给任何东西的类型。第一种类型可以用来存储任何东西，而当我们没有某种类型的实例可用时，可以使用第二种类型代替该类型。

7.2.1 安全的反序列化

第 4 章介绍了 unknown 和 any 类型。unknown 可以存储其他任何类型的值。我们提到，其他面向对象语言通常提供一个具有类似行为的类型，叫作 Object。事实上，TypeScript 也有一个 Object 类型，它提供了一些常用的方法，如 toString()。但是，本节稍后将会介绍，它还有其他一些特别之处。

any 类型更加危险。我们不仅可以把任何值赋值给 any 类型，还可以把 any 值赋值给其他任何类型，从而绕过类型检查。该类型用于与 JavaScript 代码互操作，但可能产生意料之外的后果。假设我们的一个函数使用标准的 JSON.parse() 反序列化一个对象，如程序清单 7.5 所示。因为 JSON.parse() 是 TypeScript 互操作使用的一个 JavaScript 函数，所以不是强类型的，它的返回类型是 any。假设我们想要反序列化有一个 name 属性的 User 实例，如程序清单 7.5 所示。

程序清单 7.5 反序列化 any

```
class User {
    name: string;                      <-- User类型有一个name属性

    constructor(name: string) {
        this.name = name;
    }
}

function deserialize(input: string): any {
    return JSON.parse(input);          <-- deserialize()只是封装了JSON.parse()并返回any类型的一个值
}

function greet(user: User): void {
    console.log(`Hi ${user.name}!`);   <-- greet()使用给定User对象的name属性
}

greet(deserialize('{ "name": "Alice" }'));   <-- 反序列化一个有效的User JSON
greet(deserialize('{}'));              <-- 也可以反序列化一个不是User对象的对象
```

最后一个 greet() 调用将记录 "Hi undefined!"，因为 any 会绕过类型检查，而编译器允许我们把返回的值当作 User 类型的值，尽管我们并没有得到该类型的值。这种结果显然不理想。我们需要在调用 greet() 之前，检查是否有正确的类型。

在本例中，我们希望确保获得的对象有一个 string 类型的 name 属性，这足以让我们把它转换为一个 User。还需要检查对象不为 null 或 undefined，它们是 TypeScript 中的特殊类型。要进行这种检查，一种方法是更新代码，在调用 greet() 之前先调用检查代码。注意，这种类型检查是在运行时完成的，因为它依赖于输入值，所以无法静态实施。User 的运行时检查代码如程序清单 7.6 所示。

isUser() 的 user is User 返回类型是 TypeScript 特有的语法，但是我希望它不会让你感到特别困惑。这种类型与 boolean 返回类型非常相似，但是对编译器来说，它具有额外的意义。如果该函数返回 true，则变量 user 的类型为 User，编译器可在调用者中利用这一点。事实上，在 isUser() 返回 true 的每个 if 块中，user 的类型是 User，而不是 any。

程序清单 7.6 User 的运行时检查

```
class User {
    name: string;

    constructor(name: string) {
        this.name = name;
    }
}

function deserialize(input: string): any {
    return JSON.parse(input);
}

function greet(user: User): void {
    console.log(`Hi ${user.name}!`);
}

function isUser(user: any): user is User {
    if (user === null || user === undefined)
        return false;

    return typeof user.name === 'string';
}

let user: any = deserialize('{ "name": "Alice" }');
if (isUser(user))
    greet(user);

user = undefined;
if (isUser(user))
    greet(user);
```

这个函数检查给定实参是否是User类型。我们认为，具有string类型的name属性的变量是User类型

在使用之前，先检查user是否有string类型的name属性

这种方法是可以工作的。运行这段代码只会执行第一个调用，即用户名是 Alice 的情况。对 greet() 的第二个调用不会执行，因为 user 中没有 name 属性。不过，这种方法仍然有一个问题：我们并没有被强制实现这种检查。因为没有强制要求，所以我们可能忘记调用 isUser()，从而允许 deserialize() 得到的任意结果被传入 greet()。并没有机制阻止出现这种情况。

如果有另外一种方式能够表达"这个对象可以是任意类型"，但是没有 any 类型暗含的"相信我，我知道我在做什么"的意义，不是很好吗？我们需要有另外一种类型，它是类型系统中其他任何类型的父类型，这意味着无论 JSON.parse() 返回什么，都会是该类型的子类型。之后，类型系统将确保我们在把它转换为 User 之前，添加合适的类型检查。

顶层类型：如果我们能够把任何值赋给一个类型，就称该类型为顶层类型，因为其他任何类型都是该类型的子类型。换句话说，该类型位于子类型层次结构的顶端（如图 7.1 所示）。

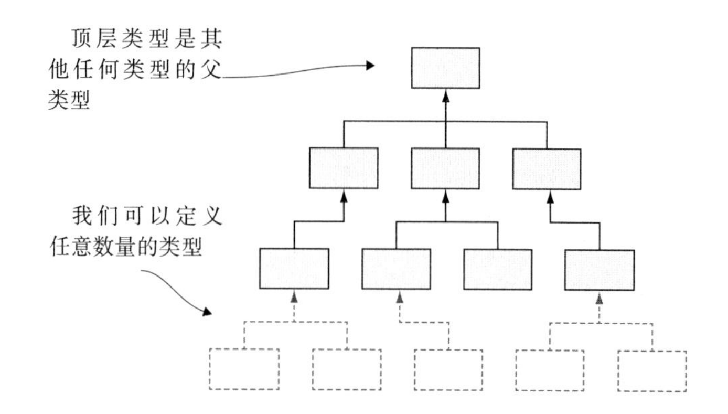

图 7.1 顶层类型是其他任何类型的父类型。我们可以定义任意数量的类型，但是这些类型都将是顶层类型的子类型。每当期望使用顶层类型时，都可以使用任何类型的一个值

接下来将更新实现。我们把 Object 类型作为起点，它是类型系统中除 null 和 undefined 之外的大部分类型的父类型。TypeScript 的类型系统有一些非常棒的安全特性，其中之一就是能够将 null 和 undefined 值排除在其他类型的值域之外。回忆一下，第 3 章的“亿万美元错误”中提到，在大部分语言中，我们可以把 null 赋值给任意类型。在 TypeScript 中，如果我们使用了 --strictNullChecks 编译器标志（强烈推荐这么做），就不能把 null 赋值给任意类型。TypeScript 认为 null 的类型是 null，undefined 的类型是 undefined。所以，顶层类型，也就是任何类型的父类型，是这三种类型的和类型：Object | null | undefined。该类型实际上被定义为 unknown。我们改写代码来使用 unknown，如程序清单 7.7 所示，然后讨论使用 any 和 unknown 的区别。

程序清单 7.7 使用 unknown 的强类型

```
class User {
    name: string;

    constructor(name: string) {
        this.name = name;
    }
}

function deserialize(input: string): unknown {    <-- 使deserialize()返回unknown
    return JSON.parse(input);
}

function greet(user: User): void {
    console.log(`Hi ${user.name}!`);
}

function isUser(user: any): user is User {    <-- 我们使isUser()的实参保持为any
    if (user === null || user === undefined)
```

```
        return false;

    return typeof user.name === 'string';
}

let user: unknown = deserialize('{ "name": "Alice" }');   <-- 将变量声明为unknown类型
if (isUser(user))
    greet(user);

user = deserialize("null");
if (isUser(user))
    greet(user);
```

修改很细微，但是很强大：一旦我从 JSON.parse() 取得值，就将其从 any 转换为 unknown。这个过程是安全的，因为任何类型都可以被转换为 unknown。我们将 isUser() 的实参保留为 any，因为这让我们的实现变得更加简单（如果不做额外的转换，是不能对 unknown 做 typeof user.name 这样的检查的）。

这段代码的效果与之前的相同，区别在于，如果我们移除了任何 isUser() 调用，代码就不能再通过编译。编译器将给出下面的错误：

```
Argument of type 'unknown' is not assignable to parameter
of type 'User'.
```

我们不能简单地把 unknown 类型的变量传递给 greet()，因为后者期望收到的是 User。使用函数 isUser() 会有帮助，因为每当该函数返回 true，编译器就会自动认为变量的类型为 User。

在这种实现中，我们不会忘记检查，因为编译器不允许我们如此粗心。只有我们确认了 user is User，代码才允许我们把对象用作一个 User。

unknown 和 any 的区别：尽管我们可以把任意值赋值给 unknown 和 any，但是在使用这两种类型的变量时，存在一个区别。对于 unknown 的情况，只有当我们确认一个值具有某个类型（如 User）时，才能把该值用作该类型（例如前面把 user 返回为 User 的函数中那样）。对于 any 的情况，我们可以立即把该值用作其他任何类型的值。any 会绕过类型检查。

其他语言提供不同的机制来判断某个值是否是给定的类型。例如，C# 提供了 is 关键字，Java 则提供了 instanceof。一般来说，当我们处理一个可以是任何东西的值时，首先会把它视为一个顶层类型。然后，我们使用合适的检查，确保它是我们需要的类型，然后再把它向下转换为需要的类型。

7.2.2 错误情况的值

现在来看一个相反的问题：一种类型可以代替其他任何类型使用。程序清单 7.8 中给出了一个简单的示例。在我们的游戏中，可以把飞船向左（Left）或向右（Right）转向。我们将把这些可能的方向表示为一个枚举。我们想要实现一个函数，使其接受一个方向作为实参，将其转换为一个角度，然后把飞船旋转这个角度。因为我们想要确保能够覆盖全部情况，所以如果枚举值不是我们期望的 Left 和 Right 值，就抛出一个错误。

程序清单 7.8 TurnDirection 到角度的转换

```
enum TurnDirection {
    Left,
    Right
}

function turnAngle(turn: TurnDirection): number {
    switch (turn) {
        case TurnDirection.Left: return -90;
        case TurnDirection.Right: return 90;
        default: throw new Error("Unknown TurnDirection");
    }
}
```

向左转变成了-90°，向右转变成了90°

遇到不期望的值时，抛出一个错误

到目前还好。但是，如果我们有一个函数来处理错误场景，会发生什么？假设我们想要在抛出错误之前先记录错误。该函数总是会抛出错误，所以我们将其声明为返回第2章介绍过的 never 类型。回忆一下，never 是不能被赋值的空类型。我们使用它，是为了显式说明某个函数从不会返回，这可能是因为该函数会无限循环，或者抛出异常，如程序清单7.9所示。

程序清单 7.9 报告错误

```
function fail(message: string): never {
    console.error(message);
    throw new Error(message);
}
```

fail()从不返回（它总是会抛出错误），所以我们将其声明为返回never

将错误输出到控制台，然后抛出

如果想要把 turnAngle() 中的 throw 语句替换为 fail()，则会得到如程序清单7.10所示的代码。

程序清单 7.10 使用 fail() 的 turnAngle()

```
function turnAngle(turn: TurnDirection): number {
    switch (turn) {
        case TurnDirection.Left: return -90;
        case TurnDirection.Right: return 90;
        default: fail("Unknown TurnDirection");
    }
}
```

我们把throw替换为fail()调用

这段代码几乎可以工作，但是还差一点。在严格模式下（使用了 --strict 标志），编译器将给出下面的错误，导致编译失败：

```
Function lacks ending return statement and return type
does not include "undefined".
```

编译器在 default 分支中没有找到 return 语句，所以将这种情况标记为错误。解决这个问题的一种方法是返回一个虚拟值，因为我们知道在到达该值之前，就已经会抛出错误，如程序清单 7.11 所示。

程序清单 7.11 使用 fail() 并返回一个虚拟值的 turnAgain()

```
enum TurnDirection {
    Left,
    Right
}

function turnAngle(turn: TurnDirection): number {
    switch (turn) {
        case TurnDirection.Left: return -90;
        case TurnDirection.Right: return 90;
        default: {
            fail("Unknown TurnDirection");
            return -1;      <-- 因为fail()会抛出错误，所以永远不会返回这个虚拟值
        }
    }
}
```

但是，如果在将来的某个时刻，我们更新了 fail()，导致它不会一直抛出错误，会发生什么？此时，代码将返回一个虚拟值，尽管这绝不是我们期望的情况。还有另外一种更好的解决方案：返回 fail() 的结果，如程序清单 7.12 所示。

程序清单 7.12 使用 fail() 并返回其结果的 turnAngle()

```
function turnAngle(turn: TurnDirection): number {
    switch (turn) {
        case TurnDirection.Left: return -90;
        case TurnDirection.Right: return 90;
        default: return fail("Unknown TurnDirection");   <-- 返回fail()返回的任何结果
    }
}
```

这段代码之所以能够工作，是因为 never 除了是没有值的类型，也是系统中其他所有类型的子类型。

底层类型：如果一个类型是其他类型的子类型，那么我们称之为底层类型，因为它位于子类型层次结构的底端。要成为其他类型的子类型，它必须具有其他类型的成员。因为我们可以有无限个类型和成员，所以底层类型也必须有无限个成员。这是不可能发生的，所以底层类型始终是一个空类型：这是我们不能为其创建实际值的类型（如图 7.2 所示）。

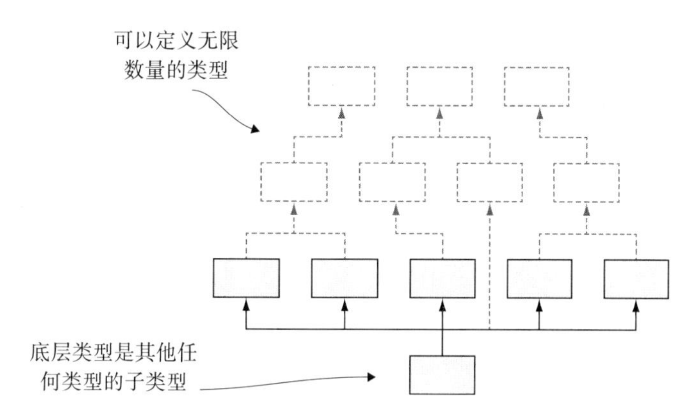

图 7.2　底层类型是其他任何类型的子类型。我们可以定义任意数量的类型，但是它们都会是底层类型的父类型。每当需要任何类型的一个值时，都可以传入底层类型的值（尽管我们无法创建这样的一个值）

由于 `never` 是底层类型，所以我们能把它赋值给其他任何类型，这也意味着我们能够从函数中返回该类型。由于这是向上转换（将某个值从子类型转换为父类型），可被隐式完成，因此编译器不会报错。我们在表达“接受这个无法创建的值，把它转换成为一个字符串”，这是没有问题的。因为 `fail()` 函数从不会返回，所以不会发生真的要把某个东西转换为字符串的情况。

这种方法比前一种方法更好，因为如果我们更新了 `fail()`，使其在某些情况中不再抛出错误，编译器将强制我们修复全部代码。首先，编译器将强制我们把 `fail()` 的返回类型从 `never` 改为其他类型，如 `void`。然后，编译器发现我们试图将返回的值作为 `string` 传递，这不会通过类型检查。我们必须更新 `turnAngle()` 的实现，可能把 `throw` 语句添加回来。

底层类型允许我们假装有任何类型的一个值，即使我们并不能生成这个值。

7.2.3 回顾顶层和底层类型

我们来快速回顾本节介绍的内容。两个类型可以产生子类型关系，其中一种是父类型，另一种是子类型。在极端情况下，一个类型可能是其他任何类型的父类型，或者一个类型可能是其他任何类型的子类型。

其他任何类型的父类型称为顶层类型，可用于存储其他任何类型的值。在 TypeScript 中，这个类型是 `unknown`。当我们处理的数据可以是任何东西（例如从 NoSQL 数据库读取的 JSON 文档）时，这种类型十分方便。我们一开始把这种数据设置为顶层类型，然后执行必要的检查，将其向下转换为我们可以使用的类型。

其他任何类型的子类型称为底层类型，可用于生成其他任何类型的值。在 TypeScript 中，这个类型是 `never`。底层类型的一种示例应用是，当某个总是会抛出错误的函数不能生成返回值的时候，将使用底层类型生成一个返回值。

注意，尽管大部分主流语言都提供了一个顶层类型，但很少有主流语言提供底层类型。第 2 章给出的自制实现使一个类型成为空类型，但不能使其成为底层类型。除非在编译器中实现，否则我们无法自定义底层类型。

接下来，让我们看看更复杂的类型的子类型是如何工作的。

7.2.4 习题

1. 如果函数 makeNothing() 返回 never，那么我们能够在不做转换的情况下，使用该函数的结果初始化一个 number 类型的变量 x 吗？

```
declare function makeNothing(): never;
let x: number = makeNothing();
```

2. 如果函数 makeSomething() 返回 unknown，我们能够在不做转换的情况下，使用该函数的结果初始化一个 number 类型的变量 x 吗？

```
declare function makeSomething(): unknown;
let x: number = makeSomething();
```

7.3 允许的替换

到现在为止，我们已经看到了子类型的几个简单示例。例如，我们注意到，如果声明了 Triangle extends Shape，那么 Triangle 是 Shape 的子类型。接下来，我们来尝试回答几个更加棘手的问题：

- 和类型 Triangle | Square 与 Triangle | Square | Circle 之间的子类型关系是什么？
- 三角形数组（Triangle[]）和形状数组（Shape[]）之间的子类型关系是什么？
- 对于泛型结构 List<T>，List<Triangle> 和 List<Shape> 之间的子类型关系是什么？
- 函数类型 () => Shape 和 () => Triangle 之间的子类型关系是什么？
- 反过来，函数类型 (argument: Shape) => void 和函数类型 (argument: Triangle) => void 之间的子类型关系是什么？

这些问题很重要，因为它们告诉我们，这些类型中的哪些可以替换为它们的子类型。每当我们看到一个函数期望收到其中某个类型的实参时，就应该理解我们是否可以为该函数提供一个子类型。

这几个问题的挑战在于，事情不像 Triangle extends Shape 那样直观。我们要考虑的类型是基于 Triangle 和 Shape 定义的。Triangle 和 Shape 是和类型的一部分、集合元素的类型或者函数的实参或返回类型。

7.3.1 子类型与和类型

首先来看最简单的示例：和类型。假设我们有一个 draw() 函数，可以绘制 Triangle、Square 或 Circle。我们能向该函数传递 Triangle 或 Square 吗？你可能猜到了，答案是可以。通过程序清单 7.13 可以看到，这种代码是可以编译的。

程序清单 7.13 Triangle | Square 作为 Triangle | Square | Circle

```
declare const TriangleType: unique symbol;
class Triangle {
    [TriangleType]: void;
    /* Triangle members */
}

declare const SquareType: unique symbol;
class Square {
    [SquareType]: void;
    /* Square members */
}

declare const CircleType: unique symbol;
class Circle {
    [CircleType]: void;
    /* Circle members */
}

declare function makeShape(): Triangle | Square;
declare function draw(shape: Triangle | Square | Circle): void;

draw(makeShape());
```

makeShape()返回Triangle或Square（这里省略了具体实现）

draw()接受Triangle、Square或Circle（这里省略了具体实现）

在这些示例中，我们强制使用名义子类型，因为我们没有为这些类型提供完整的实现。在实际应用中，它们会包含不同的属性和方法，这样足以区分它们。在这里的示例中，我们使用 unique symbol 来模拟这些不同的属性，这是因为 TypeScript 采用结构子类型，让这些类为空会使编译器认为它们是等价的。

这段代码能够编译，而这符合我们的期望。反过来则不然：如果我们只能够绘制 Triangle 或 Square，但是试图绘制 Triangle、Square 或 Circle，编译器将会报错，因为我们有可能将 Circle 传递给 draw() 函数，而 draw() 函数并不知道如何绘制 Circle。我们可以确认，程序清单 7.14 中的代码无法编译。

Triangle | Square 是 Triangle | Square | Circle 的子类型：我们总是可以把 Triangle 或 Square 替换为 Triangle、Square 或 Circle，但是反过来则不行。

程序清单 7.14 Triangle | Square | Circle 作为 Triangle | Square

```
declare function makeShape(): Triangle | Square | Circle;
declare function draw(shape: Triangle | Square): void;

draw(makeShape());
```

这行代码无法通过编译

我们翻转了类型，使 makeShape() 也能返回 Circle，而 draw() 不再能够接受 Circle

这种情况可能与人们所认为的相反，因为 `Triangle | Square` 比 `Triangle | Square | Circle` “更小”。每当我们使用继承时，得到的子类型比父类型的属性多。对于和类型，则是相反的：父类型比子类型的类型更多（如图 7.3 所示）。

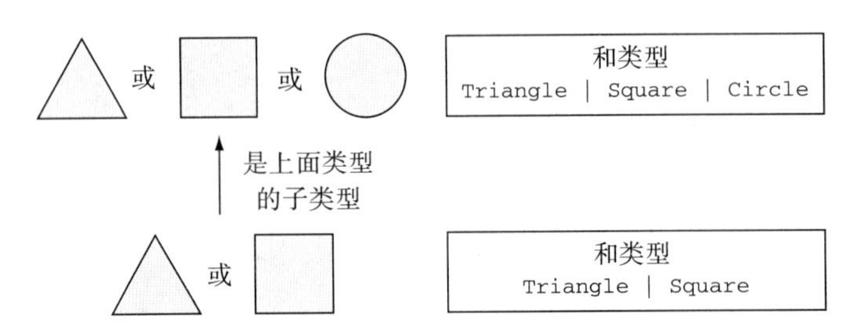

图 7.3 `Triangle | Square` 是 `Triangle | Square | Circle` 的子类型，因为每当期望收到 `Triangle`、`Square` 或 `Circle` 时，我们可以使用 `Triangle` 或 `Square`

假设我们有一个 `EquilateralTriangle`，它继承了 `Triangle`，如程序清单 7.15 所示。

程序清单 7.15 EquilateralTriangle 的声明

```
declare const EquilateralTriangleType: unique symbol;
class EquilateralTriangle extends Triangle {
    [EquilateralTriangleType]: void;
    /* EquilateralTriangle members */
}
```

作为一个练习，看看当把和类型和继承混合在一起时会发生什么。如果 `makeShape()` 返回 `EquilateralTriangle | Square`，`draw()` 接受 `Triangle | Square | Circle`，代码能够编译吗？如果让 `makeShape()` 返回 `Triangle | Square`，`draw()` 接受 `EquilateralTriangle | Square | Circle`，代码能够工作吗？

这种形式的子类型必须得到编译器的支持。对于自定义的和类型，如第 3 章介绍的 `Variant`，是不会得到相同的子类型行为的。`Variant` 能够封装几个类型中某个类型的值，但是它本身不是其中任何一个类型。

7.3.2 子类型和集合

接下来，我们来看看包含某个类型的一组值的类型。首先在程序清单 7.16 中给出了数组的示例。如果 Triangle 是 Shape 的子类型，那么当 draw() 函数接受一个 Shape 对象数组时，我们是否能够向 draw() 传递一个 Triangle 对象数组？

程序清单 7.16 Triangle[] 作为 Shape[]

```
class Shape {
    /* Shape members */
}

declare const TriangleType: unique symbol;
class Triangle extends Shape {              <- Triangle是Shape的子类型
    [TriangleType]: void;
    /* Triangle members */
}

declare function makeTriangles(): Triangle[];      <- makeTriangle()返回Triangle对象的一个数组
declare function draw(shapes: Shape[]): void;      <- draw()接受Shape对象的一个数组

draw(makeTriangles());     <- 我们能够把一个Triangle对象数组用作Shape对象数组
```

下面给出的这个结论可能不会让你惊讶，但它很重要：数组会保留它们存储的底层类型的子类型关系。正如你所期望的，反过来并不成立：当期望收到一个 Triangle 对象数组时，如果我们试图传入一个 Shape 对象数组，那么代码将无法编译（如图 7.4 所示）。

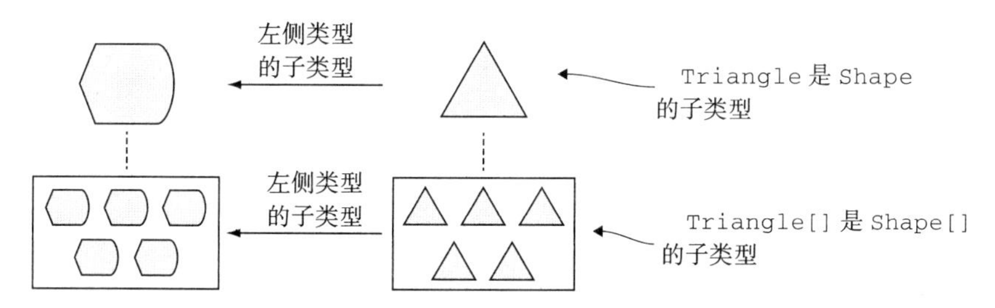

图 7.4 如果 Triangle 是 Shape 的子类型，则 Triangle 对象的数组是 Shape 对象的数组的子类型。如果我们能够把 Triangle 用作 Shape，则也可以把 Triangle 对象数组用作 Shape 对象数组

第 2 章中介绍过，在许多编程语言中，数组是原生的基本类型。如果我们定义了一个自定义集合，如 LinkedList<T>，会是什么情况？一起来看一下程序清单 7.17。

尽管没有基本类型，但 TypeScript 仍然正确地判断出 LinkedList<Triangle> 是 LinkedList<Shape> 的子类型。如之前一样，反过来并不成立：我们不能把 LinkedList<Shape> 作为 LinkedList<Triangle> 传递。

程序清单 7.17 LinkedList<Triangle> 作为 LinkedList<Shape>

```
class LinkedList<T> {                                    ◁— 一个泛型链表集合
    value: T;
    next: LinkedList<T> | undefined = undefined;

    constructor(value: T) {
        this.value = value;
    }

    append(value: T): LinkedList<T> {
        this.next = new LinkedList(value);
        return this.next;
    }
}
                                                          makeTriangle()现在
                                                          返回一个三角形链表
declare function makeTriangles(): LinkedList<Triangle>; ◁—
declare function draw(shapes: LinkedList<Shape>): void; ◁— draw()接受一个形
                                                          状链表
draw(makeTriangles());   ◁— 代码能够编译
```

协变：如果一个类型保留其底层类型的子类型关系，就称该类型具有协变性。数组具有协变性，因为它保留了子类型关系：Triangle 是 Shape 的子类型，所以 Triangle[] 是 Shape[] 的子类型。

当处理数组和集合（如 LinkedList<T>）时，不同的语言具有不同的行为。例如，在 C# 中，必须通过声明接口并使用 out 关键字（ILinkedList<out T>），显式指出一个类型（如 LinkedList<T>）的协变。否则，编译器将不会推断出子类型关系。

除了协变，另外一种选择是干脆不考虑两个给定类型之间的子类型关系，认为 LinkedList<Shape> 和 LinkedList<Triangle> 是不存在子类型关系的两个类型（二者都不是对方的子类型）。TypeScript 不会这么处理，但是 C# 会。在 C# 中，认为 List<Shape> 和 List<Triangle> 没有子类型关系。

不变性：如果一个类型不考虑其底层类型的子类型关系，就称该类型具有不变性。C# 中的 List<T> 具有不变性，因为它不考虑子类型关系"Triangle 是 Shape 的子类型"，所以 List<Shape> 和 List<Triangle> 之间不存在子类型 – 父类型关系。

现在，我们介绍了集合之间的子类型关系，并说明了变化性的两种常见类型，接下来将讨论函数类型之间的子类型关系。

7.3.3 子类型和函数的返回类型

首先来看较为简单的情况：在返回 Triangle 的函数和返回 Shape 的函数之间，可以做什么样的替换，如程序清单 7.18 所示。我们将声明两个工厂函数：makeShape() 返回一个 Shape，makeTriangle() 返回一个 Triangle。

然后，我们将实现一个 useFactory() 函数，它接受 () => Shape 类型的函数作为实参，并返回 Shape。我们将尝试把 makeTriangle() 传递给该函数。

程序清单 7.18 () => Triangle 作为 () => Shape

```
declare function makeTriangle(): Triangle;
declare function makeShape(): Shape;

function useFactory(factory: () => Shape): Shape {
    return factory();
}

let shape1: Shape = useFactory(makeShape);
let shape2: Shape = useFactory(makeTriangle);
```

useFactory()接受没有实参、返回Shape的函数作为实参，并调用该实参函数

makeTriangle()和makeShape()都可以用作useFactory()的实参

这里没有什么特别的：我们可以把返回 Triangle 的函数作为返回 Shape 的函数进行传递，因为它的返回类型（Triangle）是 Shape 的子类型，所以可以赋值给 Shape(如图 7.5 所示)。

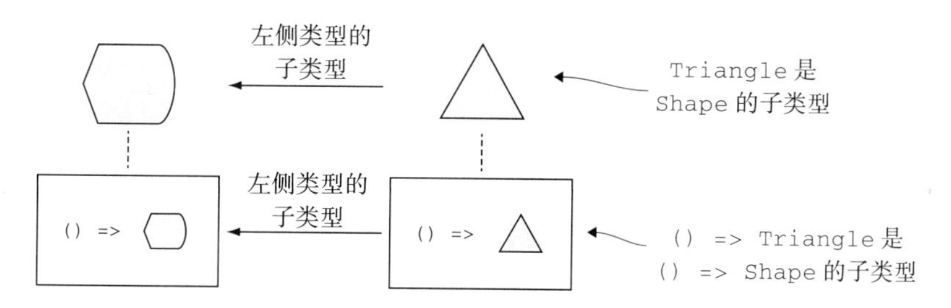

图 7.5 如果 Triangle 是 Shape 的子类型，则可以使用返回 Triangle 的函数替换返回 Shape 的函数，因为我们总是可以把 Triangle 赋值给期望收到 Shape 的调用者

反过来不成立：如果我们将 useFactory() 改为期望 () => Triangle 作为实参，并尝试向其传递 makeShape()，如程序清单 7.19 所示，则代码无法编译。

程序清单 7.19 () => Shape 作为 () => Triangle

```
declare function makeTriangle(): Triangle;
declare function makeShape(): Shape;
function useFactory(factory: () => Triangle): Triangle {
    return factory();
}

let shape1: Shape = useFactory(makeShape);
let shape2: Shape = useFactory(makeTriangle);
```

我们在这里把Shape改为Triangle

代码无法编译；我们不能将makeShape()用作() => Triangle

同样，这段代码非常直观：我们不能将 makeShape() 用作 () => Triangle 类型的函数，因为 makeShape() 返回 Shape 对象。该对象可以是 Triangle，但也可能是 Square。useFactory() 承诺返回一个 Triangle，所以不能返回 Triangle 的父类型。当然，它可以返回一个子类型，如 makeEquilateralTriangle() 返回的 EquilateralTriangle。

函数的返回类型具有协变性。换句话说，如果 Triangle 是 Shape 的子类型，那么函数类型 () => Triangle 是函数类型 () => Shape 的子类型。注意，函数类型并不是必须描述没有任何实参的函数。如果 makeTriangle() 和 makeShape() 都接受两个 number 实参，那么它们仍然会是协变的，正如我们前面所看到的。

大部分主流编程语言都具有这种行为。它们遵守相同的规则，在继承的类型中重写方法，改变方法的返回类型。如果我们实现一个 ShapeMaker 类，在其中提供一个返回 Shape 的 make() 方法，那么我们可以在派生类 MakeTriangle 中重写 make 方法，使其返回 Triangle，如程序清单 7.20 所示。编译器允许这么做，因为调用任何一个 make() 方法将得到一个 Shape 对象。

程序清单 7.20　重写方法，将子类型作为返回类型

```
class ShapeMaker {
    make(): Shape {          <-- ShapeMaker定义了方法
        return new Shape();      make()，该方法返回一
    }                            个Shape对象
}
                                           TriangleMaker继承了
class TriangleMaker extends ShapeMaker {  <-- ShapeMakers
    make(): Triangle {           <-- TriangleMaker重写了
        return new Triangle();       make()，将其返回类型
    }                                改为Triangle
}
```

同样，大部分主流编程语言都允许这种行为，因为它们大部分都认为函数的返回类型是协变的。接下来，我们来看看当函数的实参类型互为子类型时，函数类型是什么情况。

7.3.4　子类型和函数实参类型

我们在这里由内而外地看待问题，所以不是使用返回 Shape 和返回 Triangle 的函数，而是使用一个接受 Shape 作为实参的函数和一个接受 Triangle 作为实参的函数。我们将这两个函数命名为 drawShape() 和 drawTriangle()。(argument: Shape) => void 和 (argument: Triangle) => void 之间的关系是什么？

我们引入另外一个函数 render()，它接受 Triangle 和一个 (argument: Triangle) => void 函数作为实参，如程序清单 7.21 所示。该函数只是简单地使用给定的 Triangle 调用给定的函数。

程序清单 7.21 绘制和渲染函数

```
declare function drawShape(shape: Shape): void;
declare function drawTriangle(triangle: Triangle): void;

function render(
    triangle: Triangle,
    drawFunc: (argument: Triangle) => void): void {
    drawFunc(triangle);
}
```

drawShape()接受一个Shape实参；drawTriangle()接受一个Triangle实参

render()期望接受一个Triangle和一个函数作为实参，该实参函数接受一个Triangle作为实参

render()只是简单地调用提供的函数，并向该函数传入它收到的三角形

值得注意的是，在本例中，我们可以安全地把 drawShape() 传递给 render() 函数。当期望收到 (argument: Triangle) => void 时，我们可以使用 (argument: Shape) => void。

这在逻辑上是合理的：我们有一个 Triangle，并将其传递给一个可以把它用作实参的绘制函数。如果函数自身期望收到一个 Triangle，如这里的 drawTriangle() 函数，那么这当然可以工作。但是，对于期望收到 Triangle 的父类型的函数，它也应该可以工作。drawShape() 希望绘制任何一个形状。因为它没有使用任何三角形特有的数据，所以比 drawTriangle() 更具一般性；它可以接受任何形状作为实参，无论这个形状是 Triangle 还是 Square。因此，在这种情况中，子类型关系反过来了。

逆变：如果一个类型颠倒了其底层类型的子类型关系，则称该类型具有逆变性。在大部分编程语言中，函数的实参是逆变的。一个接受 Triangle 作为实参的函数可以被替换为一个接受 Shape 作为实参的函数。函数之间的关系与其实参类型之间的关系相反。如果 Triangle 是 Shape 的子类型，那么接受 Triangle 作为实参的函数的类型是接受 Shape 作为实参的函数的类型的父类型（如图 7.6 所示）。

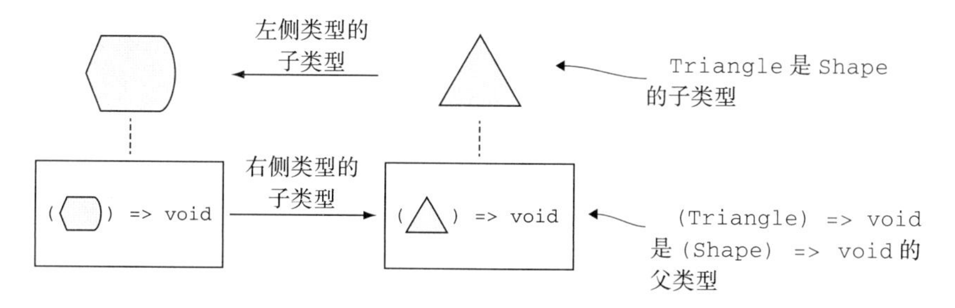

图 7.6 如果 Triangle 是 Shape 的子类型，则我们可以使用一个期望接受 Shape 作为实参的函数来替换一个期望接受 Triangle 作为实参的函数，因为我们总是可以把 Triangle 传递给一个接受 Shape 作为实参的函数

前面提到“大部分编程语言”。TypeScript 是一个例外。在 TypeScript 中，反过来也是

成立的：传入期望接受子类型的函数，而不是期望接受父类型的函数。这是故意做出的设计决策，目的是方便实现常见的 JavaScript 编程模式。不过，这可能导致运行时问题。

程序清单 7.22 中给出了一个示例。首先，我们将在 `Triangle` 类型中定义一个 `isRightAngled()` 方法，用于判断给定的实例是否描述了一个直角三角形。该方法的具体实现并不重要。

程序清单 7.22 Shape 和包含 isRightAngled() 方法的 Triangle

```
class Shape {
    /* Shape members */
}

declare const TriangleType: unique symbol;
class Triangle extends Shape {
    [TriangleType]: void;

    isRightAngled(): boolean {
        let result: boolean = false;

        /* Determine whether it is a right-angled triangle */

        return result;
    }

    /* More Triangle members */
}
```

isRightAngled()方法告诉我们给定的实例是否描述了一个直角三角形

现在，我们来反转绘制示例，如程序清单 7.23 所示。假设 `render()` 函数期望收到 `Shape`，而不是 `Triangle`，以及一个可以绘制形状的函数 `(argument: Shape) => void`，而不是一个只能绘制三角形的函数 `(argument: Triangle) => void`。

程序清单 7.23 更新后的绘制和渲染函数

```
declare function drawShape(shape: Shape): void;
declare function drawTriangle(triangle: Triangle): void;

function render(
    shape: Shape,
    drawFunc: (argument: Shape) => void): void {
    drawFunc(shape);
}
```

drawShape()和drawTriangle()与前面一样

render()期望收到Shape和一个接受Shape作为实参的函数

render()只是简单地调用提供的函数，并向其传入收到的形状

这种情况可能导致运行时错误：我们定义了 `drawTriangle()` 来使用三角形特有的东西，如刚才添加的 `isRightAngled()` 方法。然后，我们使用 `Shape` 对象（而不是 `Triangle` 对象）和 `drawTriangle()` 来调用 `render`。

现在，`drawTriangle()` 将收到一个 `Shape` 对象，并对其调用 `isRightAngled()`，如程序清单 7.24 所示，但是因为 `Shape` 不是 `Triangle`，所以这将导致错误。

程序清单 7.24 试图对 Triangle 的父类型调用 isRightAngled()

```
function drawTriangle(triangle: Triangle): void {
    console.log(triangle.isRightAngled());      <- drawTriangle()对给定实参调用三角形特定的方法
    /* ... */
}

function render(
    shape: Shape,
    drawFunc: (argument: Shape) => void): void {
    drawFunc(shape);
}

render(new Shape(), drawTriangle);      <- 我们可以把Shape和drawTriangle()传递给render
```

这段代码可以编译，但是在运行时会发生 JavaScript 错误，因为运行时无法在我们提供给 drawTriangle() 的 Shape 对象上找到 isRightAngled()。这种结果并不理想，但是如前所述，这是实现 TypeScript 时有意做出的决策。

在 TypeScript 中，如果 Triangle 是 Shape 的子类型，那么函数类型 (argument: Shape) => void 和函数类型 (argument: Triangle) => void 能够彼此替换。它们实际上互为子类型。这种属性称为双变性。

双变性：如果类型的底层类型的子类型关系决定了它们互为子类型，则称这种类型具有双变性。在 TypeScript 中，如果 Triangle 是 Shape 的子类型，那么函数类型 (argument: Shape) => void 和 (argument: Triangle) => void 互为子类型（如图 7.7 所示）。

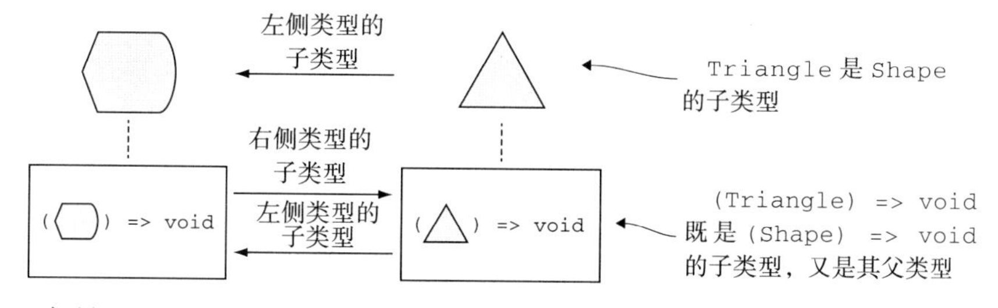

图 7.7 如果 Triangle 是 Shape 的子类型，那么在 TypeScript 中，期望收到 Triangle 的一个函数可以用来替换一个期望收到 Shape 的函数，而期望收到 Shape 的一个函数可以用来替换一个期望收到 Triangle 的函数

同样，在 TypeScript 中，函数实参的双变性可能导致错误的代码通过编译。本书的一个重要主题是依赖类型系统，在编译时消除运行时错误。在 TypeScript 中，支持常用的 JavaScript 编程模式是有意做出的设计决策。

7.3.5 回顾可变性

本节中，我们介绍了哪些类型可以替换其他对应类型。虽然在处理简单的继承时，子类型很直观，但是随着我们添加基于其他类型的参数化类型时，情况会变得更加复杂。这些类型可能是集合、函数类型或其他泛型类型。基于这些参数化类型的底层类型之间的关系，可以移除、保留或反转这些参数化类型之间的子类型关系，或者使其成为双向子类型关系。具体实现方式称为可变性。

- 不变类型不考虑底层类型之间的子类型关系。
- 协变类型保留底层类型之间的子类型关系。如果 `Triangle` 是 `Shape` 的子类型，那么数组类型 `Triangle[]` 是数组类型 `Shape[]` 的子类型。在大部分编程语言中，从返回类型的角度看，函数类型是协变的。
- 逆变类型反转其底层类型的子类型关系。在大部分语言中，如果 `Triangle` 是 `Shape` 的子类型，那么函数类型 `(argument: Shape) => void` 是函数类型 `(argument: Triangle) => void` 的子类型。但是在 TypeScript 中并非如此。在 TypeScript 中，从实参类型的角度看，函数是双变的。
- 当底层类型存在子类型关系时，双变类型互为子类型。如果 `Triangle` 是 `Shape` 的子类型，那么函数类型 `(argument: Shape) => void` 和函数类型 `(argument: Triangle) => void` 互为子类型（两种类型的函数可互相替换）。

虽然编程语言中存在一些共有的规则，但是并不存在支持可变性的一种标准方式。你应该理解自己使用的编程语言的类型系统具有什么样的行为，以及它如何建立子类型关系。知道这一点很重要，因为这些规则告诉我们哪些类型可以替换另外哪些类型。是需要实现一个函数来将 `List<Triangle>` 转换为 `List<Shape>`，还是可以直接使用 `List<Triangle>`？这个问题的答案取决于 `List<T>` 在你选择的编程语言中的可变性。

7.3.6 习题

在下面的习题中，`Triangle` 是 `Shape` 的子类型。我们将使用 TypeScript 的可变性规则。

1. 我们是否能够把一个 `Triangle` 变量传递给函数 `drawShape(shape: Shape): void`？
2. 我们是否能够把一个 `Shape` 变量传递给函数 `drawTriangle(triangle: Triangle): void`？
3. 我们是否能够把一个 `Triangle` 对象数组（`Triangle[]`）传递给函数 `drawShapes(shapes: Shape[]): void`？
4. 我们是否能够把 `drawShape()` 函数赋值给函数类型 `(triangle: Triangle) => void` 的一个变量？
5. 我们是否能够把 `drawTriangle()` 函数赋值给函数类型 `(shape: Shape) => void`

的一个变量?

6. 我们是否能够把函数 getShape(): Shape 传递给函数类型 type () => Triangle 的一个变量?

小结

- 我们对子类型下了一个定义，并解释了编程语言判断一个类型是否是另一个类型的子类型的两种方式：结构上和名义上。
- 我们介绍了在使用结构子类型的语言中模拟名义子类型的一种 TypeScript 技术。
- 我们看到了顶层类型（也就是位于子类型层次结构顶端的类型）的一种应用：安全的反序列化。
- 我们还看到了底层类型（也就是位于子类型层次结构底端的类型）的一种应用：作为错误场景的值类型。
- 我们介绍了和类型之间的子类型关系。由较少类型构成的和类型是由更多类型构成的和类型的父类型。
- 我们学习了协变类型。数组和集合通常是协变的。从返回类型的角度看，函数类型也是协变的。
- 在一些语言中，类型可以是不变的（没有子类型关系），即使它们的底层类型有子类型关系。
- 从实参类型的角度看，函数类型通常是逆变的。换句话说，它们的子类型关系与其实参类型的子类型关系相反。
- 在 TypeScript 中，从实参类型的角度看，函数类型是双变的。只要实参类型之间存在子类型关系，每个函数类型都是另一个函数类型的子类型。
- 在不同的编程语言中，实现可变性的方式不同。了解你使用的编程语言如何建立子类型关系很有帮助。

现在，我们已经深入介绍了子类型，接下来将介绍子类型的一种主要应用，这也是我们还没有过多阐释的一种应用：面向对象编程。在第 8 章，我们将介绍面向对象编程的元素及它们的应用。

习题答案

在 TypeScript 中区分相似的类型

1. 是。Painting 的类型与 Wine 相同，但有一个额外的 painter 属性。TypeScript 中采用结构子类型，所以 Painting 是 Wine 的子类型。

2. 否。Wine 中定义了 name 属性，但是 Car 中没有这个属性。因此，即使在结构子类型中，Car 也不能替换 Wine。

子类型的极端情况

1. 是。never 是其他任何类型的子类型，包括 number，所以我们可以将其赋值给一个数值（尽管我们无法创建一个实际的值，因为 makeNothing() 从不会返回）。

2. 否。unknown 是其他任何类型的父类型，包括 number。我们可以把一个数字赋值给 unknown，但反之则不行。首先，我们需要确保 makeSomething() 返回的值是一个数字，然后才能将其赋值给 x。

允许的替换

1. 是。在任何期望 Shape 的地方，我们可以使用 Triangle。

2. 否。我们不能使用父类型替换子类型。

3. 是。数组是协变的，所以可以使用 Triangle 对象的数组替换 Shape 对象的数组。

4. 是。在 TypeScript 中，从实参的角度看，函数是双变的，所以我们可以把 (shape: Shape) => void 用作 (triangle: Triangle) => void。

5. 是。在 TypeScript 中，从实参的角度看，函数是双变的，所以我们可以把 (triangle: Triangle) => void 用作 (shape: Shape) => void。

6. 否。在 TypeScript 中，从实参的角度看，函数是双变的，但是从返回类型的角度看，它们并不是双变的。我们不能把 () => Shape 类型的函数用作 () => Triangle 类型的函数。

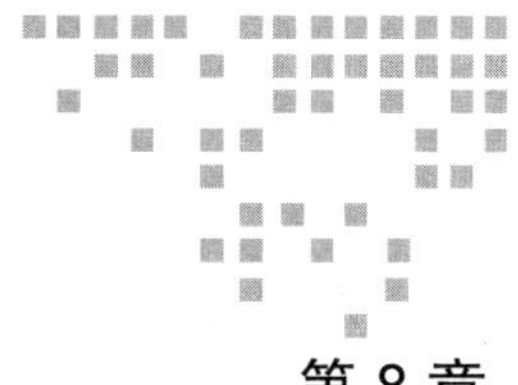

第8章 Chapter 8

面向对象编程的元素

本章要点

- 使用接口定义契约
- 实现表达式层次
- 实现适配器模式
- 使用混入扩展行为
- 考虑纯粹 OOP 的替代方案

本章将介绍面向对象编程的元素，说明如何有效地使用它们。你可能已经熟悉了这些概念，因为它们是所有面向对象语言中都存在的概念，所以我们将把注意力更多地放到它们的用例上。

我们将首先介绍接口，看如何把它们想象成契约。在介绍了接口后，我们将介绍继承：可以继承数据，也可以继承行为。除了继承，另一种选择是组合。我们将介绍这两种方法的一些区别，以及什么时候使用哪种方法。我们将介绍如何使用混入（在 TypeScript 中是交叉类型）来扩展数据和行为。并不是所有语言都支持混入。最后，我们将介绍 OOP 的替代方案，以及什么时候不适合使用 OOP。这并不是因为 OOP 存在问题，而是因为许多开发人员认为 OOP 是软件工程中的唯一方法，这有时候会导致过度使用 OOP。

在开始正文之前，我们快速给出 OOP 的定义。

面向对象编程（Object-Oriented Programming，OOP）：OOP 是基于对象的概念的一种编程范式，对象可以包含数据和代码。数据是对象的状态，代码是一个或多个方法，也叫作“消息”。在面向对象系统中，通过使用其他对象的方法，对象之间可以“对话”或者发送消息。

OOP 的两个关键特征是封装和继承。封装允许隐藏数据和方法，而继承则使用额外的数据和代码扩展一个类型。

8.1 使用接口定义契约

本节将尝试回答一个常见的 OOP 问题：抽象类和接口的区别是什么？我们将使用一个日志系统作为示例。我们想要提供一个 `log()` 方法，但仍然能够使用不同的日志实现。这有几种实现方式。首先，可以声明一个抽象类 `ALogger`，让实际实现（如 `ConsoleLogger`）继承该类，如程序清单 8.1 所示。

程序清单 8.1 抽象日志系统

```
abstract class ALogger {                    <-- ALogger是一个抽象类
    abstract log(line: string): void;       <-- log()是一个抽象方法，没有实现
}

class ConsoleLogger extends ALogger {       ConsoleLogger继承了ALogger，并提供了log()的实现
    log(line: string): void {
        console.log(line);
    }
}
```

日志系统的用户将接受 `ALogger` 作为参数。在期望使用 `ALogger` 的任何地方，我们可以传入 `ALogger` 的任何子类型，如 `ConsoleLogger`。

另外一种方法是声明一个 `ILogger` 接口，让 `ConsoleLogger` 实现该接口，如程序清单 8.2 所示。

程序清单 8.2 日志系统的接口

```
interface ILogger {                         <-- ILogger接口声明了一个log()方法
    log(line: string): void;
}

class ConsoleLogger implements ILogger {    ConsoleLogger实现了ILogger接口，并提供了log()方法
    log(line: string): void {
        console.log(line);
    }
}
```

在这种情况中，日志系统的用户将把 `ILogger` 作为参数。在期望使用 `ILogger` 的任何地方，我们都可以传入实现该接口的任何类型。

这两种方法很相似，并且都可以工作，但是在这样的一种场景中，我们应该使用接口，因为接口指定了一种契约。

接口或契约：接口（或契约）描述了实现该接口的任何对象都理解的一组消息。消息是方法，包括名称、实参和返回类型。接口没有任何状态。与现实世界的契约（它们是书面协议）一样，接口也相当于书面协议，规定了实现者将提供什么。

这正是我们在本例中的需求：日志契约由客户端将会调用的 log() 方法构成。通过声明 ILogger 接口，能够清晰地告诉阅读代码的人，我们指定了一个契约。

抽象类能够实现这种行为，但还可以做更多工作：抽象类可以包含非抽象的方法或状态。抽象类和“普通”类，或者说具体类的唯一区别在于，我们不能直接创建抽象类的实例。我们知道，每当传递抽象类的一个实例（如 ALogger 实参）时，实际上是在使用 ALogger 的派生类型（如 ConsoleLogger）的实例。

这是抽象类和接口之间的一个细微但重要的区别：ConsoleLogger 和 ALogger 之间的关系是所谓的“是”关系，即 ConsoleLogger 继承了 ALogger，所以它也是一个 ALogger。另外，没有什么可以从 ILogger 继承，因为它只是定义了一个契约。我们让 ConsoleLogger 实现该契约，但是在语义上，这并没有创建“是”关系。ConsoleLogger 满足了 ILogger 的契约，但并不是一个 ILogger。尽管一些语言（如 Java 和 C#）规定一个类只能从另外一个类继承，但它们允许类实现许多接口，这就是原因所在。

注意，我们可以扩展一个接口，通过添加更多方法，在该接口的基础上创建一个新接口。例如，可以创建一个 IExtendedLogger，使其在 ILogger 契约的基础上添加 warn() 和 error() 方法，如程序清单 8.3 所示。

程序清单 8.3　扩展后的日志程序接口

```
interface ILogger {
    log(line: string): void;
}

interface IExtendedLogger extends ILogger {    <-- IExtendedLogger有log()、warn()和error()方法
    warn(line: string): void;
    error(line: string): void;
}
```

满足 IExtendedLogger 契约的任何对象也都自动满足 ILogger 契约。我们还可以把多个接口合并到一个接口中。例如，假设我们有 ISpeaker 和 IVolumeControl 接口，就可以定义一个 ISpeakerWithVolumeControl 契约，把这两个接口合并起来，如程序清单 8.4 所示。这种技术允许我们同时把扬声器功能和音量控制功能用作一个契约，同时仍然允许其他类型单独实现其中一个契约（例如，我们可能为话筒实现音量控制功能）。

程序清单 8.4　合并接口

```
interface ISpeaker {    <-- 扬声器接口
    playSound(/* ... */): void;
}
```

```
interface IVolumeControl {          <—— 音量控制接口
    volumeUp(): void;
    volumeDown(): void;
}                                        将扬声器和音量控制接口
                                         合并为一个接口
interface ISpeakerWithVolumeControl extends ISpeaker, IVolumeControl {
}

class MySpeaker implements ISpeakerWithVolumeControl {   <—— MySpeaker实现了合并后
    playSound(/* ... */): void {                              的接口
        // Concrete implementation
    }

    volumeUp(): void {
        // Concrete implementation
    }

    volumeDown(): void {
        // Concrete implementation
    }
}

class MusicPlayer {                           MusicPlayer需要一个具有音量
    speaker: ISpeakerWithVolumeControl;  <——  控制功能的扬声器

    constructor(speaker: ISpeakerWithVolumeControl) {
        this.speaker = speaker;
    }
}
```

当然，我们可以让 MySpeaker 实现 ISpeaker 和 IVolumeControl，而不是实现 ISpeakerWithVolumeControl。但是，使用一个接口，使得组件（如 MusicPlayer）更容易请求具有音量控制功能的扬声器。这种合并接口的能力允许我们从较小的、可重用的接口创建合并后的接口。

接口最终让消费者受益，而不是让实现接口的类获益，所以一般来说，花一些时间想出最好的设计是一个好主意。"针对接口编程"是著名的 OOP 原则，鼓励使用接口而不是类来进行编程，我们示例中的 MusicPlayer 就采用了这种方法。这种原则降低了系统中组件之间的耦合，因为我们可以修改 MySpeaker，甚至将其替换为另外一种类型。只要使用的类型满足 ISpeakerWithVolumeContract 契约，MusicPlayer 就不会受到影响。

依赖注入框架承担了为接口映射应该使用的具体实现的职责，所以其余代码只需请求特定的接口，框架就会提供该接口。这就减少了"胶水"代码，允许我们把注意力放到实现组件自身。我们不会详细介绍依赖注入，不过你应该知道，这是降低代码耦合的一种好方法，对单元测试尤为有用，因为我们通常把要测试的组件的依赖关系设置为存根或模拟数据。

接下来，我们将介绍继承及其应用。

习题

1. 具有 `getName()` 函数的类型的实例可被 `index()` 函数使用。建模这种情况的最佳方式是什么？

   a）声明一个 `BaseNamed` 具体基类

   b）声明一个 `ANamed` 抽象基类

   c）声明一个 `INamed` 接口

   d）在运行时检查 `getName()` 是否存在

2. 在 TypeScript 中，`Iterable<T>` 接口声明了一个返回 `Iterator<T>` 的 `[Symbol.iterator]` 方法，`Iterator<T>` 接口声明了一个返回 `IteratorResult<T>` 的 `next()` 方法：

```
interface Iterable<T> {
    [Symbol.iterator](): Iterator<T>;
}

interface Iterator<T> {
    next(): IteratorResult<T>;
}
```

生成器会返回这二者的组合：它们返回的 `IterableIterator<T>` 既是可迭代的，又是一个迭代器。你会如何定义 `IterableIterator<T>` 接口？

8.2　继承数据和行为

继承是面向对象语言最为人熟知的特性之一，允许创建父类的子类。子类继承了父类的数据和方法。显然，子类是父类的子类型，因为在期望使用父类的任何地方，都可以使用子类的实例。

8.2.1　“是一个”经验准则

我们可能立即想到了继承的一种应用场景：如果已经有一个类实现了我们想要的大部分行为，那么我们可以继承该类，并添加缺少的行为。但是，随意继承存在两个问题。首先，如果我们滥用继承，会得到很深的、难以理解和导航的类层次结构。其次，我们会得到不一致的数据模型，其中的类并不合理。

例如，如程序清单 8.5 所示，假设有一个 `Point` 类来跟踪 `x` 和 `y` 坐标，我们可以从 `Point` 继承得到一个 `Circle` 类，并在该类中添加一个 `radius` 属性。通过使用圆心和半径，我们可以定义一个圆，而 `Point` 已经能够代表圆心。但是，这种定义让人感觉很奇怪。

程序清单 8.5 不好的继承

```
class Point {
    x: number;
    y: number;

    constructor(x: number, y: number) {
        this.x = x;
        this.y = y;
    }
}

class Circle extends Point {    <—— Circle从Point继承了其圆心的x和y坐标
    radius: number;

    constructor(x: number, y: number, radius: number) {
        super(x, y);
        this.radius = radius;
    }
}
```

为了理解为什么这让人感觉奇怪，我们来看看“是一个”关系。子类的实例在逻辑上是父类的一个实例吗？在本例中，答案是否定的。Circle 不是一个 Point。按照我们定义的方式，肯定能够把 Circle 用作 Point，但是似乎没有合理的场景能够让我们想要这样做。

继承和“是一个”关系：继承会在子类型与父类型之间建立“是一个”关系。如果基类是 Shape，派生类是 Circle，关系就是“Circle 是一个 Shape”。这是继承在语义上的含义，可用来判断是否应该在两个类型之间应用继承。

8.3 节将介绍另外一种方法，即组合。但在那之前，先来看几个适合使用继承的场景。

8.2.2 建模层次

当数据模型包含不同层次时，应该考虑继承。这一点很明显，所以我们不详细讨论，不过需要知道，这是继承的最佳用途：随着在继承链中向下移动，我们不断添加更多数据和行为来细化类型（如图 8.1 所示）。

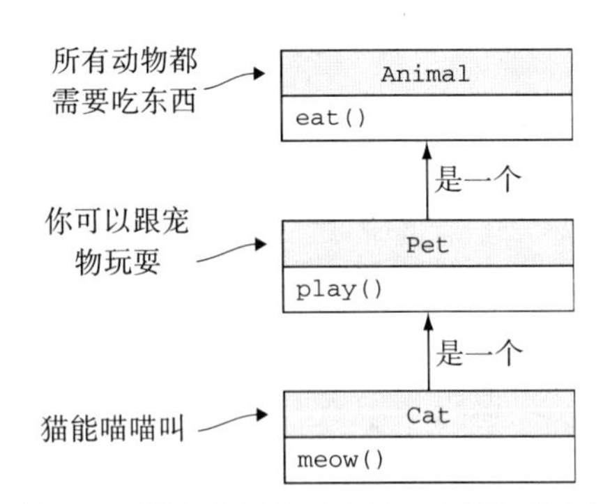

图 8.1 所有动物都吃东西。我们可以跟宠物玩闹（但它们仍然需要吃东西）。猫能够喵喵叫（但它们仍然需要吃东西，并能够玩耍）

图中的示例看起来很简单，但这是继承的合理使用。Cat 是一个 Pet，而 Pet 是一个 Animal。随着在层次结构中向下移动，将得到更多行为和状态。

当我们想处理更加抽象的级别时，就沿着层次结构向上移动。如果只需要调用 play() 与动物玩耍，就使用 Pet 类型的一个实参。如果需要具体的喵喵叫行为，就使用 Cat 类型的实参。

这个示例十分直观，所以我们接下来看继承的另外一个更加有趣的应用，但这可能让你感到意外：不同的派生类以不同的方式实现某些行为。

8.2.3 参数化表达式的行为

另外一种应该使用继承的场景是，我们想要的大部分行为和状态是多个类型所共有的，但其中有一小部分行为或状态需要随不同实现而有变化。这里的多个类型应该通过“是一个”测试。

表达式计算得到一个数字，二元表达式有两个操作数，加法和乘法表达式通过把操作数相加或相乘来计算结果。

我们可以把表达式建模为具有 eval() 方法的 IExpression 接口。之所以能将其建模为接口，是因为它不保存任何状态。接下来，我们实现一个 BinaryExpression 抽象类，在其中存储两个操作数，如程序清单 8.6 所示，但是我们让 eval() 是抽象方法，从而要求派生类实现该方法。SumExpression 和 MulExpression 都从 BinaryExpression 继承两个操作数，并提供它们自己的 eval() 实现（如图 8.2 所示）。

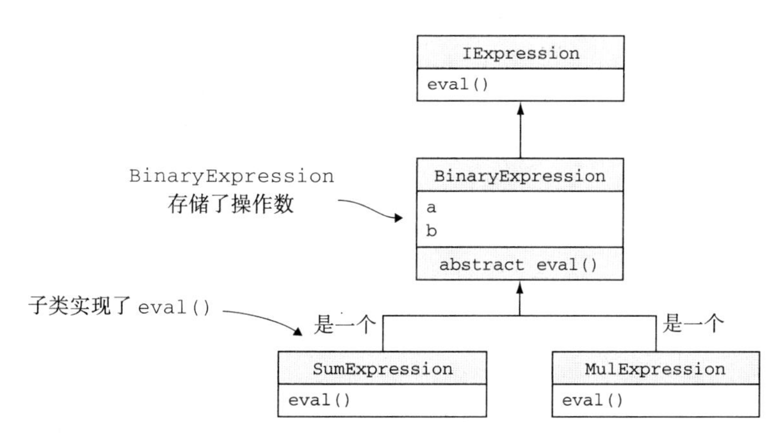

图 8.2　表达式层次结构。BinaryExpression 是父类，SumExpression 和 MulExpression 是子类

程序清单 8.6　表达式层次结构

```
interface IExpression {              <-- IExpression不需要是类，因为
    eval(): number;                      它不保存状态
}

abstract class BinaryExpression implements IExpression {   <-- BiniaryExpression
    readonly a: number;                                        是存储两个操作数的类
    readonly b: number;
```

```
    constructor(a: number, b: number) {
        this.a = a;
        this.b = b;
    }

    abstract eval(): number;     <- eval()是抽象的，因为我们没有该方法的实现
}

class SumExpression extends BinaryExpression {
    eval(): number {
        return this.a + this.b;
    }
}

class MulExpression extends BinaryExpression {
    eval(): number {
        return this.a * this.b;
    }
}
```

SumExpression和MulExpression都继承了BinaryExpression并实现了eval()

这应该通过“是一个”测试：SumExpression 是一个 BinaryExpression。沿着层次结构向下移动时，我们继承了公共部分（在本例中是两个操作数），但是为每个派生类参数化 eval()。

有一点需要注意：不要创建出非常深的类层次，否则一个对象的多个状态和方法可能来自层次结构中的不同级别，导致代码更难理解。

通常，让子类是具体类，让层次结构上方的父类是抽象类，这是一个好主意。这种技术使得跟踪信息和避免意外行为变得更加简单。当子类重写了父类的方法，但是我们对其进行向上转换，以作为父类型进行传递时，就会发生意外的行为。这种对象的行为与父类的实例不同，但是维护代码的人员可能并不会立即了解这一点。

一些语言允许把某个子类显式标记为不可继承，从而让层次结构在该子类的位置结束。通常，这是使用 final 或 sealed 等关键字实现的。我们应该尽可能多地使用这些关键字。如果想重写或扩展行为，有一种比继承更好的方法：组合。

8.2.4 习题

1. 下面哪种做法合理地使用了继承？
   a）File 扩展了 Folder
   b）Triangle 扩展了 Point
   c）Parser 扩展了 Compiler
   d）上面都不是
2. 扩展本节的示例，添加一个 UnaryExpression，它有一个操作数。然后添加一个 UnaryMinusExpression 来切换操作数的符号，例如 1 会变成 –1，–2 会变成 2。

8.3　组合数据和行为

面向对象编程的一个著名原则是，只要可能，就优先选择组合而不是继承。接下来介绍组合。

继续看 Point 和 Circle 示例，我们可以使 Circle 成为 Point 的子类，但这样做不合理。我们扩展这个示例，在程序清单 8.7 中引入 Shape。我们认为，系统中的所有形状都需要一个标识符，所以 Shape 有一个 string 类型的 id 属性。Circle 是一个 Shape，所以可以继承 id。另一方面，Circle 有一个圆心，所以将包含 Point 类型的一个 center 属性。

程序清单 8.7　继承和组合

```
class Shape {
    id: string;

    constructor(id: string) {
        this.id = id;
    }
}

class Point {
    x: number;
    y: number;

    constructor(x: number, y: number) {
        this.x = x;
        this.y = y;
    }
}
                                          Circle从Shape继承了
class Circle extends Shape {          <-- id属性
    center: Point;                 <-- Circle包含一个Point，用来定义其
    radius: number;                    圆心的x和y坐标

    constructor(id: string, center: Point, radius: number) {
        super(id);
        this.center = center;
        this.radius = radius;
    }
}
```

8.3.1　“有一个”经验准则

正如应用“是一个”测试可判断是否应该让 Circle 继承 Point，对于组合，可以应用一个类似的测试：“有一个”(如图 8.3 所示)。

我们不是从一个类型继承行为，而是定义一个该类型的属性。使用这种技术时，我们能够得到被包含类型的状态，只不过是使其成为类型的组成部分，而不是继承部分。

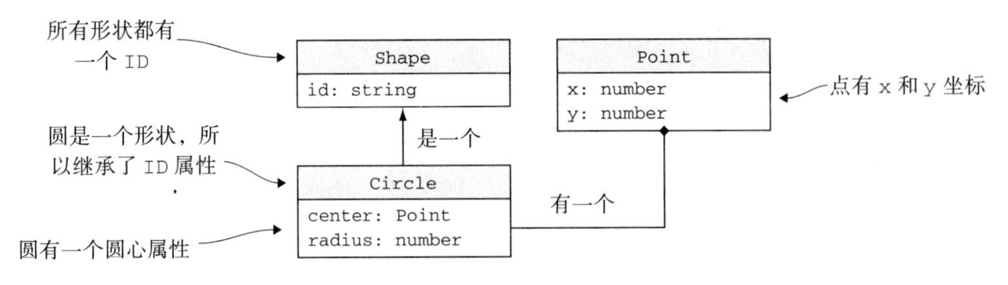

图 8.3 所有形状都有一个 id。圆是一个形状，所以继承了 id。圆有一个圆心

组合和“有一个”关系：组合在容器类型和被包含类型之间建立了一种“有一个”关系。如果类型是 Circle，被包含的类是 Point，那么它们的关系是“Circle 有一个 Point”（该 Point 定义了 Circle 的圆心）。这是组合在语义上的意义，可用于判断是否应该在两个类型之间使用组合。

组合的一个主要优点是，组件属性的所有状态（例如 Circle 的 center 属性的坐标）被封装在这些组件中（例如 Point 类型的 center 属性），所以类型变得整洁多了。

Circle 类型的实例 circle 有一个 circle.id 属性，这是从 Shape 继承过来的，但是其圆心点的 x 和 y 坐标则包含在 center 属性中：circle.center.x 和 circle.center.y。如果愿意，我们可以使 center 成为私有成员，此时外部代码将无法访问该属性。对于继承的属性，则不能这么做：如果 Shape 将 id 声明为公有成员，那么 Circle 将无法隐藏该成员。

接下来将介绍组合的一些应用，但是一般来说，在使状态和行为对某个类可用时，这种方法是比继承更好的方法。除非两个类型之间存在清晰的“是一个”关系，否则组合是可以默认使用的好方法。

8.3.2 复合类

我们仍然从一个简单的、直观的示例开始介绍，因为这可能也是你已经熟悉了的一个概念。在面向对象编程语言中和语言外部，到处可以看到这个概念。

一个公司有许多组成部分：各个部门、业务预算、CEO 等。这些部分都是 Company 的属性。第 3 章在讨论乘积类型时，介绍过这种类型的特点。如果我们思考一个公司的潜在状态的集合，会发现它是每个部门所处的状态、预算的状态、CEO 的状态等的乘积。这里有一个需要注意的地方：我们可以把这个状态的某些部分声明为私有成员，从而把它们封装起来，然后使用额外的方法来增强这个复合类，让这些方法来访问实现中的私有成员（这是外部函数做不到的）。

例如，我们不能直接联系一个公司的 CEO，向他们提出问题。不过，可以通过官方渠道联系公司，以这种方式来向 CEO 发送消息，而 CEO 可能会回应我们，也可能不会，如程序清单 8.8 所示。

程序清单 8.8　向 CEO 提出问题

```
class CEO {                                  ◁— CEO很忙，但是有能力回
    isBusy(): boolean {                         答问题
        /* ... */
    }

    answer(question: string): string {
        /* ... */
    }
}

class Department {
    /* ... */
}

class Budget {
    /* ... */
}
                                              一个公司有CEO、一些部门和
class Company {                          ◁—  一个预算
    private ceo: CEO = new CEO();
    private departments: Department[] = [];
    private budget: Budget = new Budget();
                                                              如果我们想联系CEO，
    askCEO(question: string): string | undefined {       ◁—  就需要通过公司联系
        if (!this.ceo.isBusy()) {
            return this.ceo.answer(question);        如果CEO不忙，会回答
        }                                            我们
    }
}
```

能够隐藏类成员，并提供对类成员的受限访问，这是封装相比普通乘积类型（如元组和记录）所具备的关键特征之一。

值类型和引用类型

你可能听说过值类型和引用类型，或者结构和类类型的区别等。虽然这涉及许多细节，但遗憾的是，这些细节都不具备一般性。不同的编程语言以不同的方式实现这些类型，所以理解这些类型，其实就是理解你使用的语言如何处理这些细节。

一般来说，当我们把一个值类型的实例赋值给一个变量，或者将其作为实参传递给一个函数时，在内存中会复制其内容，实际上创建了另外一个实例。另一方面，当我们赋值一个引用类型的实例时，并不会复制其完整的状态，而只是复制其引用。原变量和新变量将指向相同的对象，并能够修改其状态。

这里不会深入讨论这个主题，因为每个语言实现这些概念的方式不同，所以可能会

让你感到十分困惑。例如，在 C# 中，结构看起来与类十分相似，但是结构是值类型。将结构赋值给变量将复制其状态。另外，除了原生提供的基本数值类型，Java 不支持值类型：几乎所有类型都是引用类型。在 C++ 中又是另外一种情况：C++ 中的结构只是意味着其成员默认是公有的，而类的成员默认是私有的。在 C++ 中，所有类型都是按值传递的，除非我们显式地将一个值声明为指针（*）或者引用（&）。一些函数式语言使用不可变数据，此时不存在值和引用之间的区别，因为所有值都将被移动。

虽然值和引用类型之间的区别很重要（我们不想复制大量数据，因为这会影响性能；或者我们宁愿复制而不是共享，因为让状态有唯一的所有者是更加安全的），但是你应该理解自己使用的编程语言如何表达和处理这些细节。

接下来，我们来看组合的另外一种可能不太明显的应用：非常有用的适配器模式。

8.3.3 实现适配器模式

适配器模式能够让两个类变得兼容，而且不需要我们修改其中任何一个类。适配器的用法与现实中的适配器很相似。例如，我们的笔记本电脑可能只有 USB 接口，但我们想把它连接到有线网络，这需要用到网线。网线 – USB 适配器将管理这两个不兼容组件（USB 和以太网）之间的转换，并确保它们能够工作。

作为一个示例，假设有一个外部的几何库提供了我们需要的一些重要操作，但是它不适合我们的对象模型。该库期望使用一个 `ICircle` 接口来定义圆。`ICircle` 声明了两个方法来获取圆心的 `x` 和 `y` 坐标，分别是 `getCenterX()` 和 `getCenterY()`，还声明了另外一个方法 `getDiameter()` 来获取圆的直径，如程序清单 8.9 所示。

程序清单 8.9 几何库

```
namespace GeometryLibrary {

    export interface ICircle {          <-- 几何库期望圆遵守特定的契约
        getCenterX(): number;
        getCenterY(): number;
        getDiameter(): number;
    }

    /* Operations on ICircle omitted */      <-- 我们不说明具体的操作，因为它们对于本例而言并不重要

}
```

`Circle` 是用圆心 `Point` 和半径定义的。假设我们有一个庞大的代码库，这个圆只是其中的一个小部分，那么我们很可能不会为了与这个库兼容而重构大量代码。好消息是，有一个更加简单的解决方案：实现一个 `CircleAdapter` 类，使其封装 `Circle`，实现期望的接口，并处理从我们的 `Circle` 到库期望的类型的转换逻辑，如程序清单 8.10 所示。

程序清单 8.10 CircleAdapter

```
class CircleAdapter implements GeometryLibrary.ICircle {    ◁ CircleAdapter实现了库期望的ICircle接口
    private circle: Circle;    ◁ CircleAdapter封装了一个Circle实例

    constructor(circle: Circle) {
        this.circle = circle
    }

    getCenterX(): number {
        return this.circle.center.x;    ◁ getCenterX()和getCenterY()获取Circle中对应的x和y坐标
    }

    getCenterY(): number {
        return this.circle.center.y;    ◁
    }

    getDiameter(): number {
        return this.circle.radius * 2;    ◁ getDiameter()获取半径，并将其乘以2（直径是半径的两倍）
    }
}
```

现在，每当需要使用该几何库处理一个 Circle 实例时，就为该实例创建一个 CircleAdapter 实例，并把后者传递给该几何库。适配器模式对于处理我们无法修改的代码极为有用，例如不在我们控制内的外部库的代码。适配器模式的一般结构如图 8.4 所示。

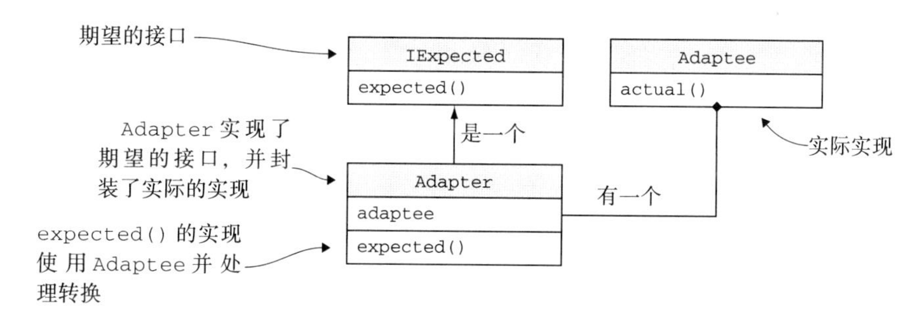

图 8.4 我们有一个 IExpected 接口和一个 Adaptee 实际实现，它们是不兼容的。Adapter 通过提供 IExpected 的实现，以及处理 IExpected 声明的方法和 Adaptee 提供的实现之间的转换，使它们变得兼容

通过标记为私有，适配器能够隐藏它转换的实际实现。这是组合的一种有趣的应用：不是把几个组件合并到一起，而是封装一个组件，并提供它需要的“胶水”代码，使其能够作为另外一种类型使用。

在介绍了接口、继承和组合后，我们就了解了面向对象编程最常用的元素。接下来，我们将介绍一种更加高级（也更有争议性）的概念：混入。

8.3.4 习题

1. 如何建模一个 FileTransfer 类，使其使用 Connection 在网络上传输文件？
   a）FileTransfer 扩展 Connection（从 Connection 类型继承连接行为）
   b）FileTransfer 实现 IConnection（实现一个声明了连接行为的接口）
   c）FileTransfer 封装一个 Connection（让类成员提供连接功能）
   d）Connection 扩展抽象的 FileTransfer（让连接扩展 FileTransfer 抽象类，并提供其他必要的行为）
2. 给定 Engine 类，实现有两个机翼的 Airplane，每个机翼上有一个发动机。试着使用组合建模该类。

8.4 扩展数据和行为

在类型中引入其他数据或行为还有一种方法，这种方法并不是继承，但遗憾的是，支持这种方法的语言大多将其实现为继承。

我们回到简化的动物示例：Cat 是一个 Pet，Pet 又是一个 Animal。在类型层次中引入一个 WildAnimal 类型，并为该类型引入一个 Wolf 子类型。野生动物可以调用 roam() 四处走动，狼还可以捕猎。捕猎包括 3 个独立的方法：track()、stalk() 和 pounce()（如图 8.5 所示）。

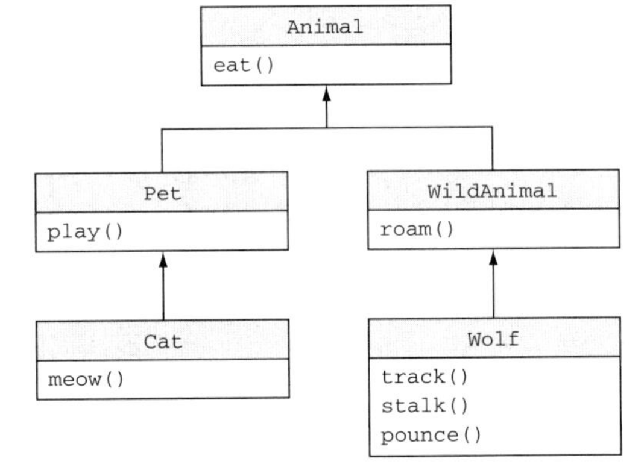

图 8.5 使用 WildAnimal 和 Wolf 扩展后的动物层次。野生动物可以调用 roam() 方法四处走动，狼可以调用 track()、stalk() 和 pounce() 方法进行捕猎

如果愿意，我们还可以实现一个 IHunter 接口，在其中包含标准的 track()、stalk() 和 pounce() 方法。

如果在动物层次结构中再加入一个 Tiger 类型，会出现什么情况？Tiger 也可以捕猎，并且如果假设所有捕食者的捕猎行为是类似的，那么我们不会想在 Wolf 和 Tiger 类型中重复代码。一种选择是在层次结构中引入一个公共类型：Hunter 类型，让它是 WildAnimal 的子类型，是 Wolf 和 Tiger 的父类型（如图 8.6 所示）。

这种方法一开始可以工作，但后来我们发现，Cat 也可以捕猎。如何让这种捕猎行为也对 Cat 可用，但是不彻底修改类型层次呢？

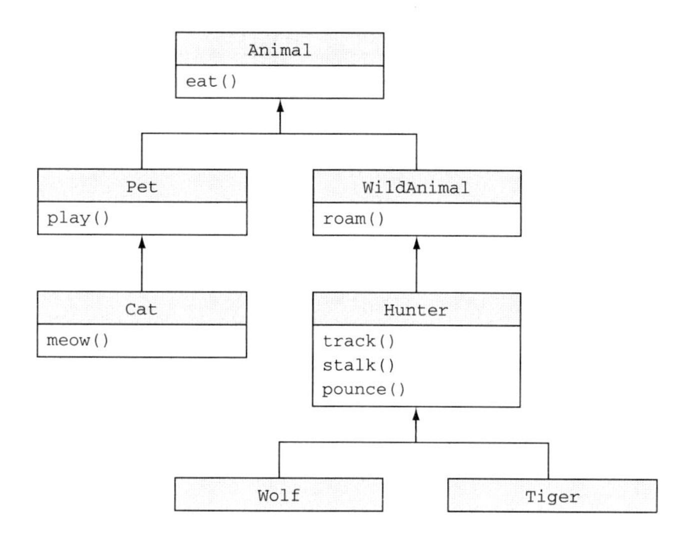

图 8.6 Hunter 类型是 Wolf 和 Tiger 的父类型，提供了捕猎行为

8.4.1 使用组合扩展行为

解决上述问题的一种方法是定义一个 IHunter 接口，以及一个封装了常见捕猎行为的 HuntingBehavior 类，如程序清单 8.11 所示。然后，我们可以让涉及的 3 个类型（Cat、Wolf 和 Tiger）封装一个 HuntingBehavior 实例，并把接口的实现交给该实例（如图 8.7 所示）。

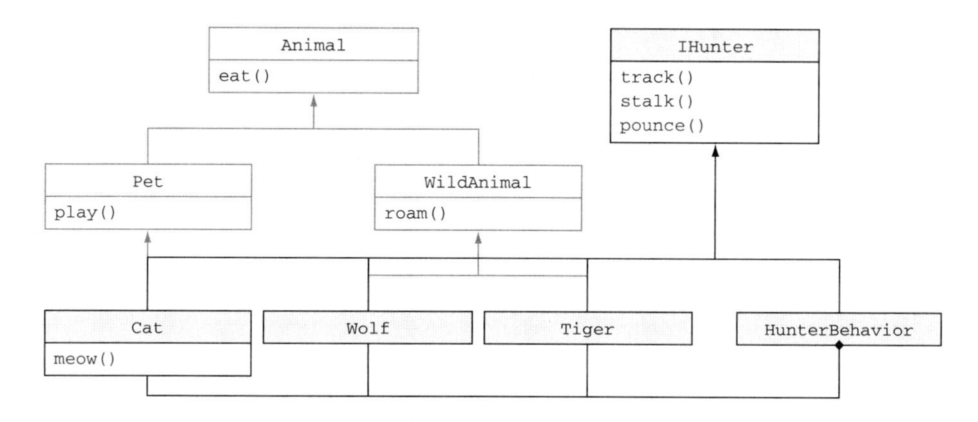

图 8.7 Cat、Wolf 和 Tiger 封装了 HunterBehavior 的一个实例，并实现了 IHunter 接口。它们把所有调用转交给封装的对象。HunterBehavior 提供了 IHunter 的实现，所有实现了 IHunter 的动物都可以把该实现作为一个组件。HunterBehavior 不再是 Animal 层次的一部分

程序清单 8.11　捕猎行为

```
interface IHunter {                          <-- 公共的IHunter接口
    track(): void;
    stalk(): void;
    pounce(): void;
}

class HuntingBehavior implements IHunter {   <-- 所有捕食性动物共有的捕猎行为
    pray: Animal | undefined;

    track(): void {
        /* ... */
    }

    stalk(): void {
        /* ... */
    }

    pounce(): void {
        /* ... */
    }
}
class Cat extends Pet implements IHunter {
    private huntingBehavior: HuntingBehavior = new HuntingBehavior();   <-- Cat封装了HuntingBehavior的一个实例

    track(): void {
        this.huntingBehavior.track();        <--
    }

    stalk(): void {
        this.huntingBehavior.track();        <-- IHunter接口的所有方法被简单地转交给huntingBehavior
    }

    pounce(): void {
        this.huntingBehavior.track();        <--
    }

    meow(): void {
        /* ... */
    }
}
```

这种方法可以工作，但是结果是有几个类通过封装 HuntingBehavior 来实现 IHunter。现在，在层次结构中添加一个新的捕食性动物时，需要从另外一个类型复制许多样板代码。更糟的是，在 IHunter 接口中新增行为时，需要在代码库中相应地做许多修改，因为我们必须更新每个具有捕猎行为的动物，即使真正发生变化的只不过是 HuntingBehavior 自身。

还有更好的方法来实现这种需求吗？要回答这个问题，有点复杂。

8.4.2　使用混入扩展行为

让所有捕食性动物共享这种行为还有一种更加简单的方式：把捕猎行为混入每个类型中。遗憾的是，混入行为通常是使用多重继承实现的。之所以说这一点让人遗憾，是因为它与本章开始时介绍的“是一个”经验准则发生了冲突。我们甚至还没有介绍多重继承的所有危险的地方（我们不会做介绍，不过如果你感兴趣，可以了解一下“菱形继承”问题）。

我们可以从多重继承的角度看待这个问题，创建一个 Hunter 类来实现捕猎行为，并让所有捕食性动物派生自这个类。这样一来，Cat 既是 Animal，又是 Hunter。

另外，混入与继承并不相同。我们可以创建一个 HunterBehavior 类来实现捕猎行为，并让所有捕食性动物包含这种行为。

> **混入和包含关系**：混入在一个类型与其混入类型之间建立了“包含”关系。如果类是 Cat，混入类是 HunterBehavior，那么二者的关系是“Cat 包含 HunterBehavior”。这是混入在语义上的含义，与继承的“是一个”关系不同（如图 8.8 所示）。

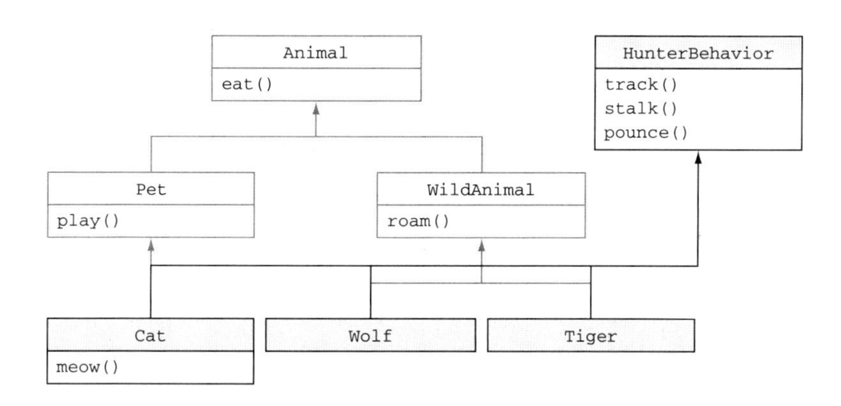

图 8.8　Cat、Wolf 和 Tiger 混入了 HunterBehavior，这就移除了大量样板代码：类不再需要封装 HunterBehavior 对象并转交调用。它们能够直接包含行为

混入是有争议的概念，并且存在一些很细微的区别，这是因为许多语言为了保持简单，选择根本不支持混入，而在大部分支持混入的语言中，混入另外一个类型与继承无法没有区别。这也能解释，因为在混入一个 HunterBehavior 类后，Cat 类自动成为该类的子类型。每当需要 HunterBehavior 时，我们就可以传入一个 Cat 实例，但是“是一个”测试会失败：Cat 不是一个 HunterBehavior。

混入对于减少样板代码很有用。它们允许混入不同的行为来构成一个对象，以及在多个类型中重用共有的行为。混入最适合实现横切关注点（cross-cutting concern）：程序中影响其他关注点，但是不容易被分解的方面，例如引用计数、缓存、持久化等。

我们将快速讲解一个 TypeScript 示例，不过其语法是 TypeScript 特有的。如果觉得这个例子很复杂，也不用担心，这里真正重要的是底层的原理。

8.4.3 TypeScript 中的混入

混合两种类型的一种方法是使用 `extend()` 函数，让该函数接受两个不同类型的实例，并把第二个实例的所有成员复制到第一个实例中，如程序清单 8.12 所示。在 TypeScript 中，由于其底层的 JavaScript 语言的动态特性，我们能够实现这种处理。在 JavaScript 中，可以在运行时添加或删除对象的成员。`extend()` 是泛型，所以可以处理任意两个类型的实例。

程序清单 8.12 使用一个实例的成员扩展另一个实例

```
function extend<First, Second>(first: First, second: Second):
    First & Second {                                    <-- 函数的返回类型是First和
    const result: unknown = {};                             Second类型的组合
    for (const prop in first) {                     <-- 首先，迭代第一个对象的所有成
        if (first.hasOwnProperty(prop)) {               员，把它们复制到result中
            (<First>result)[prop] = first[prop];
        }
    }
    for (const prop in second) {                    <-- 接下来，对第二个类型
        if (second.hasOwnProperty(prop)) {              的成员做相同的处理
            (<Second>result)[prop] = second[prop];
        }
    }
    return <First & Second>result;
}
```

这是我们第一次看到 `&` 语法：`First & Second` 定义的类型包含 `First` 的全部成员和 `Second` 的全部成员。在 TypeScript 中，这种类型称为"交叉类型"。不必过于关心这种实现。真正重要的是理解这个概念：将两个类型组合成包含它们的成员的一个类型。

在大部分语言中，在运行时向对象添加新成员并没有这么容易，不过在 JavaScript（及 TypeScript）中可以这么做。作为一种编译时的替代方案，在 C++ 中，我们可以使用多重继承来把一个类型声明为其他两个类型的组合。

有了 `extend()` 方法后，就可以更新动物示例，如程序清单 8.13 所示。我们把 `MeowingPet` 而不是 `Cat` 定义为 `Pet` 的子类型，这是一个能够调用 `meow()` 喵喵叫的动物，但还不是 `Cat`，因为它没有捕猎行为。接下来，我们定义一个 `Cat` 作为 `MeowingPet & HuntingBehavior` 的交叉类型。每当我们想创建 `Cat` 的一个新实例时，就创建 `MeowingPet` 的一个新实例，并使用 `extend()` 和 `HuntingBehavior` 的一个新实例来扩展它。

我们可以把对 `extend()` 的调用封装到一个 `makeCat()` 函数中，从而可以方便地创

建 Cat 对象。与继承不同，使用混入时，我们为不同的行为方面定义不同的类型，然后把它们合并起来，放到一个完整的类型中。通常会有一些属性和方法是特定对象所独有的（在本例中是 meow() 方法），另一些属性和方法是多个类型所共有的，例如许多动物都有的捕猎行为。

程序清单 8.13　混入行为

```
class MeowingPet extends Pet {        <-- 我们不定义Cat，而是定义
    meow(): void {                        MeowingPet，由于不能捕
        /* ... */                         猎，所以它还不是Cat
    }
}

class HunterBehavior {        <-- HunterBehavior与前面的
    track(): void {               示例相同
        /* ... */
    }

    stalk(): void {
        /* ... */
    }

    pounce(): void {
        /* ... */
    }
}
type Cat = MeowingPet & HunterBehavior;    <-- Cat是MeowingPet和HunterBehavior
                                               的交叉类型

const fluffy: Cat = extend(new MeowingPet(), new HunterBehavior());    <--
                                               通过使用HunterBehavior扩
                                               展MeowingPet，可以创建Cat
                                               的一个实例
```

现在，我们就介绍了接口、继承、组合和混入，它们是 OOP 的主要元素。接下来，我们介绍可替代纯粹的面向对象代码的一些方案。

8.4.4　习题

1. 如何建模来跟踪快递单和包裹的状态（使用 updateStatus() 方法）？

8.5　纯粹面向对象代码的替代方案

面向对象编程极为有用。能够创建有公共接口的组件并隐藏实现细节，让组件之间进行交互，是管理复杂度和分治复杂领域的关键。

虽然如此，设计软件并不是只有这一种方法。在前面章节的一些例子中，我们已经看

到了这一点。这些例子以不同的方式处理设计模式，例如策略、装饰器和访问者。在一些情况中，其他方案提供了更好的解耦、组件化和可重用性。

其他方案之所以不像面向对象方法这样流行，是因为许多语言一开始是纯粹的面向对象编程语言，并不支持函数类型和泛型等概念。虽然大多数语言都发展为支持这些概念，但许多程序员仍然只是学习早年间出现的纯粹的面向对象方法。接下来，我们快速介绍一些可用的替代方案。

8.5.1 和类型

第 3 章在讨论如何使用 `Variant` 和 `visit()` 函数实现访问者模式时，介绍了和类型。接下来快速回顾一下使用 OOP 和不使用 OOP 时代码的区别。

这一次我们选择另外一种场景：一个简单的 UI 框架。UI 包含由 `Panel`、`Label` 和 `Button` 对象构成的一个树。在一种场景中，`Renderer` 需要在屏幕上绘制这些元素。在另一种场景中，`XmlSerializer` 将把 UI 树序列化为 XML，使我们能够保存并在以后重新加载它。

我们可以对每个 UI 元素添加一个渲染方法和一个序列化方法，但这种技术并不理想：每当想要添加另外一种场景时，将需要修改组成 UI 的所有类。而且，这些类也会知道关于自己的使用环境的太多信息。因此，我们可以选择使用访问者模式，将场景与 UI 小部件解耦，使它们不知道我们将如何在应用程序中使用它们，如程序清单 8.14 所示。

程序清单 8.14　使用 OOP 的访问者

```
interface IVisitor {
    visitPanel(panel: Panel): void;
    visitLabel(label: Label): void;
    visitButton(button: Button): void;
}

class Renderer implements IVisitor {
    visitPanel(panel: Panel) { /* ... */ }
    visitLabel(label: Label) { /* ... */ }
    visitButton(button: Button) { /* ... */ }
}

class XmlSerializer implements IVisitor {
    visitPanel(panel: Panel) { /* ... */ }
    visitLabel(label: Label) { /* ... */ }
    visitButton(button: Button) { /* ... */ }
}

interface IUIWidget {
    accept(visitor: IVisitor): void;
}

class Panel implements IUIWidget {
    /* Panel members omitted */
```

```
    accept(visitor: IVisitor) {
        visitor.visitPanel(this);
    }
}

class Label implements IUIWidget {
    /* Label members omitted */
    accept(visitor: IVisitor) {
        visitor.visitLabel(this);
    }
}

class Button implements IUIWidget {
    /* Button members omitted */
    accept(visitor: IVisitor) {
        visitor.visitButton(this);
    }
}
```

在 OOP 实现中，我们需要使用 IVisitor 和 IUIWidget 接口来把系统“黏合”起来。所有 UI 小部件都需要知道 IVisitor 是什么才能工作，尽管这不应该是必要条件。

另外一种实现，即使用 Variant，不需要接口，文档项也不需要知道访问者的存在，如程序清单 8.15 所示。

程序清单 8.15 使用 Variant 的访问者

```
class Renderer {
    renderPanel(panel: Panel) { /* ... */ }
    renderLabel(label: Label) { /* ... */ }
    renderButton(button: Button) { /* ... */ }
}

class XmlSerializer {
    serializePanel(panel: Panel) { /* ... */ }
    serializeLabel(label: Label) { /* ... */ }
    serializeButton(button: Button) { /* ... */ }
}

class Panel {
    /* Panel members omitted */
}

class Label {
    /* Label members omitted */
}

class Button {
    /* Button members omitted */
}

let widget: Variant<Panel, Label, Button> =
    Variant.make1(new Panel());
```

第3章定义的Variant类型能够存储不相关的类型

```
let serializer: XmlSerializer = new XmlSerializer();

visit(widget,
    (panel: Panel) => serializer.serializePanel(panel),
    (label: Label) => serializer.serializeLabel(label),
    (button: Button) => serializer.serializeButton(button)
);
```

visit()把系统“黏合”到一起，将UI小部件与序列化方法匹配起来

注意，我们是在展示使用的 Variant 和 visit()，不过从技术上讲，OOP 示例中的等效部分只是前 5 个类定义。注意，这里不需要使用接口。

一般来说，如果我们想要以相同的方式传递不同类型的对象，或者把它们放到一个公共的集合中，它们并非必须实现相同的接口，或者有一个公共的父类型。相反，它们可以使用和类型，此时不需要在类型之间建立任何关系，就可以获得相同的行为。

8.5.2 函数式编程

在 OOP 语言支持函数类型之前，我们需要把行为封装到类中。在第 5 章我们看到，典型的策略模式实现需要使用接口提供行为，使用几个类来实现该接口。

再来看看图 8.9，它们描述了策略模式的两种实现。

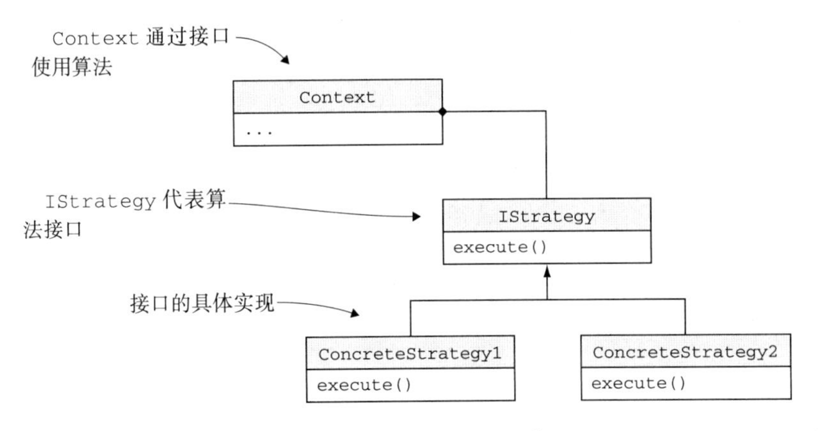

图 8.9 面向对象的策略模式。ConcreteStrategy1 和 ConcreteStrategy2 实现了算法的不同版本

如果能够把算法实现作为函数传递，就可以把代码简化许多。我们不使用接口，而是使用函数类型；不使用类，而是使用函数（如图 8.10 所示）。

函数式编程还避免了维护状态：函数可以接受一组实参，执行一些计算，然后返回结果，并不需要改变任何状态。

我们在程序清单 8.16 中再回顾一下二元表达式示例，看看函数式实现会是什么样子。如果我们把表达式的作用定义为计算得到一个数字，就可以把 IExpression 替换

为一个函数类型 Expression，该函数类型不接受实参，返回一个数字。我们不使用 SumExpression，而是实现一个工厂函数 makeSumExpression()，使得在给定两个数字时，它返回一个可以对这两个数字求和的闭包。记住，闭包会捕获状态，在本例中就是实参 a 和 b。对于乘法也是如此。

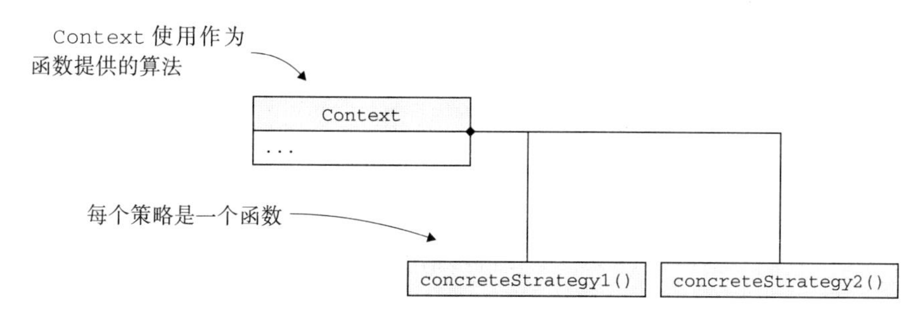

图 8.10 函数式策略模式。不同的算法版本被实现为函数

程序清单 8.16 函数表达式

```
type Expression = () => number;          ◁ Expression函数类型替换了
                                            IExpression

function makeSumExpression(a: number, b: number): Expression {
    return () => a + b;                  ◁ makeSumExpression()返回
}                                           闭包() => a + b

function makeMulExpression(a: number, b: number): Expression {
    return () => a * b;                  ◁ makeMulExpression()返回闭
}                                           包() => a * b
```

我们不再需要 BinaryExpression。该类原本用来存储状态，但现在状态被封装到了闭包中。

如果 IExpression 更加复杂，声明了多个方法，那么面向对象方法的效果可能更好。不过，应该留意是否存在一些简单的情况，能够使用函数方法编写更少的代码，实现相同的行为。

8.5.3 泛型编程

纯粹的面向对象编程的另外一种替代方案是泛型编程。在前面的例子中，我们已经多次使用了泛型，但是没有深入介绍它们。接下来的两章将深入介绍泛型，并说明抽象代码和重用代码的不同方式。

本节要表达的不是避免使用面向对象编程。面向对象编程是一个重要的工具，可以用来解决很多问题。学习本节后，应该知道的是有多种可选的方案。我们应该选择让代码变得尽可能安全、清晰和松散耦合的那种方法。

小结

- 我们使用接口来指定契约。接口可被扩展和组合。
- “是一个”经验准则对于判断什么时候应该使用继承而言是一个很好的测试。
- 我们使用继承来代表层次，或者通过使用抽象或重写方法来实现参数化行为。
- “有一个”经验准则对于判断什么时候应该使用组合而言是一个很好的测试。
- 我们使用组合来把多个部分封装到一个类型中。
- 适配器模式是不修改类型，而是使用封装和组合让类型适配不同接口的一个例子。
- 我们使用混合来为类型添加行为。
- 和类型、函数式编程和泛型编程是纯粹 OOP 的替代方案，我们应该知道这些方案的存在。它们不会替代 OOP，但在一些情况中是更好的选择。

本章只是简单提到了泛型，因为接下来的两章将只关注这个主题。请继续阅读。

习题答案

使用接口定义契约

1. c——从 `index()` 函数的角度看，这显然是一个契约，所以期望收到 `INamed` 接口。

2. 为定义这个类型，我们可以把其他两个接口组合起来：

```
interface IterableIterator<T> extends Iterable<T>, Iterator<T> {
}
```

继承数据和行为

1. d——仅仅通过类的名称，就能够看出这三个示例都没有描述“是一个”关系，所以它们都不适合使用继承。

2. 下面给出了使用继承的一种可行的实现：

```
abstract class UnaryExpression implements IExpression {
    readonly a: number;

    constructor(a: number) {
        this.a = a;
    }

    abstract eval(): number;
}

class UnaryMinusExpression extends UnaryExpression {
    eval(): number {
        return -this.a;
    }
}
```

组合数据和行为

1. c——这种场景是适合使用组合的一个场景。Connection 应该是 FileTranfer 的一个成员，因为 FileTransfer 需要使用它，但这两个类型都不应该直接扩展对方。

2. 下面给出了使用组合的一种可行的实现：

```
class Wing {
    readonly engine: Engine = new Engine();
}

class Airplane {
    readonly leftWing: Wing = new Wing();
    readonly rightWing: Wing = new Wing();
}
```

扩展数据和行为

1. 一种建模方式是在 Tracking 类中提供跟踪状态的行为，然后把它混入 Letter 和 Packages 类中，以便向它们添加跟踪状态的行为。在 TypeScript 中，这可以使用 extend() 这样的方法来实现：

```
class Letter { /*...*/ }
class Package { /*...*/ }

class Tracking {
    setStatus(status: Status) { /*...*/ }
}

type LetterWithTracking = Letter & Tracking;
type PackageWithTracking = Package & Tracking;
```

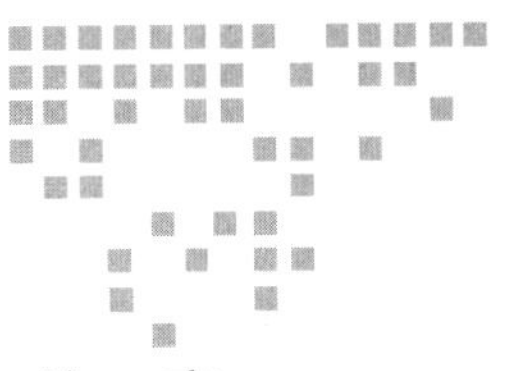

Chapter 9 第9章

泛型数据结构

本章要点

- ❑ 分离关注点
- ❑ 为数据布局使用泛型数据结构
- ❑ 遍历任何数据结构
- ❑ 设置数据处理管道

本章将介绍泛型类型。我们首先讨论应该使用泛型类型的一种常见的需求：创建独立的、可重用的组件。我们将介绍两种可从恒等函数（返回自己的实参的函数）获益的场景，并给出恒等函数的一种泛型实现，还将回顾第3章介绍的 `Optional<T>` 类型，作为另外一个简单但是强大的泛型类型。

之后，我们将讨论数据结构。数据结构把形状赋予数据，而并不需要知道这些数据是什么。使这些结构成为泛型，就允许为各种值重用形状，从而大大减少需要编写的代码量。我们将首先介绍一个数字二叉树和一个字符串链表，然后从它们派生泛型二叉树和链表。

泛型数据结构不能解决全部问题：我们仍然需要遍历它们。我们将介绍如何使用迭代器，为遍历任意数据结构提供一个公共接口。这也可以帮助减少需要编写的代码量，因为我们不需要为每个数据结构提供不同的函数版本，只需要提供一个使用迭代器的版本即可。我们将会使用第6章介绍的生成器。这些可恢复函数会交出值，而我们可以使用它们在数据结构上实现迭代器。

最后，我们将讨论如何把函数链接成处理管道，在可能无限的数据流上运行它们。

9.1 解耦关注点

我们用一个简单的示例来介绍泛型：函数 getNumbers() 提供一个数字数组，但允许在返回数字之前对其应用一种变换。变换是使用 transform() 实参完成的，该函数接受一个数字，返回一个数字。调用者可以传入一个 transform() 函数，getNumbers() 将把它应用到数字，然后返回结果，如程序清单 9.1 所示。

程序清单 9.1　getNumbers()

```
type TransformFunction = (value: number) => number;    ◁ 接受一个数字并返回一个数字的函数的类型

function getNumbers(
    transform: TransformFunction): number[] {
    /* ... */
}
```

调用者提供一个transform()函数，在结果数组中返回数字之前，将先对数字应用这个transform()函数

如果调用者不需要应用任何转换，该怎么办？可以把一个什么都不做，只是返回其结果的函数作为 transform() 函数的默认值，如程序清单 9.2 所示。

程序清单 9.2　默认的 transform()

```
type TransformFunction = (value: number) => number;

function doNothing(value: number): number {    ◁ doNothing()只是返回其实参，并不应用任何变换
    return value;
}

function getNumbers(
    transform: TransformFunction = doNothing): number[] {
    /* ... */
}
```

getNumbers()使用doNothing()作为默认值，所以如果调用者不需要应用任何变换，可以不提供实参

我们来看另外一个例子。假设有一个 Widget 对象数组，并可以从 Widget 对象创建一个 AssembledWidget 对象。assembleWidgets() 函数处理一个 Widget 对象数组，并返回一个 AssembledWidget 对象数组。因为我们不想做不必要的组装，所以 assembleWidgets() 将一个 pluck() 函数作为实参，在给定一个 Widget 对象数组时，pluck() 返回该数组的一个子集，如程序清单 9.3 所示。这允许调用者告诉该函数需要组装哪些小部件，从而忽略其余小部件。

什么函数可以作为这个 pluck() 函数的一个好的默认值？我们可以说，如果调用者不提供 pluck() 函数，就变换整个小部件列表。我们把这个默认值叫作 pluckAll()，让该函数简单地返回其实参，如程序清单 9.4 所示。

程序清单 9.3 assembleWidgets()

```
type PluckFunction = (widgets: Widget[]) => Widget[];

function assembleWidgets(
    pluck: PluckFunction): AssembledWidget[] {
    /* ... */
}
```

接受一个小部件数组并返回该数组的子集的函数类型

调用者提供pluck()，assembleWidgets()将调用pluck()来选择需要组装的小部件

程序清单 9.4 默认 pluck()

```
type PluckFunction = (widgets: Widget[]) => Widget[];

function pluckAll(widgets: Widget[]): Widget[] {
    return widgets;
}

function assembleWidgets(
    pluck: PluckFunction = pluckAll): AssembledWidget[] {
    /* ... */
}
```

pluckAll()只是返回它收到的整个数组

如果用户没有提供pluck()，则使用pluckAll()作为实参的默认值

如果将两个例子放在一起，就可以看到，doNothing() 和 pluckAll() 非常相似：它们都接受一个实参，并且不做任何处理就返回该实参，如程序清单 9.5 所示。

程序清单 9.5 doNothing() 和 pluckAll()

```
function doNothing(value: number): number {
    return value;
}

function pluckAll(widgets: Widget[]): Widget[] {
    return widgets;
}
```

二者的区别在于它们接受和返回的值的类型：doNothing() 使用数字，pluckAll() 使用 Widget 对象的一个数组。两个函数都是恒等函数。在代数中，恒等函数指的是函数 f(x) = x。

9.1.1 可重用的恒等函数

创建两个如此相似但却独立的函数并不是一件好事。这种方法不能很好地扩展。我们是否能够编写一个可重用的恒等函数来简化这个过程？答案是可以的。

首先采用一种简单的方法。因为恒等性对任何类型都成立，所以我们简单地使用 any。

这样一来，identity() 函数将接受 any 类型的一个值，并返回 any 类型的一个值，如程序清单 9.6 所示。

程序清单 9.6　简单的恒等函数

```
function identity(value: any): any {
    return value;
}
```

这种实现存在的问题是，当我们开始使用 any 时，就会绕过类型检查器，失去类型安全，如程序清单 9.7 所示。我们可以把使用 string 调用的 identity() 的结果传递给期望收到一个数字的函数，代码仍然能够通过编译，但会在运行时失败，如程序清单 9.7 所示。

程序清单 9.7　不安全地使用 any

```
function square(x: number): number {
    return x * x;
}

square(identity("Hello!"));
```

代码能够编译，但是在运行时会失败，因为any会绕过正常的类型检查

有一种更加安全的方式来实现这种需求：将不同函数的区别，即它们的实参类型参数化。这个参数将是一个类型参数。

类型参数：类型参数是一个泛型名称的标识符，用作客户端在创建泛型实例时指定的具体类型的占位符。

在程序清单 9.8 中，泛型恒等函数将使用类型参数 T。在第一种情况中，泛型参数 T 是 number，在第二种情况中是 Widget[]。

程序清单 9.8　泛型恒等函数

```
function identity<T>(value: T): T {
    return value;
}

function getNumbers(
    transform: TransformFunction = identity): number[] {
    /* ... */
}
function assembleWidgets(
    pluck: PluckFunction = identity): AssembledWidget[] {
    /* ... */
}
```

有一个类型参数T的泛型恒等函数

可以使用identity()代替doNothing()。在这里，T变成了number

可以使用identity()代替pluckAll()。在这里，T变成了Widget[]

编译器足够智能，能够判断出 T 应该是什么类型，并不需要我们显式指定。我们不再需要 doNothing() 和 pluckAll()，而且如果需要为其他任何类型使用恒等函数，就可

以重用该函数。当确定了类型后，例如当知道了 getNumbers() 的情况，T 是 number 后，编译器能够执行类型检查，所以就不会出现对字符串调用 square() 求平方值的情况，如程序清单 9.9 所示。

程序清单 9.9 类型安全

```
function identity<T>(value: T): T {
    return value;
}

square(identity("Hello!"));      <-- 这行代码将无法通过编译
```

之所以能够采用这种实现，是因为无论将恒等函数用于什么类型，其机制是相同的。我们实际上把恒等逻辑与 getNumbers() 和 assembleWidgets() 的问题域解耦，因为恒等逻辑和问题域是正交的，或者说是独立的。

9.1.2 可选类型

作为另外一个例子，我们来看看第 3 章提供的 Optional 实现。回忆一下，可选类型包含某个类型 T 的值，或者不包含任何内容，如程序清单 9.10 所示。

程序清单 9.10 Optional 类型

```
class Optional<T> {                      <-- Optional封装了泛型T
    private value: T | undefined;
    private assigned: boolean;

    constructor(value?: T) {             <-- value是一个可选实参，因为TypeScript
        if (value) {                         不支持构造函数重载
            this.value = value;
            this.assigned = true;
        } else {
            this.value = undefined;
            this.assigned = false;
        }
    }
    hasValue(): boolean {
        return this.assigned;
    }

    getValue(): T {
        if (!this.assigned) throw Error();   <-- 如果没有为value赋值，那么
                                                 试图获取一个值时会抛出异常
        return <T>this.value;
    }
}
```

同样，当处理没有赋值的情况时，使用的逻辑与该值的实际类型并没有关系。这个泛型的 Optional 类型可以存储其他任何类型，因为它将按照相同的方式处理所有类型。可以把 Optional 想象成与 T 在完全不同的维度上，因为对 Optional 做的任何修改不会影

响 T，而对 T 做的任何修改也不会影响 Optional。这种隔离是泛型编程极为强大的特征。

9.1.3　泛型类型

我们刚刚看到了泛型的两种应用：泛型函数和泛型类。现在，我们后退一步，看看为什么泛型类型如此特殊。在本书一开始，我们介绍了基本类型以及组合基本类型的方式。我们看到了 boolean 和 number 这样的类型，也看到了 boolean | number 这样的类型。此外，还介绍了函数类型，如 () => number。我们看到，这些类型都没有任何类型参数。数字就是数字，返回数字的函数就是返回数字的函数。

介绍了泛型后，情况就发生了变化。我们有一个泛型函数 (value:T) => T，它的类型参数是 T。当为 T 指定了实际类型时，就创建了具体函数。例如，如果使用 Widget[]，就得到了函数类型 (value:Widget[]) => Widget[]。这是我们第一次能够插入类型，得到不同的类型定义（如图 9.1 所示）。

泛型类型： 泛型类型是指参数化一个或多个类型的泛型函数、类、接口等。泛型类型允许我们编写能够使用不同类型的通用代码，从而实现高度的代码重用。

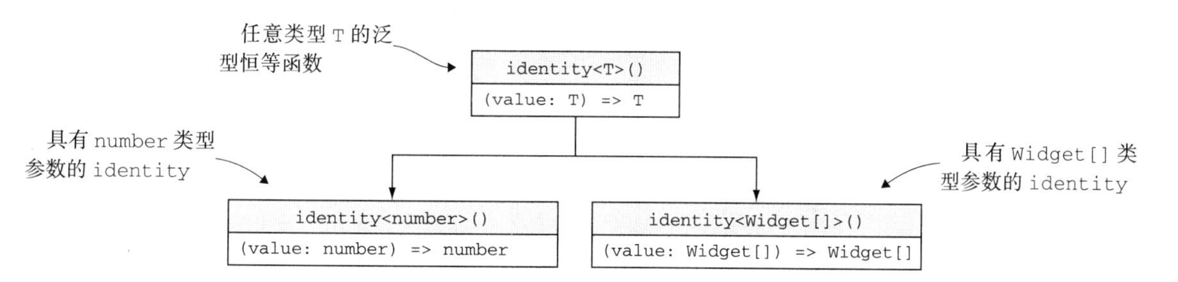

图 9.1　具有类型参数 T 的泛型恒等函数和两个实例：identity<number>() 具有具体类型 (value: number) => number，identity<Widget[]>() 具有具体类型 (value: Widget[]) => Widget[]

使用泛型让代码的组件化程度更高。我们可以把这些泛型组件用作基本模块，通过组合它们来实现期望的行为，同时在组件之间只留下最小限度的依赖。介绍了简单的 identity<T>() 和 Optional<T> 示例之后，接下来讨论数据结构。

9.1.4　习题

1. 实现一个泛型的 Box<T> 类型，使其简单地封装类型 T 的一个值。
2. 实现一个泛型的 unbox<T>() 函数，使其接受一个 Box<T>，返回装箱的值。

9.2 泛型数据布局

我们先来看两个非泛型的例子：如程序清单9.11所示的数字二叉树，以及如程序清单9.12所示的字符串链表。你应该熟悉这些简单的数据结构。我们将把二叉树实现为一个或多个结点，每个结点存储一个数字值，并引用其左侧和右侧的子结点。这些引用可以指向结点，如果没有子结点，可以指向 `undefined`。

程序清单 9.11 数字二叉树

```
class NumberBinaryTreeNode {
    value: number;
    left: NumberBinaryTreeNode | undefined;
    right: NumberBinaryTreeNode | undefined;

    constructor(value: number) {
        this.value = value;
    }
}
```

类似地，我们将把链表实现为一个或多个结点，每个结点存储一个 `string` 和对下一个结点的引用，如果没有下一个结点，引用就指向 `undefined`，如程序清单9.12所示。

程序清单 9.12 字符串链表

```
class StringLinkedListNode {
    value: string;
    next: StringLinkedListNode | undefined;

    constructor(value: string) {
        this.value = value;
    }
}
```

如果在工程的另外一个部分需要一个字符串二叉树，应该怎么办？我们可以实现与 `NumberBinaryTreeNode` 相同的 `StringBinaryTreeNode`，然后把值的类型从 `number` 改为 `string`。这么做很有诱惑力，因为我们可以简单地复制代码，然后替换几个地方，但是复制从来不是一个好的选择。假设类中还有一些方法，如果复制了这些方法，然后发现其中某个版本有Bug，那么我们很可能会忘记在复制的版本中修复Bug。相信你知道我接下来要说什么：我们可以使用泛型来避免复制代码。

9.2.1 泛型数据结构

我们可以实现一个泛型的 `BinaryTreeNode<T>`，使其可用于任何类型，如程序清单9.13所示。

程序清单 9.13　泛型二叉树

```
class BinaryTreeNode<T> {
    value: T;                                    <—— BinaryTreeNode<T>存储
    left: BinaryTreeNode<T> | undefined;             类型T的一个值
    right: BinaryTreeNode<T> | undefined;

    constructor(value: T) {
        this.value = value;
    }
}
```

事实上，我们不应该等待有字符串二叉树的新需求后才创建泛型二叉树：原始的 `NumberBinaryTreeNode` 实现在二叉树数据结构和类型 `number` 之间产生了不必要的耦合。类似地，我们可以把 `StringLinkedListNode` 替换为一个泛型的 `LinkedListNode<T>`，如程序清单 9.14 所示。

程序清单 9.14　泛型链表

```
class LinkedListNode<T> {
    value: T;
    next: LinkedListNode<T> | undefined;

    constructor(value: T) {
        this.value = value;
    }
}
```

你需要知道，大部分语言的库中已经提供了所需的大部分数据结构（如列表、队列、栈、集合、字典等）。我们介绍实现，是为了更好地理解泛型，但最好还是不要自己编写代码。如果能够从库中选择泛型数据结构，就应该使用库中的泛型数据结构。

9.2.2　什么是数据结构

我们来思考一下这个问题："数据结构的本质是什么？"数据结构包含 3 个部分：

- 数据自身：如前面示例中的树和链表中的 `number` 和 `string` 值。数据结构包含数据。
- 数据的形状：在我们的二叉树中，以分层的方式布局数据，每个元素最多有两个子元素。在链表中，数据是顺序布局的，一个元素在前一个元素的后面。
- 一组保留形状的操作：例如，我们的数据结构可能提供了这些操作，用来添加或移除元素。前面的例子中并没有提供这样的操作，但是很容易想到，在一个链表的中间移除一个元素后，我们仍然想得到一个链表。

这里有两个关注点：一个是数据，包括数据的类型，以及数据结构的实例保存的实际值；另一个是数据的形状和保留形状的操作。泛型数据结构（如本节开始时看到的那些）帮助我们解耦这些关注点。泛型数据结构处理数据的布局、形状和任何保留形状的操作。无论二叉树中包含的是字符串还是数字，都仍是一个二叉树。通过把数据布局的职责交给独立于任何实际数据内容的泛型数据结构，我们可以让代码变得组件化。

假设我们已经有了这些数据结构，下一节将介绍如何遍历它们和查看它们的内容。

9.2.3 习题

1. 实现一个 `Stack<T>` 数据结构来代表栈（后进先出），它应该有常用的 `push()`、`pop()` 和 `peek()` 方法。
2. 实现一个 `Pair<T, U>` 数据结构，使其 `first` 和 `second` 成员表示这两种类型。

9.3 遍历数据结构

假设我们想按中序遍历二叉树并打印其所有元素的值，如程序清单 9.15 所示。帮你回顾一下，中序遍历是指按“左子结点 – 父结点 – 右子结点”的方式进行的递归遍历（如图 9.2 所示）。

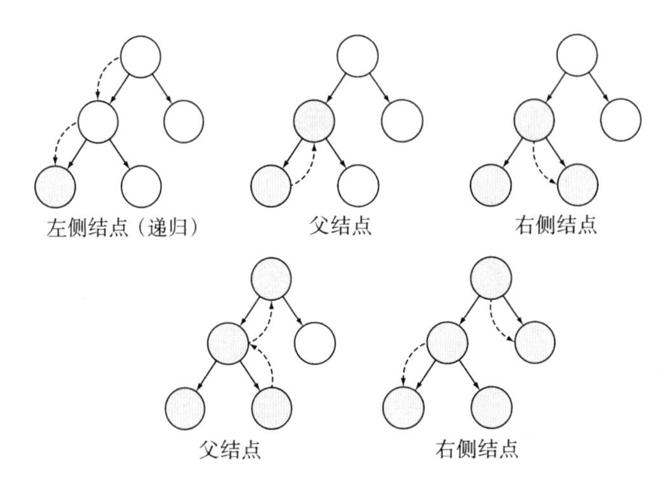

图 9.2 中序遍历。递归地沿左侧前进，直到到达最左边的结点，然后回到其父结点，再前进到右侧结点。然后，回到父结点的父结点，前进到其右侧结点。遍历顺序始终是先访问左侧结点，当访问了整个树后，访问父结点，然后访问右侧结点

程序清单 9.15 中序打印

```
class BinaryTreeNode<T> {                        ◁— 这是前面定义过的
    value: T;                                        泛型二叉树
    left: BinaryTreeNode<T> | undefined;
    right: BinaryTreeNode<T> | undefined;

    constructor(value: T) {
        this.value = value;
```

```
    }
}

function printInOrder<T>(root: BinaryTreeNode<T>): void {
    if (root.left != undefined) {                  ◁─┐递归地前进到左侧子
        printInOrder(root.left);                       │结点（如果存在）
    }
                                           │然后，打印该结点的值
    console.log(root.value);          ◁─┘

    if (root.right != undefined) {        ◁─┐最后，递归地前进到右
        printInOrder(root.right);              │侧子结点（如果存在）
    }
}
```

来看一个例子，在程序清单 9.16 中，我们创建一个包含几个结点的树，看看 printInOrder() 会返回什么。

程序清单 9.16　printInOrder() 示例

```
let root: BinaryTreeNode<number> = new BinaryTreeNode(1);
root.left = new BinaryTreeNode(2);
root.left.right = new BinaryTreeNode(3);
root.right = new BinaryTreeNode(4);

printInOrder(root);
```

这段代码将创建如图 9.3 所示的树。

按中序遍历该树，将打印如下结果：

```
2
3
1
4
```

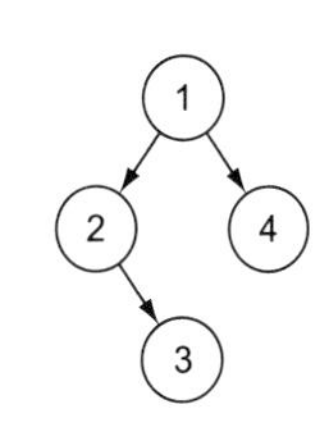

图 9.3　二叉树示例

如果还想打印一个字符串链表的所有值，应该怎么办？我们可以实现一个 printList() 函数，使其从头至尾遍历一个链表，并打印每个元素，如程序清单 9.17 所示。

程序清单 9.17　打印链表

```
class LinkedListNode<T> {                    ◁─┐前面看过的泛型
    value: T;                                     │链表实现
    next: LinkedListNode<T> | undefined;
    constructor(value: T) {
        this.value = value;
    }
}
                                                                 │从链表的头部开始
function printLinkedList<T>(head: LinkedListNode<T>): void {    │
    let current: LinkedListNode<T> | undefined = head;      ◁─┘
```

```
    while (current) {
        console.log(current.value);
        current = current.next;
    }
}
```

只要还有结点，就重复

打印结点值，并前进到下一个结点

作为一个具体的示例，我们可以初始化一个字符串链表，并使用 printLinkedList() 来打印该链表，如程序清单 9.18 所示。

程序清单 9.18 printLinkedList() 示例

```
let head: LinkedListNode<string> = new LinkedListNode("Hello");
head.next = new LinkedListNode("World");
head.next.next = new LinkedListNode("!!!");

printLinkedList(head);
```

这段代码将创建如图 9.4 所示的链表。

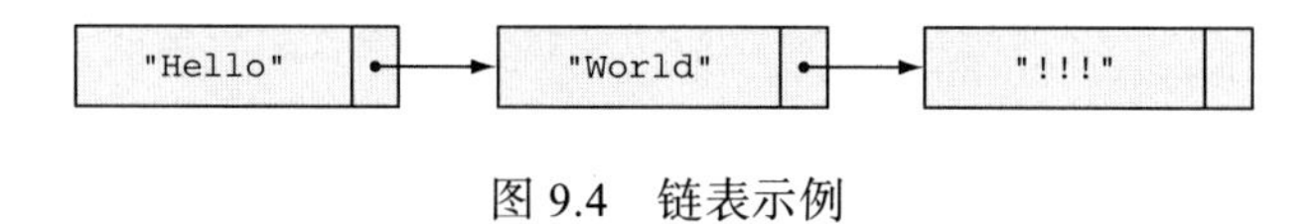

图 9.4 链表示例

运行这段代码，将打印如下结果：

```
Hello
World
!!!
```

代码可以起作用，但也许还有更好的方式。

9.3.1 使用迭代器

如果我们能够基于职责进一步拆分代码，会怎么样？ printInOrder() 和 printLinkedList() 函数执行两个任务：遍历数据结构及打印其内容。更糟的是，第二个任务中出现了重合，两个函数都会打印值。

我们还可以再做另外一个推广：把遍历逻辑移动到自己的组件中。首先来处理二叉树。我们需要一种方式来中序遍历树中每个结点，并返回每个结点的值。这种遍历称为迭代，即我们要迭代数据结构。

迭代器：迭代器是能够用来遍历数据结构的一个对象。它提供了一个标准接口，将数据结构的实际形状对客户端隐藏起来。

让我们来实现自己的迭代器。首先定义 IteratorResult<T> 类型，使其包含两个属性：T 类型的 value 属性和 boolean 类型的 done 属性，后者用来告诉我们是否已经到达末尾，如程序清单 9.19 所示。

程序清单 9.19　迭代器结果

```
type IteratorResult<T> = {
    done: boolean;
    value: T;
}
```

在程序清单 9.20 中，定义迭代器接口 Iterator<T>，它声明了一个 next() 方法。该方法返回一个 IteratorResult<T>。

程序清单 9.20　迭代器接口

```
interface Iterator<T> {
    next(): IteratorResult<T>;
}
```

现在，我们可以实现一个 BinaryTreeNodeIterator<T>，使其实现 Iterator<T> 的类，如程序清单 9.21 所示。我们使用 inOrder() 私有方法进行中序遍历，并把所有结点值加入一个队列。next() 方法使用数组的 shift() 方法来从队列中取出值，并返回一个 IteratorResult<T> 值，直到没有要返回的值（如图 9.5 所示）。

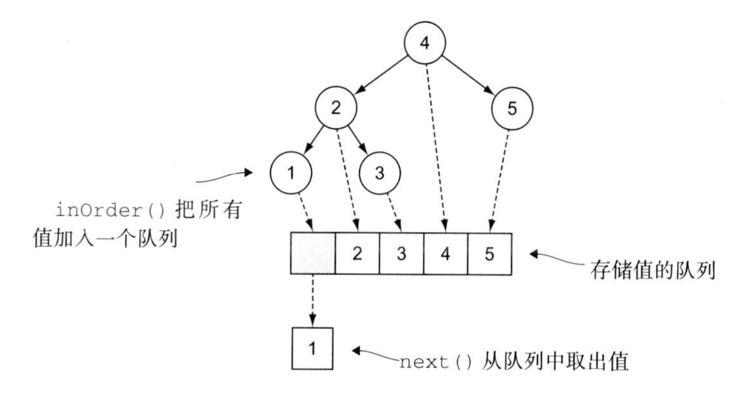

图 9.5　inOrder() 中序遍历二叉树，并把所有值加入一个队列。next() 在遍历过程中从队列中取出值并返回它们

程序清单 9.21　二叉树迭代器

```
class BinaryTreeIterator<T> implements Iterator<T> {
    private values: T[];                    // 值的队列
    private root: BinaryTreeNode<T>;

    constructor(root: BinaryTreeNode<T>) {
```

```
        this.values = [];
        this.root = root;

        this.inOrder(root);
    }

    next(): IteratorResult<T> {
        const result: T | undefined = this.values.shift();

        if (!result) {
            return { done: true, value: this.root.value };
        }

        return { done: false, value: result };
    }

    private inOrder(node: BinaryTreeNode<T>): void {
        if (node.left != undefined) {
            this.inOrder(node.left);
        }

        this.values.push(node.value);

        if (node.right != undefined) {
            this.inOrder(node.right);
        }
    }
}
```

构造函数进行中序遍历来填充值的队列

对next()的每次调用将通过调用shift()从队列中取出值

如果结果是undefined，则把done设为true，并返回某个默认值

inOrder()进行中序遍历

把每个结点的值添加到值队列中

这种实现并不是最高效的，因为我们需要的队列的元素数量与树中的结点数量相同。我们可以执行一种更加高效的、需要更少内存的遍历，但是逻辑将变得更加复杂。我们先使用这里的实现作为示例，后面将看到一种更好、更简单的实现。

程序清单 9.22 实现了 `LinkedListIterator<T>` 来遍历链表。

程序清单 9.22 链表迭代器

```
class LinkedListIterator<T> implements Iterator<T> {
    private head: LinkedListNode<T>;
    private current: LinkedListNode<T> | undefined;

    constructor(head: LinkedListNode<T>) {
        this.head = head;
        this.current = head;
    }
    next(): IteratorResult<T> {
        if (!this.current) {
            return { done: true, value: this.head.value };
        }

        const result: T = this.current.value;
        this.current = this.current.next;
        return { done: false, value: result };
    }
}
```

如果到达链表末尾，current为undefined，则将done设为true，并返回某个虚拟值（从来不应该使用的一个值

result存储当前结点的值

把当前结点移动到链表中的下一个结点

返回存储的结果

完成了基本结构后，我们来看看为什么这些迭代器很有用。如果我们想打印二叉树中所有结点的值，或者字符串链表中所有字符串的值，就不再需要使用不同的函数。我们可以使用一个接受迭代器实参的公共函数，该函数使用迭代器来获取要打印的值，如程序清单 9.23 所示。

程序清单 9.23　使用迭代器的 print()

```
function print<T>(iterator: Iterator<T>): void {      // print()是一个泛型函数，它接受一个迭代器作为实参
    let result: IteratorResult<T> = iterator.next();   // 使用next()进行初始化，取出第一个值

    while (!result.done) {                 // 虽然result不会把done返回为true，但是我们可以打印值并推进迭代器
        console.log(result.value);
        result = iterator.next();
    }
}
```

因为 `print()` 能够使用迭代器，所以我们可以把 `BinaryTreeIterator<T>` 或 `LinkedListIterator<T>` 传递给它。事实上，我们可以使用 `print()` 来打印任何数据结构，只要有一个能够遍历该数据结构的迭代器即可。

使用迭代器时，我们可以重用更多的代码。例如，如果需要确定某个值是否在一个数据结构中存在，那么并不需要为每个数据结构实现一个单独的函数，而是可以实现一个 `contains()` 函数，使其接受一个迭代器和一个要查找的值作为实参，如程序清单 9.24 所示，然后可以把该函数用于任何实现了 `Iterator<T>` 接口的迭代器（如图 9.6 所示）。

程序清单 9.24　使用迭代器的 contains()

```
function contains<T>(value: T, iterator: Iterator<T>): boolean {
    let result: IteratorResult<T> = iterator.next();

    while (!result.done) {
        if (result.value == value) return true;
        result = iterator.next();
    }

    return false;
}
```

迭代器是把数据结构和算法连接起来的“胶水”，使得这种解耦能够实现。使用这种方法时，如果数据结构和函数之间的接口是 `Iterator<T>`，我们就能够混合搭配使用不同的数据结构和不同的函数。

注意，一个数据结构可能有不同的遍历方式。我们关注了二叉树的中序遍历，但还有前序遍历和后序遍历。我们可以把这些遍历实现为相同二叉树上的迭代器。遍历策略和数据结构之间并不需要是一一对应的关系。

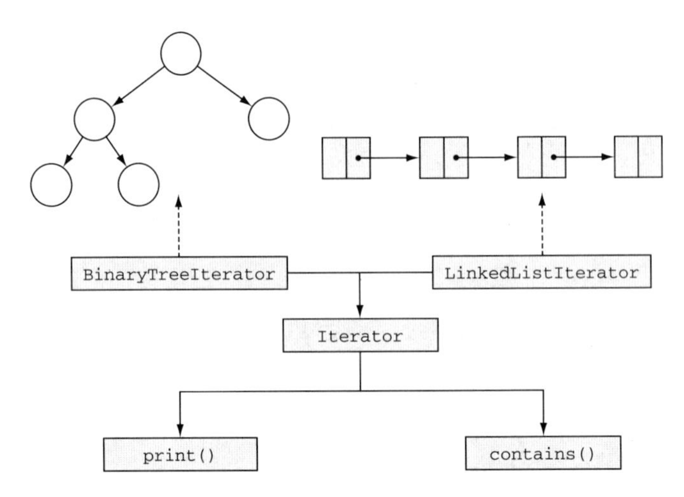

图 9.6 BinaryTreeIterator 实现了二叉树遍历。LinkedListIterator 实现了链表遍历。二者都实现了 Iterator 契约。print() 和 contains() 接受一个 Iterator 作为实参，所以我们可以把这些函数用于不同的数据结构

9.3.2 流线化迭代代码

迭代器极为有用，所以大部分主流语言都为迭代器提供了库支持，而且在很多情况中，甚至还提供了特殊语法。我们在第 6 章介绍生成器时简单提到了这个主题，现在将展开讨论。

我们并非必须定义 IteratorResult<T> 和 Iterator<T> 类型；TypeScript 已经预定义了它们。在 C# 中，等效的接口是 IEnumerator<T>，它支持数据结构的遍历。Java 中的等效接口也叫作 Iterator<T>。C++ 库使用几种类型的迭代器。第 10 章在介绍迭代器分类时，将更详细地介绍这些分类。这里要知道的是，迭代器模式十分有用，所以得到了原生支持。

迭代器实现了遍历数据结构的代码，而另外一个接口 Iterable<T> 允许我们把某个类型标记为可被迭代，其定义如程序清单 9.25 所示。

程序清单 9.25 可迭代的接口

```
interface Iterable<T> {
    [Symbol.iterator](): Iterator<T>;
}
```

[Symbol.iterator] 是 TypeScript 特有的语法。它只是代表一个特殊名称，与本书中用来实现名义子类型的 symbol 技巧很相似。Iterable<T> 接口声明了一个名为 [Symbol.iterator]() 的方法，该方法返回一个 Iterator<T>。

在程序清单 9.26 中，我们将更新 LinkedListNode<T> 类型，使其可被迭代。

程序清单 9.26 可迭代的链表

```
class LinkedListNode<T> implements Iterable<T> {
    value: T;
    next: LinkedListNode<T> | undefined;

    constructor(value: T) {
        this.value = value;
    }

    [Symbol.iterator](): Iterator<T> {
        return new LinkedListIterator<T>(this);    <-- 通过在链表中创建Linked-
    }                                                  ListIterator的新实例来
}                                                      实现Iterable<T>接口
```

通过提供一个类似的 `[Symbol.iterator]()` 方法来创建一个 `BinaryTree-Iterator<T>`，我们还可以把二叉树标记为可被迭代。

在 TypeScript 中，可迭代的数据结构允许我们使用 `for...of` 语法。这是一种特殊语法，用来迭代可迭代数据结构中的全部元素，使我们的代码更加整洁。大部分主流语言都提供了类似的语法。C# 提供了 `IEnumerable<T>`、`IEnumerator<T>` 和 `foreach` 循环。Java 提供了 `Iterable<T>`、`Iterator<T>` 和 `for:` 循环。

我们在程序清单 9.27 中快速回顾 `print()` 和 `contains()` 实现，然后更新它们来使用 `Iterable` 和 `for...of` 语法。

程序清单 9.27 使用 `Iterator` 实参的 `print()` 和 `contains()`

```
function print<T>(iterator: Iterator<T>): void {
    let result: IteratorResult<T> = iterator.next();

    while (!result.done) {
        console.log(result.value);
        result = iterator.next();
    }
}

function contains<T>(value: T, iterator: Iterator<T>): boolean {
    let result: IteratorResult<T> = iterator.next();

    while (!result.done) {
        if (result.value == value) return true;

        result = iterator.next();
    }

    return false;
}
```

在程序清单 9.28 中，我们将更新函数，使它们接受一个 `Iterable<T>` 实参，而不是 `Iterator<T>` 实参。通过调用 `[Symbol.iterator]()` 方法，总是可以从 `Iterable<T>` 获取一个 `Iterator<T>`。

程序清单 9.28 使用 `Iterable` 实参的 `print()` 和 `contains()`

```
function print<T>(iterable: Iterable<T>): void {
    for (const item of iterable) {          <-- print()使用for...of
        console.log(item);                      循环，将每个元素打印到
    }                                           控制台
}

function contains<T>(value: T, iterable: Iterable<T>): boolean {
    for (const item of iterable) {          <-- contains()使用for...each
        if (item == value) return true;         循环，将每个元素与给定值进行
    }                                           比较

    return false;
}
```

可以看到，代码变得简洁多了。我们不是使用 `Iterator<T>` 和 `next()` 手动迭代数据结构，而是在一行代码中使用 `for...of` 来完成迭代。

接下来看如何简化迭代器代码。前面提到，我们的二叉树中序遍历的效率不高，因为在返回结点之前，它会把所有结点加入队列。一种更加高效的解决方案是在遍历树时，不把所有结点加入队列，但是这种实现会复杂一些。程序清单 9.29 中给出了我们到目前为止使用的实现。

程序清单 9.29 二叉树迭代器

```
class BinaryTreeIterator<T> implements Iterator<T> {
    private values: T[];
    private root: BinaryTreeNode<T>;

    constructor(root: BinaryTreeNode<T>) {
        this.values = [];
        this.root = root;
        this.inOrder(root);
    }

    next(): IteratorResult<T> {
        const result: T | undefined = this.values.shift();

        if (!result) {
            return { done: true, value: this.root.value };
        }

        return { done: false, value: result };
    }

    private inOrder(node: BinaryTreeNode<T>): void {
        if (node.left != undefined) {
            this.inOrder(node.left);
        }

        this.values.push(node.value);
```

```
        if (node.right != undefined) {
            this.inOrder(node.right);
        }
    }
}
```

我们能做的是使用一个生成器来替换这段代码（第 6 章简单提到了生成器）。生成器是一个可恢复的函数，使用 `yield` 语句返回控制权，并且当再次被调用时，会从上一次离开的状态恢复执行。在 TypeScript 中，生成器返回一个 `IterableIterator<T>`，这是我们已经了解的两个接口的组合：`Iterable<T>` 和 `Iterator<T>`。如果一个对象实现了这两个接口，那么我们可以使用 `next()` 手动迭代该对象，也可以使用 `for...of` 语句进行迭代。

在程序清单 9.30 中，我们将把二叉树遍历重新实现为一个生成器。使用生成器时，可以迭代地实现遍历，并不断交出值，直到遍历了整个数据结构（如图 9.7 所示）。

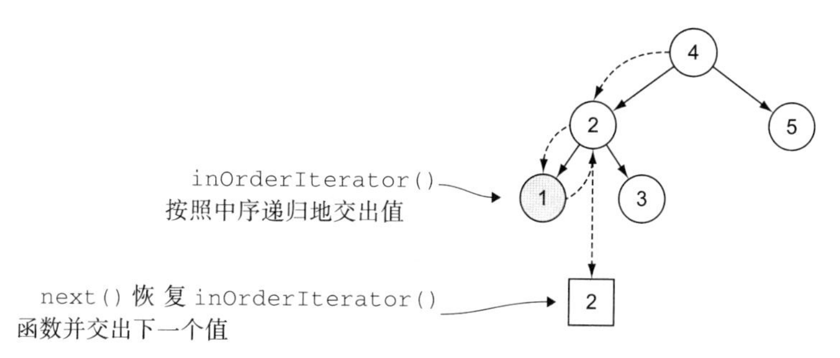

图 9.7　`inOrderIterator()` 是一个生成器，所以它返回一个 `IterableIterator<T>`。与 `inOrder()` 一样，整个函数递归地遍历树，但它不会把结点加入队列，而是会交出结点。在返回的迭代器上调用 `next()` 会恢复生成器并交出下一个值

程序清单 9.30　使用生成器的二叉树迭代器

```
function* inOrderIterator<T>(root: BinaryTreeNode<T>):    ◁ function*把这个函数定义为
    IterableIterator<T> {                                    一个生成器，所以它可以交出
    if (root.left) {                                         控制权并恢复执行
        for (const value of inOrderIterator(root.left)) {
            yield value;                                ◁ 首先遍历左侧子树，并交
        }                                                 出所有返回值
    }

    yield root.value;          ◁ 然后交出当前值

    if (root.right) {
        for (const value of inOrderIterator(root.right)) {
            yield value;                                ◁ 之后遍历右侧子树，
        }                                                 并交出所有返回值
    }
}
```

这种实现要简洁得多。注意，inOrderIterator()是迭代的。在每个级别，值将被交出去，直到它们被传递给原始调用者。

类似地，我们可以使用生成器遍历链表，从而简化逻辑。我们的最初实现如程序清单9.31所示。

程序清单 9.31 链表迭代器

```
class LinkedListIterator<T> implements Iterator<T> {
    private head: LinkedListNode<T>;
    private current: LinkedListNode<T> | undefined;

    constructor(head: LinkedListNode<T>) {
        this.head = head;
        this.current = head;
    }

    next(): IteratorResult<T> {
        if (!this.current) {
            return { done: true, value: this.head.value };
        }

        const result: T = this.current.value;
        this.current = this.current.next;
        return { done: false, value: result };
    }
}
```

我们可以使用另一个生成器替换这段代码，使该生成器在遍历链表的过程中交出值，如程序清单9.32所示。

程序清单 9.32 使用生成器的链表迭代器

```
function* linkedListIterator<T>(head: LinkedListNode<T>):
    IterableIterator<T> {
    let current: LinkedListNode<T> | undefined = head;
    while (current) {
        yield current.value;        ◁— 在遍历链表的过程中，
        current = current.next;         交出每个值
    }
}
```

编译器将把这段代码翻译为一个迭代器，它在每个yield语句中提供IteratorResult<T>值。当函数到达末尾并退出时（没有交出值），将返回一个最终的IteratorResult<T>，其done属性被设为true。

最后一个步骤是把这些生成器插入数据结构中，作为[Symbol.iterator]()的实现。链表的最终版本，如程序清单9.33所示。

这段代码可以工作，因为生成器返回一个IterableIterator<T>。有时候我们想得到一个Iterable<T>，以便能够在for...of循环中嵌入对生成器的一个调用（例如for (const value of linkedListIterator(...))。有时候我们想得到一个 Iterator<T>，如前面的示例那样，以便能够在数据结构自身的一个实例上使用 for...of 循环。

程序清单 9.33　使用生成器的可迭代链表

```
class LinkedListNode<T> implements Iterable<T> {
    value: T;
    next: LinkedListNode<T> | undefined;

    constructor(value: T) {
        this.value = value;
    }

    [Symbol.iterator](): Iterator<T> {
        return linkedListIterator(this);    <-- [Symbol.iterator]()只是返回 linkedListIterator()的结果
    }
}
```

9.3.3　回顾迭代器

我们首先介绍了两种泛型数据结构，它们能够维护数据的形状，与数据是什么没有关系。我们可以看到，这种抽象很强大。但是，每当我们想要对数据结构应用一种操作，如 print() 或 contains()，就需要编写代码来遍历每种数据结构，那么每个函数就会有多个版本。

这时就可以使用 Iterator<T> 接口，它通过使用 next() 提供一个统一的遍历接口，将数据的形状与函数解耦。该接口允许我们编写一个版本的 print() 和一个版本的 contains()，它们都使用迭代器进行操作。

不过，通过调用 next() 和检查 done 来进行迭代，仍然比较烦琐。幸好 Iterable<T> 接口声明了一个 [Symbol.iterator]() 方法。我们可以使用该方法获得一个迭代器。更好的是，可以把 Iterable<T> 放到一个 for...of 语句中。这种语法不但更加整洁，还使得我们不必显式地处理迭代器，因为在循环的每次迭代中，我们将得到实际元素。

最后，我们看到，生成器在遍历数据结构的过程中会交出值，所以使用它们能够简化遍历代码。生成器返回一个 IterableIterator<T>，所以我们可以直接在 for...of 循环中使用它们，或者用它们来实现一个数据结构的 Iterable<T> 接口。

如前所述，大部分主流编程语言都有一个等效的特殊类型，用来支持一个能够遍历元素的 for 循环。至于生成器，Java 中没有内置的 yield 语句，不过 C# 使用与 TypeScript 非常类似的语法来支持 yield 语句。

一般来说，在定义数据结构时，应该确保它实现了 Iterable<T>。要避免编写内嵌特定数据结构的遍历方式的函数，应该让它们使用迭代器，从而在不同的数据结构中重用相同的逻辑。在实现遍历逻辑时，考虑使用 yield，因为它通常可以让代码变得更加整洁。

更好的 IteratorResult<T>

很遗憾，我们必须使用 IteratorResult<T> 作为 next() 的返回类型，但 TypeScript 中就是这么定义该接口的。它不符合我们在第 3 章给出的原则：从函数返回结果或错误，但不要同时返回它们。IteratorResult<T> 包含一个 boolean 类型的属性 done 和一个 T 类型的属性 value。当迭代器遍历了整个列表后，将 done 返回为 true，但还需要为 value 返回值。因为 value 必须有值，所以它必须是某个默认值，但是数据结构已经完全遍历了。如果 done 为 true，那么调用代码不会使用 value。但遗憾的是，没有办法实施这个规则。

更好的契约是使用和类型 Optional<T> 或 T|undefined。使用这种类型时，只要有值，就会返回 T，而当完成遍历后，将返回 undefined。

9.3.4 习题

1. 为泛型二叉树实现一个前序遍历。前序遍历是先前进到父结点，然后前进到左侧子树，再前进到右侧子树。试着使用生成器实现这种遍历。
2. 实现一个函数来从前向后迭代一个数组。

9.4 数据流

在最后一节中，我们来讨论迭代器的一个非常有趣的方面：它们并非必须是有限的。在程序清单 9.34 中，我们实现一个函数，使其生成一个无限的随机数字流。我们将其命名为 generateRandomNumbers()，并使其在一个无限循环内交出这些数字。

程序清单 9.34 无限的随机数字流

```
function* generateRandomNumbers(): IterableIterator<number> {
    while (true) {                              <-- 无限循环
        yield Math.random();     <-- 在每一步交出一个随机数
    }
}
```

我们调用这个函数来获得一个 IterableIterator<T>，然后对其调用几次 next() 来得到随机数，如程序清单 9.35 所示。

程序清单 9.35 使用流中的数字

```
let iter: IterableIterator<number> = generateRandomNumbers();

console.log(iter.next().value);
console.log(iter.next().value);
console.log(iter.next().value);
```

在现实生活中，有许多无限数据流的例子：从键盘读取字符，从网络连接获取数据，收集传感器数据，等等。我们可以使用管道处理这类数据。

9.4.1　处理管道

处理管道的组件是一些函数，它们接受一个迭代器作为实参，进行一些处理，然后返回一个迭代器。这种函数可以链接起来，在收到数据时处理数据。这种模式是反应式编程的基础，在函数式编程语言中很常用。

下面给出一个示例：我们来实现一个 square() 函数，它对输入迭代器的所有数字求平方。这很容易实现，只需使用一个生成器，使其接受 Iterable<number> 实参，交出值的平方，如程序清单 9.36 所示。注意，我们不需要使用 IterableIterator<number> 作为输入，使用 Iterable<number> 就可以了，但是传入前者时，代码仍然可以工作，因为 IterableIterator<number> 也满足 Iterable<number> 接口。

程序清单 9.36　square()

```
function* square(iter: Iterable<number>):
    IterableIterator<number> {
    for (const value of iter) {
        yield value ** 2;
    }
}
```

这个函数接受一个Iterable<number>，返回一个IterableIterator<number>

在处理管道中，take() 是一个常用的函数，它从输入迭代器中取出前 n 个元素返回，并丢弃其余元素，如程序清单 9.37 所示。

程序清单 9.37　take()

```
function* take<T>(iter: Iterable<T>, n: number):
    IterableIterator<T> {
    for (const value of iter) {
        if (n-- <= 0) return;

        yield value;
    }
}
```

交出一个值以后，就递减n并停止

交出一个值

我们在程序清单 9.38 中创建一个管道，对来自无限流中的数字求平方，然后取出前 5 个结果打印到控制台（如图 9.8 所示）。

对于创建这种类型的管道，迭代器是关键，因为它们使我们能够逐个处理值。还有一点非常重要：这些管道是延迟计算的。在程序清单 9.38 中，values 是一个 IterableIterator<number>。尽管它是通过调用管道创建的，但现在还不会执行代码。只有当我们开始在 for...of 循环中使用值时，才会开始真正创建值。

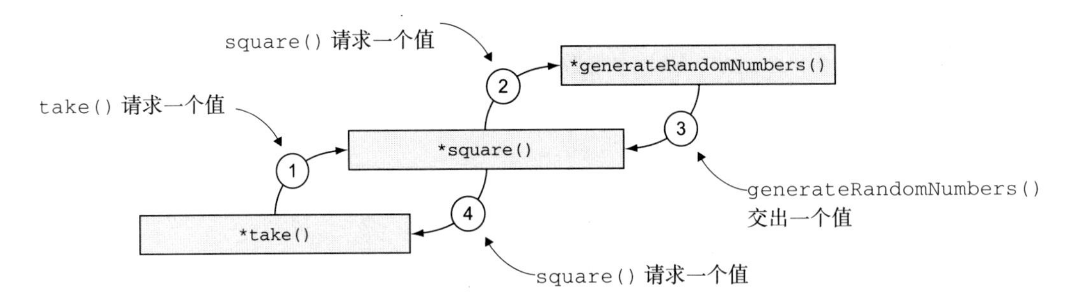

图 9.8 管道和调用顺序。take() 从 square() 的迭代器请求值。square() 从 generate-RandomNumber() 的迭代器请求值。generateRandomNumbers() 将值交给 square()。square() 将值交给 take()

程序清单 9.38 管道

```
const values: IterableIterator<number> =
    take(square(generateRandomNumbers()), 5);

for (const value of values) {
    console.log(value);
}
```

take()从square中取出5个值，square则从generateRandom-Numbers()取出值

在循环的一次迭代中，调用了 values 迭代器的 next()，这会调用 take()。take() 需要一个值，所以它会调用 square()。类似地，square() 需要一个值来求平方，所以调用 generateRandomNumbers()。generateRandomNumbers() 会把一个随机值交给 square()，后者求出平方值后，把结果交给 take()。take() 把值交给循环，循环则将其打印到控制台。

因为管道是延迟计算的，所以我们可以使用无限生成器，如 generateRandomNumbers()。第 10 章将更深入地讲解算法。

9.4.2 习题

1. drop() 是另外一个常用的函数。该函数与 take() 相反，因为它丢弃一个迭代器的前 *n* 个元素，而返回其余元素。试着实现 drop()。
2. 创建一个管道，在给定迭代器时，返回第 6 ~ 10 个元素。提示：这可以通过结合使用 drop() 和 take() 实现。

小结

- 泛型对于分离独立的关注点很有用。
- 泛型数据结构负责确定数据的形状，这与数据是什么没有关系。
- 迭代器为遍历数据结构提供了公共接口。

- Iterator<T> 代表一个迭代器，而 Iterable<T> 代表可迭代的东西。
- 使用生成器可实现迭代器。
- 大部分编程语言都有迭代器和遍历迭代器的特殊语法。
- 迭代器并非必须是有限的，它们可以无限产生值。
- 通过使用接受和返回迭代器的函数，能够构建处理管道。

现在我们介绍了泛型数据结构，第 10 章将讨论编程的另外一个主要元素：算法。

习题答案

解耦关注点

1. 下面给出了一种可行的实现：

```
class Box<T> {
    readonly value: T;

    constructor(value: T) {
        this.value = value;
    }
}
```

2. 下面给出了一种可行的实现：

```
function unbox<T>(boxed: Box<T>): T {
    return boxed.value;
}
```

泛型数据布局

1. 下面给出了使用数组的一种可行的实现（在 JavaScript 中，数组本身提供了 pop() 和 push() 方法）：

```
class Stack<T> {
    private values: T[] = [];

    public push(value: T) {
        this.values.push(value);
    }

    public pop(): T {
        if (this.values.length == 0) throw Error();

        return this.values.pop();
    }

    public peek(): T {
        if (this.values.length == 0) throw Error();

        return this.values[this.values.length - 1];
    }
}
```

2. 下面给出了一种可行的实现：

```
class Pair<T, U> {
    readonly first: T;
    readonly second: U;

    constructor(first: T, second: U) {
        this.first = first;
        this.second = second;
    }
}
```

遍历任意数据结构

1. 这种实现与中序遍历十分相似。我们只需在交出左侧子树之前，交出 `root.value` 即可：

```
function* preOrderIterator<T>(root: BinaryTreeNode<T>):
    IterableIterator<T> {
    yield root.value;

    if (root.left) {
        for (const value of preOrderIterator(root.left)) {
            yield value;
        }
    }

    if (root.right) {
        for (const value of preOrderIterator(root.right)) {
            yield value;
        }
    }
}
```

2. 这个实现使用 `for` 循环从前向后遍历数组，从而使调用者不必这么做：

```
function* backwardsArrayIterator<T>(array: T[]): IterableIterator<T> {
    for (let i = array.length - 1; i >= 0; i--) {
        yield array[i];
    }
}
```

数据流

1. 下面给出了一种可行的实现：

```
function* drop<T>(iter: Iterable<T>, n: number):
    IterableIterator<T> {
    for (const value of iter) {
        if (n-- > 0) continue;

        yield value;
    }
}
```

2. 我们可以定义 `count()`，这是一个从 1 开始一直交出数字的计数器。获取它产生的值流之后，调用 `drop()` 丢弃前 5 个值，然后调用 `take()` 取出接下来的 5 个值：

```
function* count(): IterableIterator<number> {
    let n: number = 0;

    while (true) {
        n++;
        yield n;
    }
}

for (let value of take(drop(count(), 5), 5)) {
    console.log(value);
```

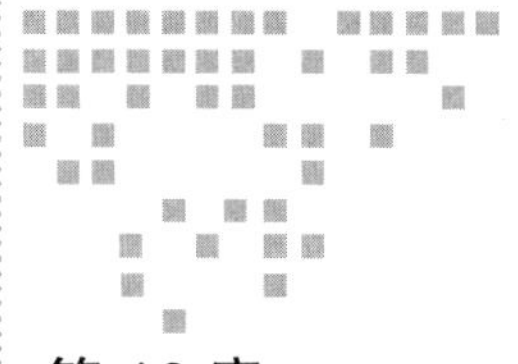

Chapter 10 第 10 章

泛型算法和迭代器

本章要点

- ❑ 将 map()、filter() 和 reduce() 用于数组之外的其他数据结构
- ❑ 使用一组常用算法解决各种各样的问题
- ❑ 确保泛型类型支持需要的契约
- ❑ 使用不同种类的迭代器支持各种算法
- ❑ 实现自适应算法

本章介绍泛型算法，即能够使用各种数据类型和数据结构的可重用的算法。

第 5 章在讨论高阶函数时，看到了 map()、filter() 和 reduce() 的一个版本。这些函数操作数组，但是我们在前面的章节中看到，迭代器提供了各种数据结构的抽象。我们首先将使用迭代器实现这三种算法的泛型版本，从而能够把它们应用到二叉树、链表、数组和其他任何可迭代的数据结构。

map()、filter() 和 reduce() 并不特殊。我们将介绍大部分现代编程语言都提供的其他泛型算法和算法库。我们将了解为什么应该把大部分循环替换为调用库算法。另外，还将简单介绍流畅 API，以及算法的用户友好的接口。

之后，我们将介绍类型参数约束；泛型数据结构和算法可以指定类型参数必须具有某些特性。这种特化能够降低泛型数据结构和算法的通用性，使它们也有不适用的地方。

我们将关注迭代器，介绍迭代器的不同分类。更加特化的迭代器能够用来创建更加高效的算法，但另一方面，这意味着并不是所有数据结构都支持特化的迭代器。

最后，我们将快速介绍一下自适应算法。这种算法为功能较少的迭代器提供了更加通用的、效率相对较低的实现，为功能较多的迭代器提供了更加高效的、没那么通用的实现。

10.1　更好的 map()、filter() 和 reduce()

第 5 章讨论了 map()、filter() 和 reduce()，并给出了它们的一种实现。这些算法是高阶函数，因为它们都把另外一个函数作为实参，并将该函数应用到一个序列上。

map() 对序列的每个元素应用一个函数，并返回结果。filter() 对每个元素应用一个过滤函数，并只返回过滤函数返回 true 的那些元素。reduce() 使用给定函数将序列中的所有值合并起来，并返回一个值作为结果。

第 5 章的实现使用了泛型类型参数 T，并把序列表示为 T 的数组。

10.1.1　map()

先来看看之前如何实现 map()。我们使用了两个类型参数：T 和 U。该函数接受一个 T 数组作为第一个实参，从 T 到 U 的一个函数作为第二个实参。它返回一个 U 值数组，如程序清单 10.1 所示。

程序清单 10.1　map()

```
function map<T, U>(items: T[], func: (item: T) => U): U[] {   ◁ map()接受一个T类型数组和一个从T到U的函数作为实参，并返回一个U数组
    let result: U[] = [];   ◁ 首先从一个空的U数组开始

    for (const item of items) {
        result.push(func(item));   ◁ 对于每个数组项，将func(item)的结果添加到U数组中
    }

    return result;   ◁ 返回U的数组
}
```

学习了迭代器和生成器后，程序清单 10.2 中展示了 map() 的新实现，它可以应用到任何 Iterable<T>，而不只是数组。

程序清单 10.2　使用迭代器的 map()

```
function* map<T, U>(iter: Iterable<T>, func: (item: T) => U):   ◁ 现在，map()是一个生成器，接受Iterable<T>作为第一个实参
    IterableIterator<U> {   ◁ map()返回一个IterableIterator<U>
    for (const value of iter) {
        yield func(value);   ◁ 将提供的函数应用到从迭代器获取的每个值，然后交出结果
    }
}
```

原实现被限制到数组，而新的实现则可以用于任何提供了迭代器的数据结构。不仅如此，新实现还更加简洁。

10.1.2 filter()

我们对 `filter()` 进行相同的处理，如程序清单 10.3 所示。原始实现期望收到一个 `T` 类型数组和一个谓词。回忆一下，谓词是接受某种类型的一个实参并返回一个 `boolean` 结果的函数。如果对于某个值，谓词函数返回 true，就称该值满足谓词函数。

程序清单 10.3　filter()

```
function filter<T>(items: T[], pred: (item: T) => boolean): T[] {
    let result: T[] = [];

    for (const item of items) {
        if (pred(item)) {
            result.push(item);
        }
    }

    return result;
}
```

filter()接受一个T数组和一个谓词（从T到boolean的函数）

如果谓词返回true，则把数据项添加到结果数组中；否则，跳过该数据项

与 `map()` 一样，我们将使用 `Iterable<T>` 代替数组，把这个可迭代数据结构实现为生成器，交出满足谓词的值，如程序清单 10.4 所示。

程序清单 10.4　使用迭代器的 filter()

```
function* filter<T>(iter: Iterable<T>, pred: (item: T) => boolean):
    IterableIterator<T> {
    for (const value of iter) {
        if (pred(value)) {
            yield value;
        }
    }
}
```

现在，filter()是接受一个Iterable<T>作为第一个实参的生成器

filter()返回一个IterableIterator<T>

如果一个值满足谓词，就交出该值

同样，我们得到了一个更短的实现，它也能够用于数组之外的结构。最后，我们来更新 `reduce()`。

10.1.3 reduce()

`reduce()` 的原始实现期望收到一个 `T` 数组、一个 `T` 类型的初始值（用于数组为空的情况）和一个操作 `op()`。该操作是一个函数，它接受两个 `T` 类型值，并返回一个 `T` 类型的值。`reduce()` 把该操作应用到初始值和数组的第一个元素，存储结果，把操作应用到该结果和数组的下一个元素，以此类推，如程序清单 10.5 所示。

程序清单 10.5　reduce()

```
function reduce<T>(items: T[], init: T, op: (x: T, y: T) => T): T {
    let result: T = init;

    for (const item of items) {
        result = op(result, item);
    }

    return result;
}
```

reduce()接受一个T数组、一个初始值和把两个T合并成一个T的操作

使用提供的操作，将数组中的每一项与累积结果合并起来

我们可以把这个函数重写为使用 Iterable<T>，使其能够用于任何序列，如程序清单 10.6 所示。对于这个函数，我们不需要使用生成器。与前两个函数不同，reduce() 不返回一个元素序列，而只是返回一个值。

程序清单 10.6　使用迭代器的 reduce()

```
function reduce<T>(iter: Iterable<T>, init: T,
    op: (x: T, y: T) => T): T {
    let result: T = init;

    for (const value of iter) {
        result = op(result, value);
    }

    return result;
}
```

reduce()不是接受一个T数组，而是接受一个Iterable<T>作为第一个实参

实现的其余部分没有改变。

10.1.4　filter()/reduce() 管道

我们来看看如何把这几个算法合并到一个管道中，以便从一个二叉树中取出偶数并对它们求和。我们将使用第 9 章的 BinaryTreeNode<T> 进行中序遍历，并把它链接到一个偶数过滤函数和使用加法操作的 reduce()，如程序清单 10.7 所示。

程序清单 10.7　filter()/reduce() 管道

```
let root: BinaryTreeNode<number> = new BinaryTreeNode(1);
root.left = new BinaryTreeNode(2);
root.left.right = new BinaryTreeNode(3);
root.right = new BinaryTreeNode(4);

const result: number =
    reduce(
        filter(
            inOrderIterator(root),
            (value) => value % 2 == 0),
        0, (x, y) => x + y);

console.log(result);
```

我们在第9章使用过的二叉树示例

获取一个IterableIterator <number>来中序遍历树

使用一个只有当数字为偶数时才返回true的lambda来进行过滤

从初始值0开始，使用对两个数字求和的lambda来进行缩减

这个例子应该让你更深刻地理解到泛型的强大。我们不需要实现一个新函数来遍历二叉树并对偶数求和，而是可以简单地针对这种场景定制一个处理管道。

10.1.5 习题

1. 构建一个管道，通过连接所有非空字符串，处理 string 类型的一个可迭代结构。
2. 构建一个管道，通过选择所有奇数并对它们求平方，处理 number 类型的一个可迭代结构。

10.2 常用算法

我们介绍了 map()、filter() 和 reduce()，而且在第 9 章还提到了 take()。还有其他许多算法也常被用在管道中。我们来介绍其中几个。我们不给出实现，而只是说明除了可迭代结构之外，它们还期望收到哪些实参，以及它们如何处理数据。另外，还会提到这些算法可能具有的其他名称。

- map() 接受一个 T 值序列和一个函数 (value: T) => U，将该函数应用到序列中的全部元素，然后返回一个 U 值序列。其他名称包括 fmap() 和 select()。
- filter() 接受一个 T 值序列和一个谓词 (value: T) => boolean，并返回一个 T 值序列，其中包含谓词返回 true 的所有数据项。其他名称包括 where()。
- reduce() 接受一个 T 值序列、一个 T 类型的初始值，以及将两个 T 值合并为一个值的操作 (x: T, y: T) => T。当使用该操作把序列中的全部元素合并起来后，它返回一个 T 值。其他名称包括 fold()、collect()、accumulate() 和 aggregate()。
- any() 接受一个 T 值序列和一个谓词 (value: T) => boolean。如果序列中的任何一个元素满足谓词，它就返回 true。
- all() 接受一个 T 值序列和一个谓词 (value: T) => boolean。如果序列的全部元素满足谓词，它将返回 true。
- none() 接受一个 T 值序列和一个谓词 (value: T) => boolean。如果序列中没有元素满足谓词，它将返回 true。
- take() 接受一个 T 值序列和一个数字 n。它返回的结果序列由原序列的前 n 个元素构成。其他名称包括 limit()。
- drop() 接受一个 T 值序列和一个数字 n。它返回的结果序列包含原序列中除前 n 个元素之外的所有元素。前 n 个元素将被丢弃。其他名称包括 skip()。
- zip() 接受一个 T 值序列和一个 U 值序列。它返回的结果序列由 T 和 U 值对组成，实际上是把两个序列组合了起来。

还有其他许多算法可用于排序、翻转、分割和连接序列。好消息是，因为这些算法非常有用，适用场景也很多，所以不需要我们实现它们。大部分语言的库中提供了这些算法和其他更多算法。JavaScript 的 `underscore.js` 包和 `lodash` 包提供了很多这种算法（在撰写本书时，这些库还不支持迭代器——只有 JavaScript 内置的数组和对象类型才支持）。在 Java 中，它们包含在 `java.util.stream` 包中。在 C# 中，它们包含在 `System.Linq` 命名空间中。在 C++ 中，它们包含在 `<algorithm>` 标准库头文件中。

10.2.1 使用算法代替循环

尽管你可能会感到惊讶，但一个很有帮助的经验准则是，每当你发现自己在编写循环时，就应该检查是否有库算法或者管道能够完成相同的工作。通常，我们编写循环是为了处理序列，而这正是我们介绍的算法所做的工作。

选择使用库算法，而不是在循环中自己编写代码，是因为这样做出错的可能性更小。库算法被高效实现并且经过实践证明，而且因为能够明确表达所做的操作，所以我们的代码也更加容易理解。

本书介绍了几种算法的实现，以帮助你更好地理解其底层工作原理，但很少有场合需要你自己实现一个算法。如果确实遇到了使用可用算法无法解决的问题，则应该考虑为解决方案创建一个泛型的、可重用的实现，而不是特定的、一次性的实现。

10.2.2 实现流畅管道

大多数库还提供了一个流畅的 API 来把算法链接成管道。流畅的 API 是基于方法链的 API，可以使代码更加容易阅读。为了理解流畅 API 和非流畅 API 之间的区别，我们再来看看 10.1.4 节中介绍的 filter/reduce 管道，如程序清单 10.8 所示。

程序清单 10.8 filter/reduce 管道

```
let root: BinaryTreeNode<number> = new BinaryTreeNode(1);
root.left = new BinaryTreeNode(2);
root.left.right = new BinaryTreeNode(3);
root.right = new BinaryTreeNode(4);

const result: number =
    reduce(
        filter(
            inOrderBinaryTreeIterator(root),
            (value) => value % 2 == 0),
        0, (x, y) => x + y);

console.log(result);
```

尽管我们先应用 `filter()`，然后把结果传递给 `reduce()`，但是如果我们从左向右阅读代码，会先看到 reduce()，然后看到 filter()。另外，看明白哪些实参对应管道中的哪个函数有点难度。流畅 API 使得代码更加容易阅读。

目前，我们的所有算法都接受一个可迭代结构作为第一个实参，并返回一个迭代器。使用面向对象编程可以改进 API。我们可以把所有算法放到一个封装了可迭代结构的类中，然后调用任何算法，而不需要显式提供一个可迭代结构作为第一个实参；可迭代结构是该类的一个成员。下面来为 map()、filter() 和 reduce() 完成这种改进：我们将把它们放到一个新的 FluentIterable<T> 类中，该类封装了一个可迭代结构，如程序清单 10.9 所示。

程序清单 10.9　流畅的可迭代结构

```
class FluentIterable<T> {          FluentIterable<T>封
    iter: Iterable<T>;             装了一个Iterable<T>

    constructor(iter: Iterable<T>) {
        this.iter = iter;
    }

    *map<U>(func: (item: T) => U): IterableIterator<U> {
        for (const value of this.iter) {
            yield func(value);
        }
    }

    *filter(pred: (item: T) => boolean): IterableIterator<T> {
        for (const value of this.iter) {
            if (pred(value)) {
                yield value;
            }
        }
    }

    reduce(init: T, op: (x: T, y: T) => T): T {
        let result: T = init;

        for (const value of this.iter) {
            result = op(result, value);
        }

        return result;
    }
}
```

map()、filter()和reduce()与前面的实现类似，但不是将一个可迭代结构作为第一个实参，而是使用了this.iter可迭代结构

map()、filter()和reduce()与前面的实现类似，但不是将一个可迭代结构作为第一个实参，而是使用了this.iter可迭代结构

我们可以从一个 Iterable<T> 创建一个 FluentIterable<T>，所以可以把 filter()/reduce() 管道重写为一种更加流畅的形式。创建一个 FluentIterable<T>，对其调用 filter()，从其结果创建一个新的 FluentIterable<T>，再对其调用 reduce()，如程序清单 10.10 所示。

程序清单 10.10　流畅的 filter/reduce 管道

```
let root: BinaryTreeNode<number> = new BinaryTreeNode(1);
root.left = new BinaryTreeNode(2);
root.left.right = new BinaryTreeNode(3);
root.right = new BinaryTreeNode(4);

const result: number =
    new FluentIterable(
        new FluentIterable(
            inOrderIterator(root)
        ).filter((value) => value % 2 == 0)
    ).reduce(0, (x, y) => x + y);

console.log(result);
```

我们使用inOrderIterator在二叉树上获得一个可迭代结构，并将其用于初始化FluentIterable

我们对FluentIterable调用filter()，然后从其结果创建另一个FluentIterable

最后，我们在FluentIterable上调用reduce()来获得最终结果

现在，filter() 出现在 reduce() 的前面，并且可以明显看出哪个函数的实参是哪些。唯一的问题在于，我们需要在每次函数调用后创建一个新的 FluentIterable<T>。通过让 map() 和 filter() 函数返回一个 FluentIterable<T>，而不是默认的 IterableIterator<T>，我们可以改进 API。注意，我们不需要修改 reduce()，因为该函数返回 T 类型的单个值，而不是一个可迭代结构。

因为我们使用了生成器，所以不能简单地修改返回类型。生成器用于为函数提供简便的语法，但它们总是返回一个 IterableIterator<T>。相反，可以把实现移动到两个私有函数 mapImpl() 和 filterImpl() 中，并在公有方法 map() 和 reduce() 中处理从 IterableIterator<T> 到 FluentIterable<T> 的转换，如程序清单 10.11 所示。

程序清单 10.11　更好的流畅的可迭代结构

```
class FluentIterable<T> {
    iter: Iterable<T>;

    constructor(iter: Iterable<T>) {
        this.iter = iter;
    }

    map<U>(func: (item: T) => U): FluentIterable<U> {
        return new FluentIterable(this.mapImpl(func));
    }

    private *mapImpl<U>(func: (item: T) => U): IterableIterator<U> {
        for (const value of this.iter) {
            yield func(value);
        }
    }
```

map()将其实参转交给mapImpl()，并把结果转换为一个FluentIterable

mapImpl()是原来使用了生成器的map()实现

```
    filter<U>(pred: (item: T) => boolean): FluentIterable<T> {
        return new FluentIterable(this.filterImpl(pred));
    }

    private *filterImpl(pred: (item: T) => boolean): IterableIterator<T> {
        for (const value of this.iter) {
            if (pred(value)) {
                yield value;
            }
        }
    }

    reduce(init: T, op: (x: T, y: T) => T): T {
        let result: T = init;

        for (const value of this.iter) {
            result = op(result, value);
        }

        return result;
    }
}
```

与map()一样，filter()把实参转交给了filterImpl()，并将结果转换为一个FluentIterable

filterImpl()是原来使用了生成器的filter()实现

reduce()没有变化，因为它不返回迭代器

使用这个更新后的实现，我们能够更加轻松地链接算法，因为每个算法都返回一个FluentIterable，其中包含了实现算法的方法，如程序清单10.12所示。

程序清单 10.12 更好的流畅的 filter/reduce 管道

```
let root: BinaryTreeNode<number> = new BinaryTreeNode(1);
root.left = new BinaryTreeNode(2);
root.left.right = new BinaryTreeNode(3);
root.right = new BinaryTreeNode(4);
const result: number =
    new FluentIterable(inOrderIterator(root))
    .filter((value) => value % 2 == 0)
    .reduce(0, (x, y) => x + y);

console.log(result);
```

我们只需要显式地使用new从树的原迭代器创建一次FluentIterable

filter()是FluentIterable的方法，它自己也返回一个FluentIterable

我们可以对filter()的结果调用reduce()

现在，代码采用了真正流畅的格式，可以方便地从左到右阅读，而且我们能够用一种非常自然的语法，链接任意多个算法来构成管道。大多数算法库都采用了一种类似的方法，使得链接多个算法非常容易。

取决于具体的编程语言，流畅API方法的一个缺点是FluentIterable包含了所有的算法，所以很难扩展。如果它是库的一部分，那么调用代码在不修改类的情况下，很难添加一个新的算法。C#提供了扩展方法，可以用来向类或接口添加方法，而不必修改其代码。不过，并不是所有语言都提供了这种功能。虽然如此，在大多数情况下，我们都应该使用现有的算法库，而不是从头实现一个新的算法库。

10.2.3 习题

1. 使用 take() 扩展 FluentIterable。take() 是一个算法，返回迭代器中的前 *n* 个元素。
2. 使用 drop() 扩展 FluentIterable。drop() 是一个算法，跳过迭代器的前 *n* 个元素，返回剩余的元素。

10.3 约束类型参数

我们看到，泛型数据结构为数据赋予了形状，这与它的类型参数 T 是什么没有关系。我们还看到了一组算法，它们使用迭代器来处理某个类型 T 的值的序列，而与这个类型是什么没有关系。在程序清单 10.13 中，我们来看与类型有关系的一种场景：我们有一个 renderAll() 泛型函数，它接受 Iterable<T> 作为实参，并调用迭代器的每个元素的 render() 方法。

程序清单 10.13 renderAll 函数

```
function renderAll<T>(iter: Iterable<T>): void {    <-- renderAll()接受一个Iterable<T>作为实参
    for (const item of iter) {
        item.render();    <-- 我们调用迭代器返回的每个元素的render()方法
    }
}.
```

该函数将无法编译。编译器将给出如下错误消息：

```
Property 'render' does not exist on type 'T'.
```

我们试图在泛型类型 T 上调用 render()，但是不能保证该类型上存在这样一个方法。对于这类场景，我们需要一种方式来约束类型 T，使其只能被实例化为有一个 render() 方法的类型。

> **类型参数的约束**：约束告诉编译器某个类型实参必须具有的能力。如果没有任何约束，那么类型实参可以是任何类型。一旦要求泛型类型上必须有特定成员，就使用约束将允许类型的集合限制为具有必要成员的那些类型。

在我们的示例中，可以定义一个 IRenderable 接口，在其中声明一个 render() 方法，如程序清单 10.14 所示。然后，可以使用 extends 关键字对 T 添加一个约束，告诉编译器只接受是 IRenderable 的类型实参。

程序清单 10.14 使用约束的 **renderAll**

```
interface IRenderable {                    <-- IRenderable接口要求实现者
    render(): void;                            必须提供一个render()方法
}

function renderAll<T extends IRenderable>(iter: Iterable<T>): void {   <--
    for (const item of iter) {
        item.render();
    }
}
```

T扩展了IRenderable，告诉编译器只能接受实现了IRenderable的类型作为T

10.3.1 具有类型约束的泛型数据结构

大部分泛型数据结构不需要约束它们的类型参数。我们可以在链表、树或者数组中存储任何类型的值。不过，也有一部分例外，例如哈希集合。

集合数据结构建模的是数学集合，所以会存储唯一值，而丢弃重复值。集合数据结构通常提供了用于和其他集合求并集、交集和差集的方法，还提供了检查给定值是否已经在集合中存在的方法。要检查某个值是否已经包含在集合中，可以将其与集合中的每个元素进行比较，但这种方法并不高效。在最坏的情况下，与集合中的每个元素进行比较需要遍历整个集合。这种遍历需要线性时间，或 $O(n)$。关于 $O(n)$ 的含义，请参见“大 O 表示法”。

一种更加高效的实现可以哈希每个值，将其存储到一个键 – 值数据结构（如哈希映射或字典）中。这种数据结构能够以常量时间（或 $O(1)$）检索值，所以更加高效。哈希集合封装了一个哈希映射，并能够提供高效的成员检查。但是，它有一个约束：类型 `T` 需要提供一个哈希函数，该函数接受 `T` 类型的一个值，返回一个数字，即其哈希值。

一些语言通过在顶层类型上提供一个哈希方法，确保所有值都可被哈希。Java 的顶层类型 `Object` 有一个 `hashCode()` 方法，而 C# 的顶层类型 `Object` 有一个 `GetHashCode()` 方法。但是，如果一个语言没有提供这种方法，则需要使用一个类型约束，确保数据结构中只能存储可哈希的类型。例如，我们可以定义一个 `IHashable` 接口，使其成为泛型哈希映射或字典的键类型的类型约束。

大 O 表示法

大 O 表示法提供了当函数的实参趋近于特定值 n 时，执行该函数需要的时间和空间的上界。我们不会深入讨论这个主题，而是会列举一些常见的上界，并解释它们的含义。

常量时间，或 $O(1)$，意味着函数的执行时间不依赖于它需要处理的数据项个数。函数 `first()` 取出一个序列中的第一个元素，无论该序列中包含 2 个还是 200 万个数据项，它的运行时间是相同的。

对数时间，或 $O(\log n)$，意味着函数的输入在每一步减半，所以即使对于很大的 n 值，它的效率也很高。例如，在排序后的序列中进行二分搜索。

线性时间，或 $O(n)$，意味着函数的运行时间与其输入成比例。遍历一个序列需要的时间是 $O(n)$，例如，判断序列的所有元素是否都满足某个谓词。

二次方时间，或 $O(n^2)$，其效率比线性时间低得多，因为运行时间的增长比输入规模的增长快得多。序列上的两个嵌套循环的运行时间为 $O(n^2)$。

线性代数时间，或 $O(n\log n)$，不如线性时间高效，但是比二次方时间高效。最高效的比较排序算法是 $O(n\log n)$；我们不能只使用一个循环排序一个序列，但能够做到比使用两个嵌套循环更快。

正如时间复杂度为输入规模增长时函数运行时间的增长设置了上界，空间复杂度为输入规模增长时函数需要的额外内存量设置了上界。

常量空间，或 $O(1)$，意味着在输入的规模增长时，函数不需要更多空间。例如，`max()` 函数需要额外的内存来存储正在计算中的最大值和迭代器，但无论序列有多大，函数需要的内存量是固定的。

线性空间，或 $O(n)$，意味着函数需要的内存量与其输入的规模成比例。一开始的 `inOrder()` 二叉树遍历就是这样一个函数，它将所有结点的值复制到一个数组中，以提供树的迭代器。

10.3.2 具有类型约束的泛型算法

相比数据结构，算法一般对使用的类型有更多约束。如果我们想排序一个值集合，就需要有一种方式来比较这些值。类似地，如果想确定一个序列的最小或最大元素，则序列的元素必须是可以比较的。

在程序清单 10.15 中，我们来看 `max()` 泛型算法的一个可能的实现。首先，我们声明一个 `IComparable<T>` 接口，并约束算法来使用这个接口。该接口声明了一个 `compareTo()` 方法。

程序清单 10.15 IComparable 接口

```
enum ComparisonResult {          <-- ComparisonResult代表比较的结果
    LessThan,
    Equal,
    GreaterThan
}

interface IComparable<T> {
    compareTo(value: T): ComparisonResult;   <-- IComparable声明了一个compareTo接口，用于将当前实例与相同类型的另一个值进行比较，并返回比较结果
}
```

现在，我们来实现一个 `max()` 泛型算法，它接受一个 `IComparable` 值集合上的迭代

器，并返回其中的最大元素，如程序清单 10.16 所示。我们需要处理迭代器没有值的情况，此时 max() 将返回 undefined。基于这个原因，我们不会使用 for...of 循环，而是使用 next() 手动向前推进迭代器。

程序清单 10.16 max() 算法

```
function max<T extends IComparable<T>>(iter: Iterable<T>)
    : T | undefined {
    let iterator: Iterator<T> = iter[Symbol.iterator]();

    let current: IteratorResult<T> = iterator.next();

    if (current.done) return undefined;

    let result: T = current.value;

    while (true) {
        current = iterator.next();

        if (current.done) return result;

        if (current.value.compareTo(result) ==
            ComparisonResult.GreaterThan) {
            result = current.value;
        }
    }
}
```

max() 对类型T施加了 IComparable<T>约束

从Iterable<T>实现获得一个Iterator<T>

调用一次 next()，以取出第一个值

如果没有值，就返回undefined

将result初始化为迭代器返回的第一个值

当迭代器完成后，就返回结果

每当当前值比当前存储的最大值更大时，就使用当前值更新result

许多算法（如 max()）对操作的类型有特定要求。另外一种方案是让比较操作成为函数自身的参数，而不是成为一个泛型类型约束。如果不使用 IComparable<T>，max() 可以接受 compare() 函数作为第二个实参，这是一个从两个 T 类型的实参到一个 ComparisonResult 的函数，如程序清单 10.17 所示。

程序清单 10.17 具有 compare() 实参的 max() 算法

```
function max<T>(iter: Iterable<T>,
    compare: (x: T, y: T) => ComparisonResult)
    : T | undefined {
    let iterator: Iterator<T> = iter[Symbol.iterator]();

    let current: IteratorResult<T> = iterator.next();

    if (current.done) return undefined;

    let result: T = current.value;

    while (true) {
        current = iterator.next();

        if (current.done) return result;
```

compare()函数接受两个T，返回一个ComparisonResult

```
        if (compare(current.value, result)
            == ComparisonResult.GreaterThan) {   ◁— 我们没有使用IComparable.
            result = current.value;                  compareTo()方法，而是调用
        }                                            了compare()实参
    }
}
```

这种实现的优势在于，类型 T 不再被约束，而我们能够插入任何比较函数。其缺点在于，对于有自然顺序的类型（数字、温度、距离等），也必须显式提供一个比较函数。好的算法库通常会提供这两个版本的算法：一个使用类型的自然比较，另一个允许调用者提供自己的比较函数。

算法对自己操作的类型 T 所提供的方法和属性知道得越多，就越能在实现中利用这些信息。接下来，我们来看看算法如何使用迭代器来提供更加高效的实现。

10.3.3　习题

1. 实现一个泛型函数 clamp()，它接受一个值、一个最小值和一个最大值。如果第一个值落入最小值和最大值决定的区间内，就返回该值。如果第一个值小于最小值，就返回最小值。如果第一个值大于最大值，就返回最大值。可使用本节定义的 IComparable 接口实现。

10.4　高效 reverse 和其他使用迭代器的算法

到现在为止，我们看到的算法都是以线性方式处理序列的。map()、filter()、reduce() 和 max() 都从头至尾迭代一个值序列。它们的运行时间都是线性的（与序列的大小成比例），需要的空间都是常量（无论序列大小是什么，内存需求是固定的）。我们接下来看另外一个算法：reverse()。

这种算法接受一个序列，并将其翻转，使最后一个元素成为第一个元素，倒数第二个元素成为第二个元素等。实现 reverse() 的一种方法是将所有输入元素推入一个栈，然后将它们弹出，如图 10.1 和程序清单 10.18 所示。

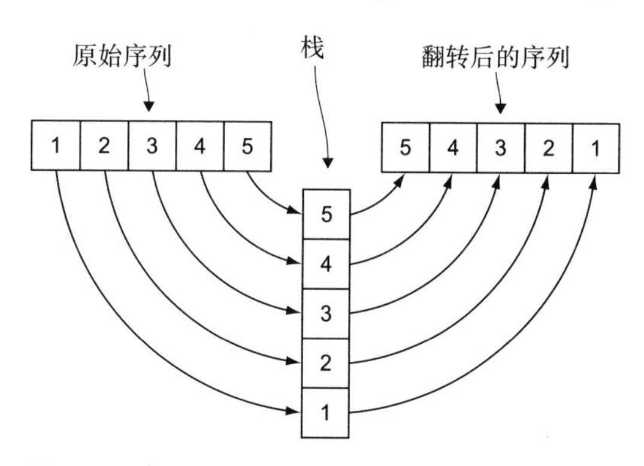

图 10.1　使用栈翻转一个序列：原序列中的元素被推入栈中，然后被弹出，以生成翻转后的序列

程序清单 10.18 使用栈的 reverse()

```
function *reverse<T>(iter: Iterable<T>): IterableIterator<T> {   <- reverse()是一个生成器，其模式与本书其他算法相同
    let stack: T[] = [];                     <- JavaScript数组提供了push()和pop()方法，所以可以把数组用作一个栈

    for (const value of iter) {
        stack.push(value);                   <- 把序列中的所有值推入栈中
    }

    while (true) {
        let value: T | undefined = stack.pop();   <- 从栈中弹出值；如果栈为空，则这个值为undefined

        if (value == undefined) return;      <- 如果清空了栈，则返回，因为我们已经完成了工作

        yield value;                         <- 交出值并重复
    }
}
```

这种实现很直观，但并不是最高效的。虽然它的运行时间是线性的，但需要的空间也是线性的。输入序列越大，算法需要的空间越大，因为它需要把所有元素推入栈中。

我们先把迭代器放到一边，看看如何使用数组实现一种更加高效的翻转操作，如程序清单 10.19 所示。我们可以直接在数组上操作，从数组的两端开始互换元素，这样就不需要使用一个额外的栈（如图 10.2 所示）。

程序清单 10.19 数组的 reverse()

```
function reverse<T>(values: T[]): void {   <- 这个版本的reverse()期望收到一个T数组，而不是Iterable
    let begin: number = 0;                 | begin和end一开始指向数组的开头
    let end: number = values.length;       | 和末尾

    while (begin < end) {                  <- 一直重复，直到二者相遇或越过对方
        const temp: T = values[begin];
        values[begin] = values[end - 1];   | 将begin与end-1的值交换
        values[end - 1] = temp;            | （一开始，end是数组最后一个元素后面的一个元素

        begin++;                           | 递增begin索引，递减end索引
        end--;
    }
}
```

可以看到，这种实现比前一种实现更加高效。它的运行时间仍然是线性的，因为我们需要处理序列中的每个元素（不处理每个元素，是无法翻转一个序列的），但是它需要的运行时间是固定的。前一个版本需要一个和输入同样大的栈，但这个版本使用了类型 T 的临

时变量 temp，所以与输入有多大无关。

我们是否可以推广这个示例，提供一个能够用于任何数据结构的、高效的翻转算法？答案是可以的，但需要我们调整迭代器的概念。Iterator<T>、Iterable<T> 和二者的组合 IterableIterator<T> 是 TypeScript 在 JavaScript ES6 标准上提供的接口。接下来，我们将在这一点的基础上，看一些没有包含在语言标准中的迭代器。

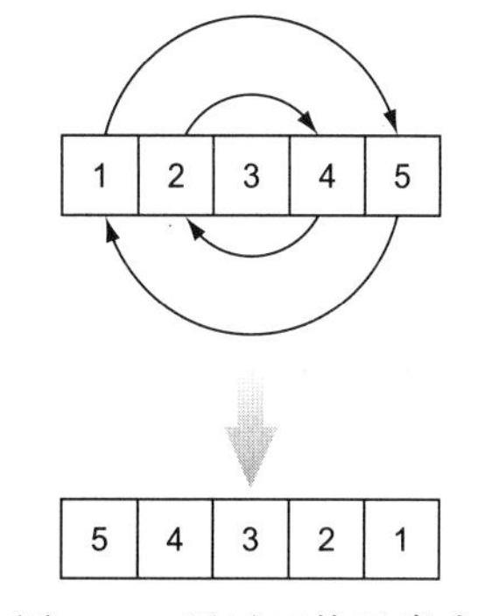

图 10.2　通过互换元素来直接翻转数组

10.4.1　迭代器的基础模块

JavaScript 的迭代器允许我们获取值并前进，直到走完整个序列。如果我们想运行就地算法，则需要更多的功能。我们还需要能够读取和设置给定位置的值。在 reverse() 示例中，我们从序列的两端开始，最终到达序列的中间位置，这意味着只靠自己的话，迭代器无法判断何时结束。我们知道，当 begin 和 end 越过对方时，reverse() 就结束了，所以需要有一种方式来知道两个迭代器什么时候变得相同。

为了支持高效的算法，我们把迭代器重新定义为一组接口，每个接口描述了额外的能力。首先，我们定义一个 IReadable<T>，它公开了一个 get() 方法，用于返回 T 类型的一个值。我们将使用这个方法从迭代器读取值。另外还将定义一个 IIncrementable<T> 接口，它公开了一个 increment() 方法，可用于推进迭代器，如程序清单 10.20 所示。

程序清单 10.20　IReadable<T> 和 IIncrementable<T>

```
interface IReadable<T> {
    get(): T;                          ◁ IReadable声明了一个方法get(),
}                                        用于获取迭代器当前的T值

interface IIncrementable<T> {
    increment(): void;             ◁ IIncrementable声明了一个方法
}                                    increment(),用于将迭代器推进到
                                     下一个元素
```

这两个接口几乎已经足以支持我们最初的线性遍历算法，如 map()，但还缺少一种功能：判断何时应该停止。我们知道，只靠自己，迭代器无法判断何时结束，因为有些时候，它不需要遍历整个序列。我们将引入相等的概念：当迭代器 begin 和迭代器 end 指向相同的元素时，我们认为它们是相等的。这比标准的 Iterator<T> 实现要灵活得多。我们可以把 end 初始化为序列最后一个元素后面的一个元素。然后，我们可以推进 begin，直到它等于 end，此时就知道我们已经遍历了整个序列。但是，我们还可以向后移动 end，直

到它指向序列的第一个元素，这是标准 Iterator<T> 做不到的（如图 10.3 所示）。

在程序清单 10.21 中，我们把 IInputIterator<T> 接口定义为一个实现了 IReadable<T> 和 IIncrementable<T> 的接口，并且让该接口实现一个 equals() 方法，用来比较两个迭代器。

迭代器自身不再能够判断什么时候遍历了整个序列。现在，序列由两个迭代器定义：一个迭代器指向序列的开头，另一个迭代器指向序列最后一个元素后面的一个元素。

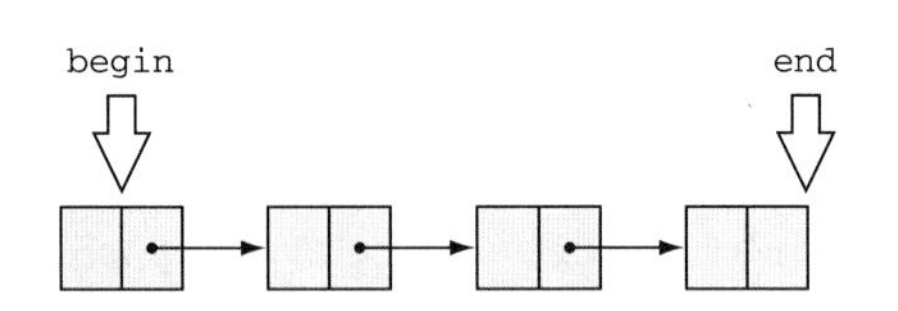

图 10.3 begin 和 end 迭代器定义了一个范围：begin 指向第一个元素，end 指向最后一个元素后的元素

程序清单 10.21 IInputIterator<T>

```
interface IInputIterator<T> extends IReadable<T>, IIncrementable<T> {
    equals(other: IInputIterator<T>): boolean;
}
```

有了这些接口后，我们来更新第 9 章的链表迭代器，如程序清单 10.22 所示。我们把链表实现为 LinkedListNode<T> 类型，它有一个 value 属性和一个 next 属性。next 属性可以是一个 LinkedListNode<T>，但对于链表中的最后一个结点，它的值为 undefined。

程序清单 10.22 链表实现

```
class LinkedListNode<T> {
    value: T;
    next: LinkedListNode<T> | undefined;

    constructor(value: T) {
        this.value = value;
    }
}
```

在程序清单 10.23 中，我们将看到如何在这个链表上建模一对迭代器。首先，我们需要为链表实现一个满足新的 IInputIterator<T> 接口的 LinkedListInputIterator<T>。

程序清单 10.23 链表输入迭代器

```
class LinkedListInputIterator<T> implements IInputIterator<T> {
    private node: LinkedListNode<T> | undefined;

    constructor(node: LinkedListNode<T> | undefined) {
        this.node = node;
    }

    increment(): void {
        if (!this.node) throw Error();
```

如果当前结点为undefined，就抛出错误，否则前进到下一个结点

```
        this.node = this.node.next;
    }

    get(): T {
        if (!this.node) throw Error();

        return this.node.value;
    }

    equals(other: IInputIterator<T>): boolean {
        return this.node == (<LinkedListInputIterator<T>>other).node;
    }
}
```

如果当前结点为undefined，就抛出错误，否则获取结点的值

如果迭代器封装了相同的结点，就认为它们是相等的。我们能够将它们强制转换为LinkedList-InputIterator<T>，因为调用者不应该比较不同类型的迭代器

现在，通过将 begin 初始化为链表的头部，将 end 初始化为 undefined，我们可以在链表上创建一对迭代器，如程序清单 10.24 所示。

程序清单 10.24　链表上的一对迭代器

```
const head: LinkedListNode<number> = new LinkedListNode(0);
head.next = new LinkedListNode(1);
head.next.next = new LinkedListNode(2);

let begin: IInputIterator<number> = new LinkedListInputIterator(head);
let end: IInputIterator<number> = new LinkedListInputIterator(undefined);
```

有一些结点的链表

begin是作为实参传入的链表的头部

end的值是undefined

我们称之为输入迭代器，因为可以使用 get() 方法读取它的值。

> **输入迭代器**：输入迭代器是能够遍历序列一次并提供其值的迭代器。它不能第二次重放值，因为值可能已经不再可用。输入迭代器并非必须遍历持久性数据结构，它也可以从生成器或其他某种数据源提供值（如图 10.4 所示）。

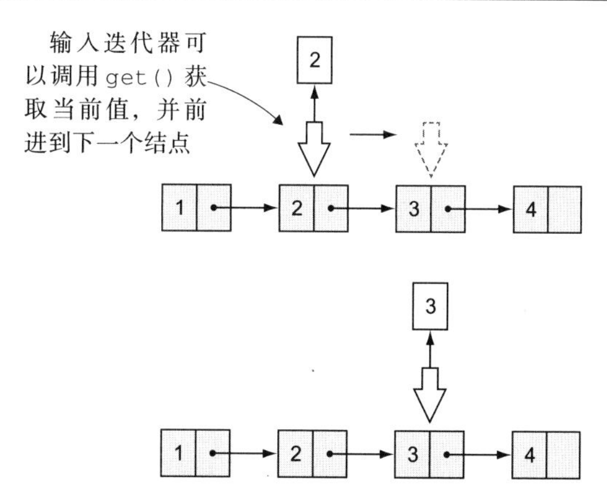

图 10.4　输入迭代器可以获取当前元素的值，并前进到下一个结点

我们再来定义一个输出迭代器，作为可以写入的迭代器。为此，我们将声明一个 IWritable<T> 接口，使它具有一个 set() 方法，然后使 IOutputIterator<T>

成为 IWritable<T>、IIncrementable<T> 和 equals() 方法的组合，如程序清单 10.25 所示。

程序清单 10.25 IWritable<T> 和 IOutputIterator<T>

```
interface IWritable<T> {
    set(value: T): void;
}
interface IOutputIterator<T> extends IWritable<T>, IIncrementable<T> {
    equals(other: IOutputIterator<T>): boolean;
}
```

我们能够把值写入这种迭代器，但是不能从中读取值。

输出迭代器：输出迭代器是能够遍历一个序列并向其写入值的迭代器，它并不需要能够读出值。输出迭代器并非必须遍历持久性数据结构，也可以把值写入其他输出。

我们来实现一个写入到控制台的输出迭代器。写入到输出流是输出迭代器最常见的用例：在这种用例中，我们能够输出数据，但是不能读回数据。我们能够把数据写入网络连接、标准输出、标准错误等，但不能从中读回值。在我们的示例中，推进迭代器并不执行什么操作，而设置一个值的操作会调用 console.log()，如程序清单 10.26 所示。

程序清单 10.26 控制台输出迭代器

```
class ConsoleOutputIterator<T> implements IOutputIterator<T> {
    set(value: T): void {
        console.log(value);
    }

    increment(): void { }

    equals(other: IOutputIterator<T>): boolean {
        return false;
    }
}
```

set() 写入控制台

increment() 并不需要做任何工作，因为在本例中，我们并没有遍历数据结构

equals() 能够安全地始终返回 false，因为写入控制台并没有可以比较的序列末尾

现在，我们有了一个描述输入迭代器的接口及链表上的实现的一个具体示例，也有一个描述输出迭代器和写入控制台的具体实现。有了这些组件以后，就可以提供 map() 的另外一种实现，如程序清单 10.27 所示。

这个新版本的 map() 的实参是一个 begin 和一个 end 输入迭代器（它们定义了一个序列），以及一个输出迭代器 out（将把对给定序列映射给定函数后的结果写入该输出迭代器）。因为我们不再使用标准 JavaScript，所以失去了一些语法糖——不能使用 yield 和 for...of 循环。

程序清单 10.27 具有输入和输出迭代器的 map()

```
function map<T, U>(
    begin: IInputIterator<T>, end: IInputIterator<T>,
    out: IOutputIterator<U>,
    func: (value: T) => U): void {

    while (!begin.equals(end)) {
        out.set(func(begin.get()));

        begin.increment();
        out.increment();
    }
}
```

begin和end迭代器定义了输入序列

out是用来写入函数结果的输出迭代器

一直重复，直到遍历整个序列，begin变成end

输出对当前元素应用函数的结果

递增输入和输出迭代器

这个版本的 map() 与基于原生的 IterableIterator<T> 的 map() 一样通用：我们可以提供任何 IInputIterator<T>，例如可以遍历链表的或者可以中序遍历树的 IInputIterator<T> 等。还可以提供任何 IOutputIterator<T>，例如可以写入控制台的或者写入数组的 IOutputIterator<T> 等。

到目前为止，这并没有为我们带来太大好处。我们有了另外一种实现，但它不能利用 TypeScript 提供的特殊语法。不过，这些迭代器只是基本的构造模块。稍后将会看到，我们还能够定义更加强大的迭代器。

10.4.2 有用的 find()

我们来看另外一个常用的算法：find()。这个算法接受一个值序列和一个谓词，返回序列中使给定谓词返回 true 的第一个元素。我们可以使用标准的 Iterable<T> 来实现该算法，如程序清单 10.28 所示。

程序清单 10.28 使用 Iterable 的 find()

```
function find<T>(iter: Iterable<T>,
    pred: (value: T) => boolean): T | undefined {
    for (const value of iter) {
        if (pred(value)) {
            return value;
        }
    }

    return undefined;
}
```

这种实现可以工作，但不是那么有用。如果在找到值以后，我们想修改它，该怎么办？如果我们在一个数字链表中查找第一次出现数字 42 的地方，以便把它修改为 0，那么 find() 返回 42 对我们并没有什么帮助。这跟它的结果返回一个 boolean 没有太大区别，因为该函数只是告诉我们这个值在序列中是否存在。

如果不是返回值自身，而是获得一个指向该值的迭代器，会是什么情况？JavaScript 原生的 Iterator<T> 是只读的。我们已经看过如何创建一个可以设置值的迭代器。对于这种场景，我们需要结合使用可读和可写的迭代器。下面给出前向迭代器的定义。

前向迭代器：前向迭代器是可以向前推进、可以读取当前位置的值以及更新该值的迭代器。前向迭代器也可以被克隆，使得推进该迭代器不会影响该迭代器的克隆。这一点很重要，因为它允许多次遍历一个序列（如图 10.5 所示）。这一点不同于输入和输出迭代器。

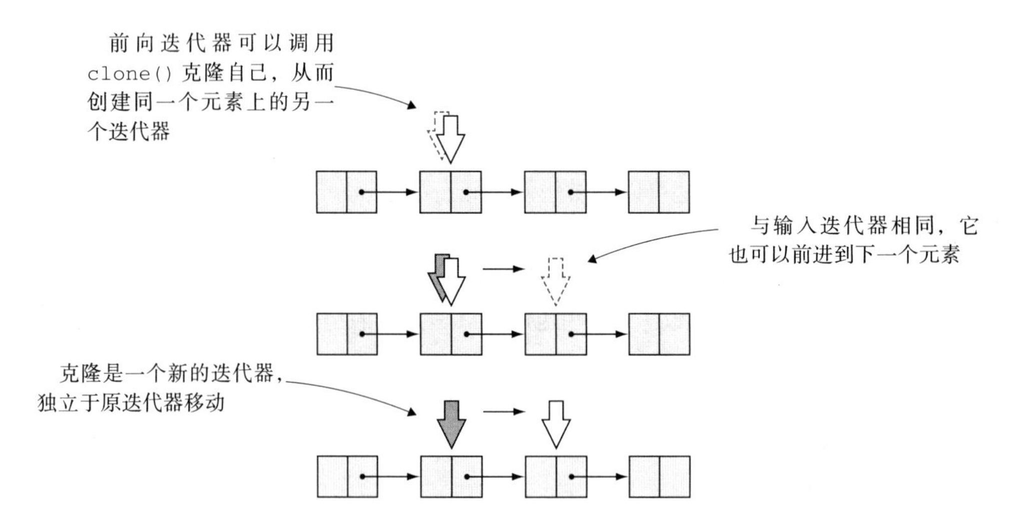

图 10.5　前向迭代器可以读写当前位置的值，前进到下一个元素，以及创建自己的一个克隆，从而支持多次遍历。在本图中，我们看到 clone() 如何创建迭代器的一个副本。在推进原迭代器时，副本不会移动

程序清单 10.29 显示的 IForwardIterator<T> 接口组合使用了 IReadable<T>、IWritable<T>、IIncrementable<T>，以及 equals() 和 clone() 方法。

程序清单 10.29　IForwardIterator<T>

```
interface IForwardIterator<T> extends
    IReadable<T>, IWritable<T>, IIncrementable<T> {
    equals(other: IForwardIterator<T>): boolean;
    clone(): IForwardIterator<T>;
}
```

作为一个示例，程序清单 10.30 实现了一个在链表上迭代的接口。我们将更新 Linked-ListIterator<T>，提供新接口所需要的其他方法。

程序清单 10.30 LinkedListIterator<T> 实现了 IForwardIterator<T>

```
class LinkedListIterator<T> implements IForwardIterator<T> {
    private node: LinkedListNode<T> | undefined;

    constructor(node: LinkedListNode<T> | undefined) {
        this.node = node;
    }

    increment(): void {
        if (!this.node) return;
        this.node = this.node.next;
    }

    get(): T {
        if (!this.node) throw Error();

        return this.node.value;
    }

    set(value: T): void {
        if (!this.node) throw Error();

        this.node.value = value;
    }

    equals(other: IForwardIterator<T>): boolean {
        return this.node == (<LinkedListIterator<T>>other).node;
    }

    clone(): IForwardIterator<T> {
        return new LinkedListIterator(this.node);
    }
}
```

这个版本的LinkedListIterator<T>实现了新的IForwardIterator<T>接口

set()是IWritable<T>需要的一个额外的方法，用于更新链表结点的值

equals()现在期望收到另外一个IForwardIterator<T>

clone()创建一个新的迭代器，指向与当前迭代器相同的结点

接下来，我们来看另一个版本的 find()，它接受一对 begin 和 end 迭代器，返回一个迭代器，该迭代器指向第一个满足谓词的元素，如程序清单 10.31 所示。使用这个版本时，我们可以在找到值的时候进行更新。

程序清单 10.31 使用前向迭代器的 find()

```
function find<T>(
    begin: IForwardIterator<T>, end: IForwardIterator<T>,
    pred: (value: T) => boolean): IForwardIterator<T> {
    while (!begin.equals(end)) {
        if (pred(begin.get())) {
            return begin;
        }

        begin.increment();
    }

    return end;
}
```

begin和end前向迭代器定义了序列

该函数返回一个前向迭代器，指向找到的元素

一直重复，直到遍历了整个序列

如果找到期望的元素，就返回迭代器

递增迭代器，前进到序列中的下一个元素

如果到达末尾，还没有找到期望的元素，就返回end迭代器

我们创建一个数字链表和刚刚实现的用来遍历链表的迭代器，然后应用这个算法来找出第一个等于 42 的值，并将其替换为 0，如程序清单 10.32 所示。

程序清单 10.32 将链表中的 42 替换为 0

```
let head: LinkedListNode<number> = new LinkedListNode(1);        <-- 创建一个包含序列1、2、42的
head.next = new LinkedListNode(2);                                    链表
head.next.next = new LinkedListNode(42);
let begin: IForwardIterator<number> =
    new LinkedListIterator(head);          <-- 为链表初始化begin和end前
let end: IForwardIterator<number> =            向迭代器
    new LinkedListIterator(undefined);     <--
                                                         调用find()，获得指向
let iter: IForwardIterator<number> =                     第一个值为42的结点的迭
    find(begin, end, (value: number) => value == 42);  <-- 代器

if (!iter.equals(end)) {                           <-- 我们需要确保找到了一个值
    iter.set(0);       <-- 如果找到了这种结点，        为42的结点，否则意味着我
}                          就将其值更新为0             们越过了链表的末尾
```

前向迭代器非常强大，因为它们能够遍历一个序列任意多次，并修改序列。这种功能允许我们实现就地算法，而不需要复制整个数据序列来进行变换。最后，我们来处理本节开始时介绍的算法：reverse()。

10.4.3 高效的 reverse()

我们在数组实现中看到，就地 reverse() 从数组的两端开始互换元素，一直递增前向索引，递减后向索引，直到二者相遇。

我们可以把数组实现推广到能够使用任何序列，但还需要迭代器具有另一种能力：递减位置的能力。具有这种能力的迭代器称为“双向迭代器”。

双向迭代器：双向迭代器具有前向迭代器的所有能力，但除此之外，还可以递减。换句话说，双向迭代器既可以前向，又可以后向遍历序列（如图 10.6 所示）。

我们来定义一个 IBidirectionalIterator<T> 接口，它与 IForwardIterator<T> 接口类似，但有一个额外的 decrement() 方法。注意，并非所有数据结构都支持这种迭代器，例如我们的链表就不支持。因为结点只包含其后继结点的引用，所以无法移动到前面的结点。不过，我们能够在一个双向链表上提供一个双向迭代器。在双向链表中，一个结点保存其前导结点和后继结点的引用，或者保存一个数组的引用。我们来把一个 ArrayIterator<T> 实现为 IBidirectionalIterator<T>，如程序清单 10.33 所示。

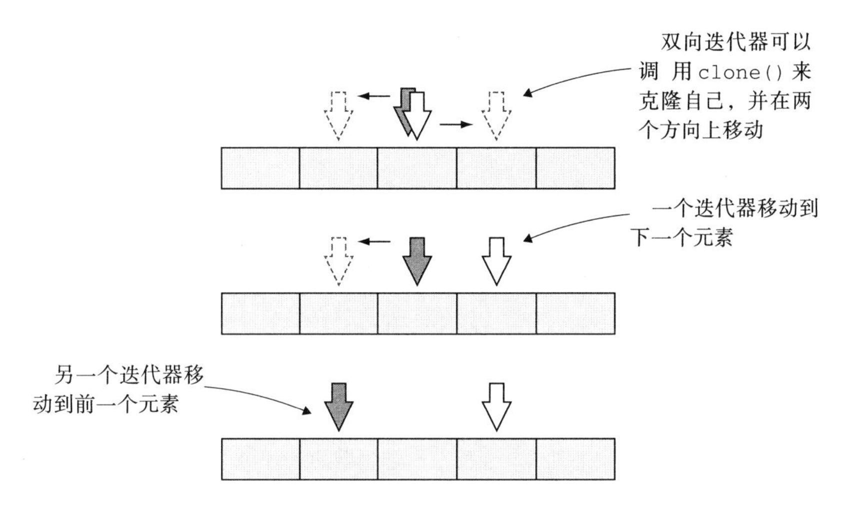

图 10.6　双向迭代器可以读写当前元素的值，克隆自己，以及向前或向后步进

程序清单 10.33　IBidirectionalIterator<T> 和 ArrayIterator<T>

```
interface IBidirectionalIterator<T> extends
    IReadable<T>, IWritable<T>, IIncrementable<T> {
    decrement(): void;
    equals(other: IBidirectionalIterator<T>): boolean;
    clone(): IBidirectionalIterator<T>;
}
```

与IForwardIterator<T>相比，IBidirectional-Iterator<T>有一个额外的decrement()方法

```
class ArrayIterator<T> implements IBidirectionalIterator<T> {
    private array: T[];
    private index: number;

    constructor(array: T[], index: number) {
        this.array = array;
        this.index = index;
    }

    get(): T {
        return this.array[this.index];
    }

    set(value: T): void {
        this.array[this.index] = value;
    }

    increment(): void {
        this.index++;
    }

    decrement(): void {
        this.index--;
    }

    equals(other: IBidirectionalIterator<T>): boolean {
```

```
        return this.index == (<ArrayIterator<T>>other).index;
    }

    clone(): IBidirectionalIterator<T> {
        return new ArrayIterator(this.array, this.index);
    }
}
```

接下来，我们使用一对 begin 和 end 双向迭代器来实现 reverse()。我们将互换值，递增 begin，递减 end，并在两个迭代器相遇时停止。我们必须确保两个迭代器从不会越过彼此，所以每次移动其中一个迭代器时，都要检查它们是否相遇，如程序清单 10.34 所示。

程序清单 10.34 使用双向迭代器的 reverse()

```
function reverse<T>(
    begin: IBidirectionalIterator<T>, end: IBidirectionalIterator<T>
    ): void {
    while (!begin.equals(end)) {
        end.decrement();
        if (begin.equals(end)) return;

        const temp: T = begin.get();
        begin.set(end.get());
        end.set(temp);

        begin.increment();
    }
}
```

一直重复，直到begin和end相遇

递减end。end从数组末尾后面的一个元素开始，所以在使用它之前，需要先递减

再次检查，确认递减end并不会导致两个迭代器指向相同的元素

互换值

最后，递增start，然后重复操作（while循环条件再次检查两个迭代器是否相遇）

在程序清单 10.35 中，我们对一个数值数组试用一下这个算法。

程序清单 10.35 翻转一个数值数组

```
let array: number[] = [1, 2, 3, 4, 5];

let begin: IBidirectionalIterator<number>
    = new ArrayIterator(array, 0);
let end: IBidirectionalIterator<number>
    = new ArrayIterator(array, array.length);

reverse(begin, end);

console.log(array);
```

将数组的begin迭代器初始化为索引0

将数组的end迭代器初始化为索引长度（最后一个元素后面的元素）

这将记录[5, 4, 3, 2, 1]

使用双向迭代器时，我们可以扩展一个高效的就地 reverse()，使其能够用于任何可以双向遍历的数据结构。最初的算法只能用于数组，而经过扩展，它可以用于任何

IBidirentionalIterator<T>。我们可以应用相同的算法来遍历一个双向链表，或者其他任何允许向前和向后移动迭代器的数据结构。

注意，我们当然也可以翻转一个单向链表，不过这种算法无法推广。翻转一个单向链表时，会改变结构，因为我们把对下一个元素的引用翻转为指向前一个元素。这种算法与其操作的数据结构密切耦合，并不能被推广。与之相对，我们的泛型 reverse() 需要一个双向迭代器，它对于任何能够提供这种迭代器的数据结构都会以相同的方式工作。

10.4.4　高效地获取元素

有些算法对迭代器的要求比 increment() 和 decrement() 对迭代器的要求更多。排序算法是一个很好的例子。一个高效的、$O(n\log n)$ 级别的排序算法，如快速排序，需要在被排序的数据结构中四处跳转，访问任意位置的元素。要达到这种目的，使用双向迭代器是不够的。我们需要一种随机访问迭代器。

随机访问迭代器：随机访问迭代器能够以常量时间向前或向后跳过任意多个元素。双向迭代器每次递增或递减一步，而随机访问迭代器则可以移动任意数量的元素（如图 10.7 所示）。

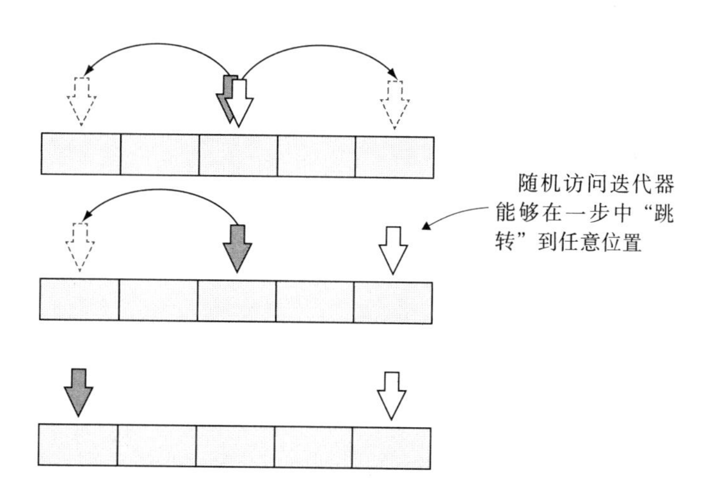

图 10.7　随机访问迭代器可以读写当前元素的值、克隆自己以及向前或向后移动任意元素

数组是可随机访问的数据结构的好例子，因为在数组中，我们可以使用索引快速获取任何元素。与之相对，在双向链表中，需要通过后继或前导引用，才能访问目标元素。双向链表不能支持随机访问迭代器。

我们接下来定义一个 IRandomAccessIterator<T> 迭代器，使其不仅支持 IBidirectionalIterator<T> 的全部功能，而且支持一个 move() 方法，可将该迭代器移动 n

个元素。使用随机访问迭代器时，知道两个迭代器距离多远也会有帮助。我们将添加一个distance()方法，用来返回两个迭代器的距离，如程序清单10.36所示。

程序清单 10.36 IRandomAccessIterator<T>

```
interface IRandomAccessIterator<T>
    extends IReadable<T>, IWritable<T>, IIncrementable<T> {
    decrement(): void;
    equals(other: IRandomAccessIterator<T>): boolean;
    clone(): IRandomAccessIterator<T>;
    move(n: number): void;
    distance(other: IRandomAccessIterator<T>): number;
}
```

程序清单10.37更新ArrayIterator<T>，以实现IRandomAccessIterator<T>。

程序清单 10.37 ArrayIterator<T> 实现了一个随机访问迭代器

```
class ArrayIterator<T> implements IRandomAccessIterator<T> {
    private array: T[];
    private index: number;

    constructor(array: T[], index: number) {
        this.array = array;
        this.index = index;
    }

    get(): T {
        return this.array[this.index];
    }

    set(value: T): void {
        this.array[this.index] = value;
    }

    increment(): void {
        this.index++;
    }

    decrement(): void {
        this.index--;
    }

    equals(other: IRandomAccessIterator<T>): boolean {
        return this.index == (<ArrayIterator<T>>other).index;
    }

    clone(): IRandomAccessIterator<T> {
        return new ArrayIterator(this.array, this.index);
    }

    move(n: number): void {          // move()将迭代器推进n个步长（n
        this.index += n;             // 可以是负数，代表向后移动）
    }
```

```
    distance(other: IRandomAccessIterator<T>): number {     ◁ distance()决定了两
        return this.index - (<ArrayIterator<T>>other).index;   个迭代器的距离
    }
}
```

我们来看一个能够从使用随机访问迭代器获益的简单算法：elementAt()。该算法的实参为定义了一个序列的 begin 和 end 迭代器，以及一个数字 n。它将返回指向序列中第 *n* 个元素的迭代器，或者如果 *n* 大于序列的长度，则返回 end 迭代器。

我们可以使用一个输入迭代器来实现这个算法，但这意味着需要递增迭代器 *n* 次，才能到达期望的元素。这种算法具有线性复杂度，即 $O(n)$。使用随机访问迭代器时，能够以常量时间来完成这种操作，即 $O(1)$，如程序清单 10.38 所示。

程序清单 10.38　访问指定位置的元素

```
function elementAtRandomAccessIterator<T>(
    begin: IRandomAccessIterator<T>, end: IRandomAccessIterator<T>,
    n: number): IRandomAccessIterator<T> {
    begin.move(n);                                  ◁ 将begin向前移动
                                                      n个元素
    if (begin.distance(end) <= 0) return end;       ◁ 如果等于或大于end，
                                                      则n大于序列长度，所
    return begin;     ◁ 否则，返回该元素的迭代器         以返回end
}
```

随机访问迭代器能够实现最高效的算法，但是提供这种迭代器的数据结构相对较少。

10.4.5　回顾迭代器

我们介绍了各种迭代器，以及它们的不同能力如何支持更加高效的算法。首先介绍了输入和输出迭代器，它们在一个序列上进行一次性遍历。输入迭代器允许读取值，而输出迭代器允许设置值。

map()、filter() 和 reduce() 等算法以线性方式处理输入，所以使用这类迭代器就足够了。大部分编程语言（包括 Java 和 C#）只是使用 Iterable<T> 或 IEnumerable<T> 为这种类型的迭代器提供了算法库。

接下来，我们看到，通过添加读写值以及创建迭代器副本的能力，我们能够创建可以就地修改数据的其他有用的算法。这些新的能力是前向迭代器提供的。

在一些情况中，例如前面的 reverse() 示例，仅仅能够在序列中向前移动是不够的，而是需要能够在两个方向上移动。能够向前和向后移动的迭代器称为双向迭代器。

最后，一些算法如果能够在序列中跳转，访问任意位置的元素，而不是一步步地遍历序列，就能够获得更高的效率。排序算法是很好的例子，而前面看到的简单的

elementAt() 也是一个很好的例子。为了支持这种算法，我们介绍了随机访问迭代器，它们可以在一个步骤中移动多个元素位置。

这些并不是新的思路，C++ 标准库提供了一组高效的算法，它们使用具有类似能力的迭代器。其他语言则提供了一个规模相对较小的算法集合，或者使用效率相对更低的实现。

你可能注意到，基于迭代器的算法并不是流畅的，因为它们接受一对迭代器作为输入，返回 void 或者一个迭代器。相比迭代器，C++ 现在越来越倾向于使用范围。本书中不深入讨论这个主题。不过，在高层面上，可以把范围想象成一对 begin/end 迭代器。通过更新算法，使其接受范围作为实参，并返回范围，这样就为创建流畅的 API，进而使用这些 API 链接范围操作搭建好了基础。很可能在将来的某个时候，其他语言也会采用基于范围的算法。能够使用有足够能力的迭代器，在任何数据结构上运行高效的、就地的泛型算法是极为有用的。

10.4.6 习题

1. 如果要支持一个 drop() 算法，使其跳过一个范围的前 n 个元素，那么至少需要使用哪种迭代器？
   a）InputIterator
   b）ForwardIterator
   c）BidirectionalIterator
   d）RandomAccessIterator
2. 如果要支持一个二分搜索算法，且其时间复杂度为 $O(\log n)$，那么至少需要使用哪种迭代器？提醒一下，二分搜索检查范围内的中间元素。如果该元素比要搜索的值大，则将范围分为两个部分，然后在前半部分进行搜索。如果中间元素比要搜索的值小，则在范围的后半部分中搜索。然后，一直重复这个过程，直到找到该值。这种算法的思想是，执行每一步后，搜索空间减半，所以其复杂度为 $O(\log n)$。
   a）InputIterator
   b）ForwardIterator
   c）BidirectionalIterator
   d）RandomAccessIterator

10.5 自适应算法

我们对迭代器提出的要求越多，能够提供这种迭代器的数据结构就越少。我们能够在单向链表、双向链表或数组上创建一个前向迭代器。如果想要使用双向迭代器，就不能将其用到单向链表。我们能够在双向链表和数组上获取一个双向迭代器，但是不能在单向链表上获取双向迭代器。如果想要使用随机访问迭代器，那么就不能将其用到双向链表。

我们希望泛型算法尽可能通用，并且它们只需要足以支持算法的、能力最低的迭代器。但是我们看到，算法的低效版本对迭代器没有那么多要求。对于一些算法，我们可以提供多个版本：一个低效，但是对迭代器要求较低的版本，和一个高效，但是对迭代器要求更高的版本。

再来看看 `elementAt()` 示例。这种算法将返回序列中的第 *n* 个值，或者如果 *n* 大于序列的长度，就返回序列末尾。如果我们有一个前向迭代器，就可以将其递增 *n* 次并返回值。这种实现具有线性或 $O(n)$ 复杂度，因为随着 *n* 的增加，需要执行的步骤就越多。另外，如果使用随机访问迭代器，就能够以常量或 $O(1)$ 时间来获取元素。

是提供一个更加通用，但效率较低的算法，还是一个更加高效但是适用的数据结构较少的算法？答案是不必做出选择，我们可以提供算法的两个版本，并且根据得到的迭代器的类型，使用最高效的实现。

我们来实现一个以线性时间获取元素的 `elementAtForwardIterator()` 和以常量时间获取元素的 `elementAtRandomAccessIterator()`，如程序清单 10.39 所示。

程序清单 10.39 使用输入迭代器和随机访问迭代器的 `elementAt()`

```
function elementAtForwardIterator<T>(
    begin: IForwardIterator<T>, end: IForwardIterator<T>,
    n: number): IForwardIterator<T> {
    while (!begin.equals(end) && n > 0) {
        begin.increment();
        n--;
    }

    return begin;
}

function elementAtRandomAccessIterator<T>(
    begin: IRandomAccessIterator<T>, end: IRandomAccessIterator<T>,
    n: number): IRandomAccessIterator<T> {
    begin.move(n);

    if (begin.distance(end) <= 0) return end;

    return begin;
}
```

当n大于0，并且没有到达序列末尾时，将迭代器移动到下一个元素，然后递减n

返回begin。这将是第n个元素或序列的末尾

这是前一节的elementAt()实现

现在，我们可以实现一个 `elementAt()` 方法，使其根据自己收到的迭代器的能力选择合适的算法应用，如程序清单 10.40 所示。注意，TypeScript 不支持函数重载，所以我们需要使用一个函数来确定迭代器的类型。在其他语言中，如 C# 或 Java，我们可以简单地提供名称相同但是实参不同的方法。

一个好的算法会适应环境；对于迭代器能力不高的情况，它使用不那么高效的实现，而对于能力更高的迭代器，它使用最高效的实现。

程序清单 10.40 自适应的 elementAt()

```
function isRandomAccessIterator<T>(
    iter: IForwardIterator<T>): iter is IRandomAccessIterator<T> {
    return "distance" in iter;
}

function elementAt<T>(
    begin: IForwardIterator<T>, end: IForwardIterator<T>,
    n: number): IForwardIterator<T> {
    if (isRandomAccessIterator(begin) && isRandomAccessIterator(end)) {
        return elementAtRandomAccessIterator(begin, end, n);
    } else {
        return elementAtForwardIterator(begin, end, n);
    }
}
```

如果iter有一个distance方法，就认为它是一个随机访问迭代器

如果是随机访问迭代器，就调用高效的elementAtRandomAccessIterator()函数

否则，就使用不那么高效的elementAtForwardIterator()函数

习题

1. 实现 `nthLast()` 函数，它返回一个范围中倒数第 *n* 个元素的迭代器（如果范围太小，就返回末尾）。如果 *n* 是 1，则返回指向最后一个元素的迭代器；如果 *n* 是 2，则返回指向倒数第 2 个元素的迭代器，以此类推。如果 *n* 是 0，则返回末尾迭代器，指向范围中最后一个元素后面的一个元素。
2. 提示：可以使用 `ForwardIterator` 前进两次来实现：第一次统计范围内的元素；在第二次前进时，因为我们知道范围的大小，所以知道在什么时候停止，就能够取到倒数第 *n* 个元素。

小结

- 因为泛型算法操作迭代器，所以它们可以在不同的数据结构上重用。
- 每当编写一个循环时，都应考虑是否可以使用一个库算法或者算法的组合来实现相同的结果。
- 流畅的 API 为链接算法提供了一个好用的接口。
- 类型约束允许算法要求操作的类型具有特定的能力。
- 输入迭代器可以读取值并前进。我们使用输入迭代器读取流（如标准输入）中的数据。读取一个值后，不能再重新读取，只能向前移动。
- 输出迭代器可被写入并前进。我们使用输出迭代器写入流（如标准输出）。写入一个值后，不能再将其读回。
- 前向迭代器可以读取值以及被写入，可以前进，还可以被克隆。链表是支持前向迭代器的数据结构的一个好例子。我们可以移动到下一个元素，以及保存对当前元素

的多个引用，但是不能移动到前一个元素，除非之前在前进到该元素时，保存了对该元素的引用。

- 双向迭代器具有前向迭代器的所有能力，但还可以向后移动。双向链表是支持双向迭代器的数据结构的一个例子。我们可以根据需要移动到下一个和前一个元素。
- 随机访问迭代器可以自由移动到序列中的任意位置。数组是支持随机访问迭代器的一种数据结构。我们可以在一个步骤中跳转到任意元素。
- 大部分主流语言都为输入迭代器提供了算法库。
- 能力更高的迭代器支持更加高效的算法。
- 自适应算法提供了多个实现：迭代器的能力越高，就会使用越高效的算法。

第 11 章将把抽象程度再提高一个级别，介绍高阶类型，并解释单子是什么以及能够用它来做些什么。

习题答案

更好的 map()、filter() 和 reduce()

1. 下面给出了使用 reduce() 和 filter() 的一种可行的实现：

```
function concatenateNonEmpty(iter: Iterable<string>): string {
    return reduce(
        filter(
            iter,
            (value) => value.length > 0),
        "", (str1: string, str2: string) => str1 + str2);
}
```

2. 下面给出了使用 map() 和 filter() 的一种可行的实现：

```
function squareOdds(iter: Iterable<number>): IterableIterator<number> {
    return map(
        filter(
            iter,
            (value) => value % 2 == 1),
        (x) => x * x
        );
}
```

常用算法

1. 下面给出了一种可行的实现：

```
class FluentIterable<T> {
    /* ... */

    take(n: number): FluentIterable<T> {
        return new FluentIterable (this.takeImpl(n));
    }
```

```
    private *takeImpl(n: number): IterableIterator<T> {
        for (const value of this.iter) {
            if (n-- <= 0) return;

            yield value;
        }
    }
}
```

2. 下面给出了一种可行的实现：

```
class FluentIterable<T> {
    /* ... */

    drop(n: number): FluentIterable<T> {
        return new FluentIterable(this.dropImpl(n));
    }

    private *dropImpl(n: number): IterableIterator<T> {
        for (const value of this.iter) {
            if (n-- > 0) continue;

            yield value;
        }
    }
}
```

约束类型参数

1. 下面给出了一种可行的实现，使用泛型类型约束来确保 `T` 是 `IComparable`：

```
function clamp<T extends IComparable<T>>(value: T, low: T, high: T): T {
    if (value.compareTo(low) == ComparisonResult.LessThan) {
        return low;
    }

    if (value.compareTo(high) == ComparisonResult.GreaterThan) {
        return high;
    }

    return value;
}
```

高效的 `reverse()` 和其他使用迭代器的算法

1. a——`drop()` 甚至可以用在无限的数据流上。能够简单地向前推进就足够了。

2. d——二分搜索要做到高效，就必须能在每个步骤跳转到范围的中间。双向迭代器必须逐个元素前进，才能到达序列的中间，所以做不到 $O(\log n)$（一步步前进是 $O(n)$，即线性的）。

自适应算法

1. 当收到双向迭代器时，自适应算法会从后面递减，当收到前向迭代器时，会使用前进两遍的方法。下面给出了一种可行的实现：

```
function nthLastForwardIterator<T>(
    begin: IForwardIterator<T>, end: IForwardIterator<T>, n: number)
    : IForwardIterator<T> {
    let length: number = 0;
    let begin2: IForwardIterator<T> = begin.clone();

    // Determine the length of the range
    while (!begin.equals(end)) {
        begin.increment();
        length++;
    }

    if (length < n) return end;

    let curr: number = 0;

    // Advance until the current element is the nth from the back
    while (!begin2.equals(end) && curr < length - n) {
        begin2.increment();
        curr++;
    }

    return begin2;
}

function nthLastBidirectionalIterator<T>(
    begin: IBidirectionalIterator<T>, end: IBidirectionalIterator<T>,
n: number)
    : IBidirectionalIterator<T> {
    let curr: IBidirectionalIterator<T> = end.clone();

    while (n > 0 && !curr.equals(begin)) {
        curr.decrement();
        n--;
    }

    // Range is too small if we reached begin before decrementing n
times
    if (n > 0) return end;

    return curr;
}

function isBidirectionalIterator<T>(
    iter: IForwardIterator<T>): iter is IBidirectionalIterator<T> {
    return "decrement" in iter;
}
function nthLast<T>(
    begin: IForwardIterator<T>, end: IForwardIterator<T>, n: number)
    : IForwardIterator<T> {
    if (isBidirectionalIterator(begin) && isBidirectionalIterator(end))
{
        return nthLastBidirectionalIterator(begin, end, n);
    } else {
        return nthLastForwardIterator(begin, end, n);
    }
}
```

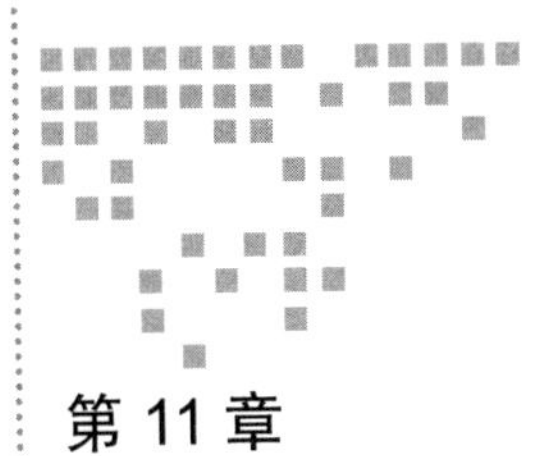

Chapter 11 第 11 章

高阶类型及其他

本章要点

- ❑ 将 map() 应用到其他多种类型
- ❑ 封装错误传播
- ❑ 理解单子及其应用
- ❑ 找到资源进一步学习

在本书中，我们看到了非常常用的算法 map() 的多个版本，并且在第 10 章中看到，迭代器实现提供了一种抽象，使我们能够在多种数据结构上重用这个算法。在本章中，我们将不再局限于迭代器，而是进一步扩展这种算法，提供一个更加通用的版本。这个强大的算法允许混用泛型类型和函数，并能够提供一种统一的方式来处理错误。

我们将先介绍几个示例，然后定义这种广泛适用的函数系列，称为函子（functor），还将解释什么是高阶类型，以及它们如何帮助定义这种泛型函数。我们将说明不支持高阶类型的语言所具有的一些局限性。

之后，我们将介绍单子。这个术语将出现在多个地方，不过虽然听起来比较抽象，但它的概念是很直观的。我们将解释单子是什么，以及它有哪些应用（从更好的错误传播到异步代码和序列压平）。

在本章最后，我们将讨论本书中学习的一些主题，以及没有介绍的另外两种类型：从属类型和线性类型。我们不会详细介绍它们，只是给出一些说明，并列举一些可以深入学习这些主题的资源。我们推荐了一些讲解这些主题的图书，以及支持其中某些特性的编程语言。

11.1　更加通用的 map

第 10 章中更新了第 5 章的 map() 实现。第 5 章的实现只用于数组，而第 10 章则将其更新为一个泛型实现，能够用于迭代器，如程序清单 11.1 所示。我们介绍了迭代器如何抽象数据结构遍历，使得新版本的 map() 能够把一个函数应用到任何数据结构的元素（如图 11.1 所示）。

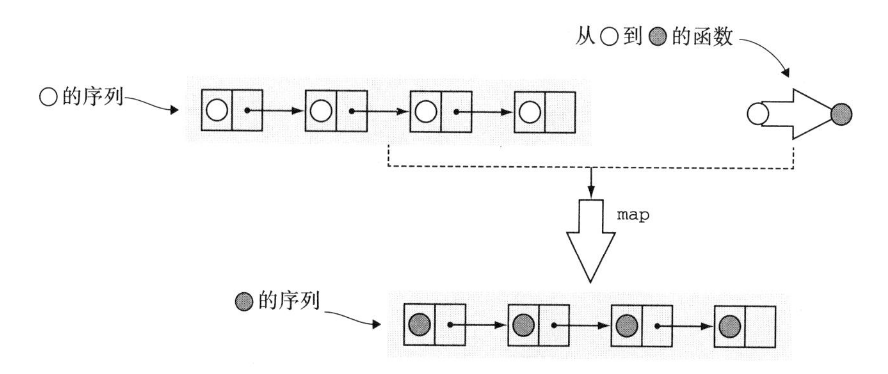

图 11.1　map() 接受序列（在这里是一个圆的列表）上的一个迭代器，以及变换圆的一个函数作为实参。map() 将该函数应用到序列中的每个元素，并使用变换后的元素生成一个新的序列

程序清单 11.1　泛型 map()

```
function* map<T, U>(iter: Iterable<T>, func: (item: T) => U):
    IterableIterator<U> {
    for (const value of iter) {
        yield func(value);
    }
}
```

这种实现操作迭代器，但是我们也应该能够把 (item: T) => U 形式的函数应用到其他类型。我们把第 3 章定义的 Optional<T> 类型作为示例，如程序清单 11.2 所示。

程序清单 11.2　Optional 类型

```
class Optional<T> {
    private value: T | undefined;
    private assigned: boolean;

    constructor(value?: T) {
        if (value) {
            this.value = value;
            this.assigned = true;
        } else {
            this.value = undefined;
            this.assigned = false;
```

```
        }
    }

    hasValue(): boolean {
        return this.assigned;
    }

    getValue(): T {
        if (!this.assigned) throw Error();

        return <T>this.value;
    }
}
```

人们认为能够在 `Optional<T>` 上映射函数 `(value: T) => U` 是很自然的事情。如果可选值包含类型 `T` 的值，则映射该函数应该返回一个 `Optional<U>`，其中包含应用该函数的结果。如果可选值不包含值，则映射该函数应该返回一个空的 `Optional<U>`，如图 11.2 所示。

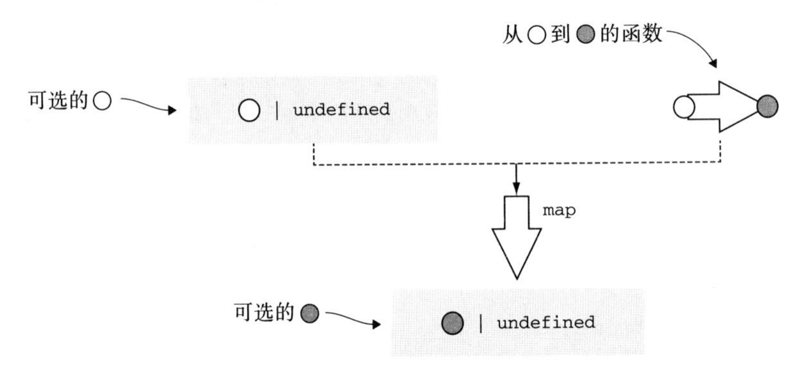

图 11.2　在可选值上映射函数。如果可选值是空的，则 `map()` 返回一个空的可选值；否则，它把函数应用到该值，并返回包含结果的一个可选值

下面给出一种实现，如程序清单 11.3 所示。我们将把这个函数放到一个命名空间中。因为 TypeScript 不支持函数重载，所以要让多个函数具有相同的名称，需要把它们放到不同的命名空间中，使编译器能够区分我们调用的函数。

程序清单 11.3　Optional map()

```
namespace Optional {
    export function map<T, U>(                           <- export使该函数在命名空间外部可见
        optional: Optional<T>, func: (value: T) => U): Optional<U> {
        if (optional.hasValue()) {
```

```
            return new Optional<U>(func(optional.getValue()));
        } else {
            return new Optional<U>();
        }
    }
}
```

如果可选值是空的，就创建一个空的Optional<U>

如果可选值有一个值，就提取该值，传递给func()，并使用函数的结果初始化一个Optional<U>

使用TypeScript中的和类型T或undefined，可以实现类似的操作。回忆一下，Optional<T>是我们自制的和类型，可以用在本身不支持和类型的语言中，不过TypeScript本身支持和类型。接下来看看如何在原生的可选类型T|undefined上进行映射。

在T|undefined上映射函数(value:T)=>U时，将应用该函数，如程序清单11.4所示。如果有一个T类型的值，将返回该函数的结果；如果一开始的值是undefined，就返回undefined。

程序清单 11.4 和类型 map()

```
namespace SumType {
    export function map<T, U>(
        value: T | undefined, func: (value: T) => U): U | undefined {
        if (value == undefined) {
            return undefined;
        } else {
            return func(value);
        }
    }
}
```

这些类型不能被迭代，但存在一个map()函数仍然是合理的。在程序清单11.5中，我们来定义另外一个简单的泛型类型Box<T>。该类型只是封装T类型的一个值。

程序清单 11.5 Box 类型

```
class Box<T> {
    value: T;
    constructor(value: T) {
        this.value = value;
    }
}
```

Box<T>只是封装了T类型的一个值

我们能够在这个类型上映射一个函数(value: T) => U吗？答案是可以。你可能猜到了，Box<T>的map()将返回一个Box<U>：它从Box<T>中取出T值，对其应用函数，然后把结果放回一个Box<U>中，如图11.3和程序清单11.6所示。

我们可以在许多泛型类型上映射函数。为什么这种能力很有用？因为与迭代器一样，map()提供了另外一种方式来将存储数据的类型与操作该数据的函数解耦。

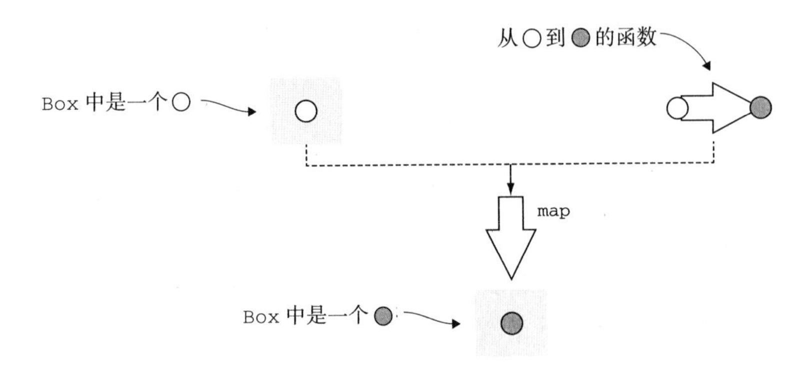

图 11.3 对装箱的值映射一个函数。map() 从 Box 中取出值，应用函数，然后把值放回一个 Box

程序清单 11.6 Box map()

```
namespace Box {
    export function map<T, U>(
        box: Box<T>, func: (value: T) => U): Box<U> {
        return new Box<U>(func(box.value));
    }
}
```

Box<T>上的map()提取值，对其调用func()，然后把结果放到一个Box<U>中

11.1.1 处理结果或传播错误

我们来看两个处理数值的函数的具体例子。我们将实现一个简单的 square() 函数，它接受一个数字作为实参，并返回该数字的平方值。还将实现一个 stringify() 函数，它接受一个数字作为实参，并返回该数字的字符串表示，如程序清单 11.7 所示。

程序清单 11.7 square() 和 stringify()

```
function square(value: number): number {
    return value ** 2;
}
function stringify(value: number): string {
    return value.toString();
}
```

现在，假设我们有一个 readNumber() 函数，它从文件中读取一个数值，如程序清单 11.8 所示。因为我们要处理输入，所以可能遇到几个问题。例如，如果文件不存在，或者不能被打开，应该怎么办？出现这种情况时，readNumber() 将返回 undefined。我们不介绍这个函数的实现，对于我们的示例来说，重要的是它的返回类型。

如果我们想读取一个数字，然后首先对该数字应用 square()，接着应用 stringify()，就需要确保确实有一个能够处理的数字，而不是有一个 undefined。一种可能的实现是将

number | undefined 转换为 number，并在必要的地方使用 if 语句，如程序清单 11.9 所示。

程序清单 11.8　readNumber() 的返回类型

```
function readNumber(): number | undefined {
    /* Implementation omitted */
}
```

程序清单 11.9　处理一个数字

```
function process(): string | undefined {
    let value: number | undefined = readNumber();

    if (value == undefined) return undefined;    <-- 需要检查值是否是undefined。如果是，就立即返回undefined

    return stringify(square(value));    <-- 处理值并返回结果
}
```

我们有两个操作数字的函数，但是因为输入可能为 undefined，所以还需要显式处理这种情况。这并不是特别糟糕，但是一般来说，代码中的分支越少，复杂度就越低，就更容易理解和维护，出现 Bug 的概率也更小。看待这种处理的另外一个角度是，process() 自己只是简单地传播了 undefined，它不对 undefined 做任何有用的处理。最好是我们能够让 process() 负责处理值，而让其他方法处理发生错误的情况。如何实现这一点？可以使用我们为和类型实现的 map()，如程序清单 11.10 所示。

程序清单 11.10　使用 map() 进行处理

```
namespace SumType {
    export function map<T, U>(
        value: T | undefined, func: (value: T) => U): U | undefined {    <-- 这是程序清单11.4中为和类型实现的map()
        if (value == undefined) {
            return undefined;
        } else {
            return func(value);
        }
    }
}

function process(): string | undefined {
    let value: number | undefined = readNumber();

    let squaredValue: number | undefined =
        SumType.map(value, square);    <-- 我们不再显式检查undefined，而是调用map()对值应用square()。如果值是undefined，那么map()将把undefined返回给我们

    return SumType.map(squaredValue, stringify);    <-- 与square()一样，我们调用map()来把stringify()函数应用到squaredValue。如果值是undefiend，map()将返回undefined
}
```

现在，process() 实现没有分支。把 number | undefined 拆包为 number 并检查 undefined 的职责由 map() 完成。map() 是泛型，可以用在其他许多类型（如 string | undefined）和处理函数中。

在我们的示例中，因为 square() 肯定会返回一个数字，所以可以创建一个小 lambda，将 square() 和 stringify() 链接起来，然后把该 lambda 传递给 map()，如程序清单 11.11 所示。

程序清单 11.11　使用 lambda 进行处理

```
function process(): string | undefined {
    let value: number | undefined = readNumber();

    return SumType.map(value,
        (value: number) => stringify(square(value)));    <-- 将square()的结果传递给stringify()的lambda
}
```

这种实现是 process() 的函数式实现，因为错误传播的工作被委托给了 map()。11.2 节在介绍单子时，将详细介绍错误处理。现在，我们来看 map() 的另外一种应用。

11.1.2　混搭函数的应用

如果没有 map() 函数系列，那么当我们有一个对 number 求平方值的 square() 函数时，就必须实现额外的逻辑，以便从 number|undefined 和类型中取出一个 number。类似地，我们需要实现一些额外的逻辑来从 Box<number> 中取出值，以及将值重新打包为 Box<number>，如程序清单 11.12 所示。

程序清单 11.12　为 square() 拆包值

```
function squareSumType(value: number | undefined)    <-- 这个函数封装了对undefined的检查
    : number | undefined {
    if (value == undefined) return undefined;
    return square(value);
}

function squareBox(box: Box<number>): Box<number> {    <-- 这个函数从Box中拆包值，然后把结果放到另外一个Box中
    return new Box(square(box.value));
}
```

到现在为止还没有大问题。但是，如果我们想为 stringify() 实现类似的操作，该怎么办？同样，我们需要编写两个函数，但它们与前面的函数看起来非常相似，如程序清单 11.13 所示。

这看起来有点像重复代码了，而出现重复代码从来不是一个好现象。如果我们有能够用于 number | undefined 和 Box 的 map() 函数，就可以利用它们提供的抽象来移除重复代码。在程序清单 11.14 中，我们可以把 square() 或 stringify() 传递给

SumType.map() 或 Box.map()，并不需要额外的代码。

程序清单 11.13 为 stringify() 拆包值

```
function stringifySumType(value: number | undefined)
    : string | undefined {
    if (value == undefined) return undefined;

    return stringify(value);
}

function stringifyBox(box: Box<number>): Box<string> {
    return new Box(stringify(box.value))
}
```

程序清单 11.14 使用 map()

```
let x: number | undefined = 1;
let y: Box<number> = new Box(42);

console.log(SumType.map(x, stringify));
console.log(Box.map(y, stringify));

console.log(SumType.map(x, square));
console.log(Box.map(y, square));
```

接下来，我们来定义这个 map() 函数系列。

11.1.3 函子和高阶类型

前面小节中所讨论的其实就是函子。

函子：函子是执行映射操作的函数的推广。对于任何泛型类型，以 Box<T> 为例，如果 map() 操作接受一个 Box<T> 和一个从 T 到 U 的函数作为实参，并得到一个 Box<U>，那么该 map() 就是一个函子（如图 11.4 所示）。

函子很强大，但是大部分主流语言都没有很好的方式来表达函子，因为函子的常规定义依赖于高阶类型的概念。

高阶类型：泛型类型是具有类型参数的类型，如泛型类型 T，或者有一个类型参数 T 的类型，如 Box<T>。高阶类型与高阶函数类似，代表具有另外一个类型参数的类型参数。例如，T<U> 或 Box<T<U>> 有一个类型参数 T，后者又有一个类型参数 U。

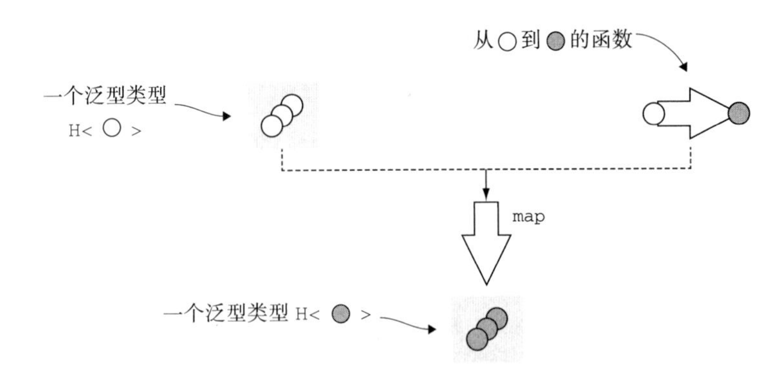

图 11.4 我们有一个泛型类型 H，它包含某个类型 T 的 0 个、1 个或更多个值，还有一个从 T 到 U 的函数。在本例中，T 是一个空心圆，U 是一个实心圆。map() 函子从 H<T> 实例中拆包出 T，应用函数，然后把结果放回到一个 H<U> 中

类型构造函数

在类型系统中，我们可以认为类型构造函数是返回类型的一个函数。我们不需要自己实现类型构造函数，因为这是类型系统在内部看待类型的方式。

每个类型都有一个构造函数。一些构造函数很简单。例如，可以把类型 number 的构造函数看作不接受实参、返回 number 类型的一个函数，也就是 () -> [number type]。

甚至类型为 (value: number) => number 的函数，如 square()，也有一个没有实参的类型构造函数 () -> [(value: number) => number type]，因为尽管该函数接受一个实参，但它的类型没有实参；它总是相同的。

对于泛型，情况则有了变化。泛型类型，如 T[]，需要一个实际的类型参数来生成一个具体类型。其类型构造函数为 (T) -> [T[] type]。例如，当 T 是 number 时，我们得到的类型是一个数值数组 number[]，而当 T 是 string 时，得到的类型是一个字符串数组 string[]。这种构造函数也称为“种类”，即类型 T[] 的种类。

高阶类型与高阶函数一样，将抽象程度提高了一个级别。在这里，我们的类型构造函数可以接受另外一个类型构造函数作为实参。以类型 T<U>[] 为例，这是某种类型 T 的一个数组，而 T 又有一个类型实参 U。第一个类型构造函数接受 U 作为实参，得到 T<U>。我们需要把它传递给第二个类型构造函数，得到 T<U>[]((U) -> [T<U> type]) -> [T<U>[] type]。

正如高阶函数是接受其他函数作为实参的函数，高阶类型是接受其他种类作为实参的种类（参数化的类型构造函数）。

理论上，我们可以深入任何级别，如 T<U<V<W>>>，但在实际应用中，超过第一个 T<U> 级别后，它就没那么有用了。

因为在 TypeScript、C# 或 Java 中没有一种好的方式来表达高阶类型，所以我们不能通过使用类型系统表达一个函子的方式来定义结构。Haskell 和 Idris 等语言有更强大的类型系统，使得创建这种定义成为可能。不过在我们的示例中，因为不能通过类型系统实现这种能力，所以可以把它想象成一种模式。

我们可以说，函子是具有类型参数 T 的任意类型 H（H<T>），并且对于该类型，有一个函数 map() 可接受类型 H<T> 的实参和一个从 T 到 U 的函数，并返回 H<U> 类型的一个值。

另外，如果我们想使用面向对象编程的方法，则可以让 map() 成为一个成员函数。此时，如果 H<T> 有一个方法 map()，且该方法接受从 T 到 U 的函数作为实参，返回 H<U> 类型的一个值，就称 H<T> 是一个函子。为了了解类型系统在什么地方还有待提高，我们可以为其创建一个接口。我们把这个接口命名为 Functor，并使其声明一个 map() 成员，如程序清单 11.15 所示。

程序清单 11.15　Functor 接口

```
interface Functor<T> {
    map<U>(func: (value: T) => U): Functor<U>;
}
```

程序清单 11.16 将更新 Box<T>，使其实现这个接口。

程序清单 11.16　实现 Functor 接口的 Box

```
class Box<T> implements Functor<T> {
    value: T;
    constructor(value: T) {
        this.value = value;
    }

    map<U>(func: (value: T) => U): Box<U> {
        return new Box(func(this.value));
    }
}
```

这段代码能够通过编译，唯一的问题是它不够具体。在 Box<T> 上调用 map() 将返回 Box<U> 类型的一个实例。但是，如果我们使用 Functor 接口，会看到 map() 声明指定它将返回一个 Functor<U>，而不是 Box<U>。这不够具体。当声明该接口时，我们需要有一种方式来准确指定 map() 的返回类型（在本例中为 Box<U>）。

我们希望能够表达出“这个接口将被有一个类型实参 T 的类型 H 实现”。如果 TypeScript 支持高阶类型，这种声明将如程序清单 11.17 所示。显然，这段代码无法通过编译。

程序清单 11.17 Functor 接口

```
interface Functor<H<T>> {
    map<U>(func: (value: T) => U): H<U>;
}

class Box<T> implements Functor<Box<T>> {
    value: T;

    constructor(value: T) {
        this.value = value;
    }

    map<U>(func: (value: T) => U): Box<U> {
        return new Box(func(this.value));
    }
}
```

由于缺少这种支持，所以我们只是把 map() 实现想象为一种模式，用于把函数应用到泛型类型或某个 Box 中的值。

11.1.4 函数的函子

除了函子外，需要知道的是，还有函数的函子。给定一个有任意数量的实参且返回类型 T 的值的一个函数，我们可以映射一个函数，使其接受 T 作为实参，返回一个 U，从而使得到的函数接受与原函数相同的输入，但是返回类型 U 的一个值。在这种情况中，map() 只是函数组合，如图 11.5 所示。

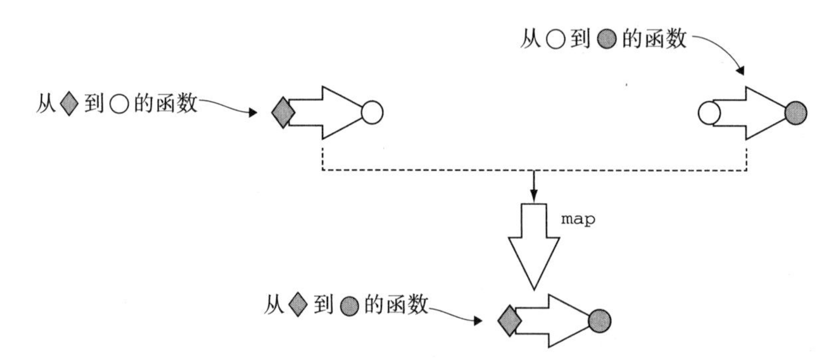

图 11.5 在一个函数上映射另一个函数，将把这两个函数组合起来。其结果是一个函数，它接受与原函数相同的实参，返回第二个函数的返回类型的值。这两个函数必须是兼容的；第二个函数的实参类型必须与第一个函数的返回类型相同

举一个例子，我们来看一个函数，它接受两个 T 类型的实参，返回 T 类型的一个值。程序清单 11.18 为这个函数实现了对应的 map()。应用映射后返回的函数接受 T 类型的两个实参，返回 U 类型的一个值。

程序清单 11.18　函数 map()

```
namespace Function {
    export function map<T, U>(
        f: (arg1: T, arg2: T) => T, func: (value: T) => U)
        : (arg1: T, arg2: T) => U {
        return (arg1: T, arg2: T) => func(f(arg1, arg2));
    }
}
```

map()接受一个函数(T, T) => T和一个用来映射的函数T => U

map()返回一个函数(T, T) => U

这个实现只是通过对f()的结果调用func()，返回一个由func()和f()组成的lambda

接下来，我们在一个 add() 函数上映射 stringify() 函数，该 add() 函数接受两个数字并返回它们的和。映射的结果是一个函数，它接受两个数字，返回一个 string，即对两个数字求和后的结果的字符串表示，如程序清单 11.19 所示。

程序清单 11.19　对一个函数应用 map()

```
function add(x: number, y: number): number {
    return x + y;
}

function stringify(value: number): string {
    return value.toString();
}

const result: string = Function.map(add, stringify)(40, 2);
```

add()只是对其实参求和

stringify()的实现与前面相同

我们对add()函数映射stringify()函数。然后使用实参40和2来调用返回的函数。结果为字符串“42”

介绍了函子之后，接下来将介绍最后一种结构：单子。

11.1.5　习题

1. 我们有一个接口 IReader<T>，它定义了单独的一个方法 read() : T。实现一个函子，在 IReader<T> 上映射函数 (value: T) => U，返回一个 IReader<U>。

11.2　单子

你可能听说过“单子”这个术语，因为它近来得到了大量关注。单子逐渐进入主流编程，所以当看到单子时，你应该能够认出它是一个单子。本节将以 11.1 节作为基础，解释单子是什么以及它为什么有用。我们首先来看几个例子，然后再给出单子的定义。

11.2.1　结果或错误

11.1 节定义了一个 readNumber() 函数，它返回 number | undefined。我们使

用函子来依序执行 square() 和 stringify()，这样一来，如果 readNumber() 返回了 undefined，就不会进行处理，而返回的 undefined 值会在管道中进行传播。

只要第一个函数（在本例中为 readNumber()）能够返回一个错误，函子就能够处理这种顺序。但是，如果我们想要链接的任何函数都可能返回错误，会发生什么？假设我们想要打开一个文件，将文件的内容读取为一个字符串，然后把该字符串反序列化为一个 Cat 对象，如程序清单 11.20 所示。

我们有一个 openFile() 函数，它可以返回一个 Error 或一个 FileHandle。如果文件不存在，被另外一个进程锁定，或者如果用户没有打开该文件的权限，就会发生错误。如果操作成功，我们就会得到该文件的句柄。

我们有一个 readFile() 函数，它接受一个 FileHandle，返回一个错误或一个字符串。如果无法读取该文件（可能文件太大，不能放到内存中），就会发生错误。如果能够读取文件，我们就会得到一个字符串。

最后，deserializeCat() 函数接受一个字符串，返回一个 Error 或一个 Cat 实例。如果字符串不能被反序列化为一个 Cat 对象（可能字符串中缺少一些属性），就会发生错误。

所有这些函数都遵守第 3 章介绍的“返回结果或错误”模式。该模式建议从函数中返回有效的结果或者错误，而不是同时返回二者。返回类型应该是 Either<Error, ...>。

程序清单 11.20 返回结果或错误的函数

```
declare function openFile(path: string): Either<Error, FileHandle>;    ◁ openFile()返回一个错误或一个FileHandle

declare function readFile(handle: FileHandle): Either<Error, string>;  ◁ readFile()返回一个错误或一个字符串

declare function deserializeCat(
    serializedCat: string): Either<Error, Cat>;    ◁ deserializeCat()返回一个Error或一个Cat实例
```

我们省略了具体实现，因为它们并不重要。在程序清单 11.21 中，我们再快速回顾一下第 3 章的 Either 实现。

程序清单 11.21 Either 类型

```
class Either<TLeft, TRight> {
    private readonly value: TLeft | TRight;    ◁ 这个类型封装了一个TLeft或TRight值，并使用一个标志来跟踪使用了哪个类型
    private readonly left: boolean;

    private constructor(value: TLeft | TRight, left: boolean) {    ◁ 使用私有构造函数，因为我们需要确保值和布尔标志是同步的
        this.value = value;
        this.left = left;
    }
```

```
    isLeft(): boolean {
        return this.left;
    }

    getLeft(): TLeft {
        if (!this.isLeft()) throw new Error();

        return <TLeft>this.value;
    }

    isRight(): boolean {
        return !this.left;
    }

    getRight(): TRight {
        if (this.isRight()) throw new Error();

        return <TRight>this.value;
    }

    static makeLeft<TLeft, TRight>(value: TLeft) {
        return new Either<TLeft, TRight>(value, true);
    }

    static makeRight<TLeft, TRight>(value: TRight) {
        return new Either<TLeft, TRight>(value, false);
    }
}
```

当有TRight却试图获取TLeft，或者反过来操作时，就抛出一个错误

工厂函数调用构造函数，确保布尔标志与值一致

在程序清单 11.22 中，我们来看看如何把这些函数链接成一个 readCatFromFile() 函数，它接受一个文件路径作为实参，返回一个 Cat 实例，或者如果在任何地方发生错误，就返回一个 Error。

程序清单 11.22 处理及显式检查错误

readCatFromFile()返回一个错误或者一个Cat实例

```
function readCatFromFile(path: string): Either<Error, Cat> {
    let handle: Either<Error, FileHandle> = openFile(path);

    if (handle.isLeft()) return Either.makeLeft(handle.getLeft());

    let content: Either<Error, string> = readFile(handle.getRight());

    if (content.isLeft()) return Either.makeLeft(content.getLeft());

    return deserializeCat(content.getRight());
}
```

首先，尝试打开文件。我们将得到一个错误或者一个FileHandle

如果得到一个FileHandle，就尝试读取该文件的内容

如果得到一个错误，就提前返回。我们调用Either.makeLeft()，因为需要把Either<Error, FileHandle>转换为Either<Error, Cat>。我们从Either<Error, FileHandle>中拆包Error，然后把它打包到Either<Error, Cat>中

类似地，如果在读取文件时发生错误，就提前返回

最后，如果我们读取了内容，就调用deserializeCat()。因为这个函数的返回类型与readCatFromFile()相同，所以我们直接返回其结果

这个函数与本章前面的第一个process()实现非常类似。该实现是更新后的实现，从函数中移除了所有分支和错误检查，把这些任务委托给map()执行。我们来看看Either<TLeft,TRight>的map()会是什么样子，如程序清单11.23所示。我们将采用"右侧是值，左侧是错误"的约定，这意味着TLeft包含错误，所以map()只是传播该值。只有当Either包含TRight时，map()才应用给定的函数。

程序清单 11.23 Either map()

```
namespace Either {
    export function map<TLeft, TRight, URight>(
        value: Either<TLeft, TRight>,
        func: (value: TRight) => URight): Either<TLeft, URight> {
        if (value.isLeft()) return Either.makeLeft(value.getLeft());

        return Either.makeRight(func(value.getRight()));
    }
}
```

只有输入的Either包含TRight类型的一个值时，才会应用func()，所以它的实参必须是TRight类型

如果输入包含一个TLeft，则从Either<TLeft, TRight>中拆包错误，并把它重新打包到Either<TLeft, URight>中

如果输入包含一个TRight，则我们拆包该值，对其应用func()，然后把结果打包到一个Either<TLeft, URight>中

不过，使用map()有一个问题：它期望的实参函数的类型与我们使用的函数不兼容。使用map()时，当我们调用了openFile()并收到一个Either<Error, FileHandle>之后，需要一个函数(value: FileHandle) => string来读取其内容。该函数自身不能返回Error，如square()或stringify()。但是，在我们的例子中，readFile()可能失败，不返回一个string，而是返回Either<Error, string>。如果我们试图在readCatFromFile()中使用它，就会得到一个编译错误，如程序清单11.24所示。

程序清单 11.24 不兼容的类型

```
function readCatFromFile(path: string): Either<Error, Cat> {
    let handle: Either<Error, FileHandle> = openFile(path);

    let content: Either<Error, string> = Either.map(handle, readFile);

    /* ... */
}
```

由于类型不匹配，这行代码无法编译

我们将得到如下所示的错误消息：

```
Type 'Either<Error, Either<Error, string>>' is not
assignable to type 'Either<Error, string>'.
```

在这里，函子就力所不及了。函子能够在处理管道中传送最初的错误，但是如果管道

中的每个步骤都可能失败，函子就无法工作。在图 11.6 中，■表示 Error，○和●表示两个类型，如 FileHandle 和 string。

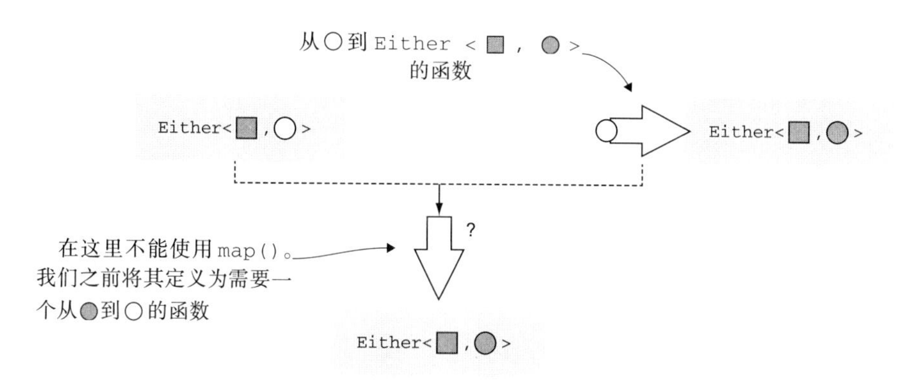

图 11.6 在本例中不能使用函子，因为函子被定义为把一个函数从○映射到●。遗憾的是，我们的函数返回一个已经封装到 Either 中的类型（Either<black square, black circle>）。我们需要有另外一种 map() 来处理这种类型的函数

Either<Error, FileHandle> 的 map() 需要一个从 FileHandle 到 string 的函数来返回一个 Either<Error, string>。另外，我们的 readFile() 函数是 FileHandle 到 Either<Error, string> 的函数。

解决这个问题很容易。我们需要一个类似于 map() 的函数，使其从 T 得到 Either<Error, U>，如程序清单 11.25 所示。这种函数的标准名称是 bind()。

程序清单 11.25 Either bind()

```
namespace Either {
    export function bind<TLeft, TRight, URight>(
        value: Either<TLeft, TRight>,
        func: (value: TRight) => Either<TLeft, URight>    <-- func()的类型与map()中的func()的类型不同
        ): Either<TLeft, URight> {
        if (value.isLeft()) return Either.makeLeft(value.getLeft());

        return func(value.getRight());    <-- 我们可以直接返回func()的结果，因为它的类型与bind()的结果相同
    }
}
```

可以看到，这种实现比使用 map() 的实现更加简单：当我们拆包值以后，只是简单地返回对其应用 func() 的结果。在程序清单 11.26 中，我们使用 bind() 来实现 readCatFromFile() 函数，获得期望的、无分支的错误传播行为。

这个版本把 openFile()、readFile() 和 deserializeCat() 无缝地链接了起来，使得任何函数失败时，错误都将作为 readCatFromFile() 的结果传播。同样，分支被封装到了 bind() 实现中，所以我们的处理函数是线性的。

程序清单 11.26 无分支的 readCatFromFile()

```
function readCatFromFile(path: string): Either<Error, Cat> {
    let handle: Either<Error, FileHandle> = openFile(path)

    let content: Either<Error, string> =
        Either.bind(handle, readFile);      <- 与map()不同，这段代码可以工作。将readFile()应用到handle将得到一个Either<Error, string>

    return Either.bind(content, deserializeCat);   <- deserializeCat()的返回类型与readCatFromFile()相同，所以我们简单地返回bind()的结果
}
```

11.2.2 map() 与 bind() 的区别

在定义单子之前，我们来看另外一个简化的示例，并对 map() 和 bind() 进行对比。我们仍然以 Box<T> 为例，它是一个泛型类型，简单地封装了 T 类型的一个值。虽然这个类型并不是特别有用，但它是我们能够使用的最简单的泛型类型。我们想要关注在泛型上下文中，map() 和 bind() 如何处理 T 和 U 类型的值，例如 Box<T> 和 Box<U>（或者 T[] 和 U[]；或者 Optional<T> 和 Optional<U>；或者 Either<Error, T> 和 Either<Error, U> 等）。

对于 Box<T>，函子（map()）接受一个 Box<T> 和一个从 T 到 U 的函数，返回一个 Box<U>。问题是，在一些场景中，函数是直接从 T 得到 Box<U>。这时就要用到 bind()。bind() 接受一个 Box<T> 和一个从 T 到 Box<U> 的函数，返回将该函数应用到 Box<T> 中的 T 所得到的结果（如图 11.7 所示）。

如果函数 stringify() 接受一个数字，返回该数字的字符串表示，则我们可以在 Box<number> 上调用 map()，得到一个 Box<string>，如程序清单 11.27 所示。

程序清单 11.27 Box 上的 map()

```
namespace Box {
    export function map<T, U>(                                <- 本章前面的Box的map()实现
        box: Box<T>, func: (value: T) => U): Box<U> {
        return new Box<U>(func(box.value));
    }
}

function stringify(value: number): string {    <- 本章前面的stringify()的实现，它接受一个数字，返回一个字符串
    return value.toString();
}

const s: Box<string> = Box.map(new Box(42), stringify);   <- 我们可以在Box<number>上映射stringify()，得到一个Box<string>
```

stringify() 是从 number 到 string 的函数。如果我们不使用该函数，而是使用一个从 number 直接到 Box<string> 的函数 boxify()，map() 就不能工作。我们将需

要使用 bind()，如程序清单 11.28 所示。

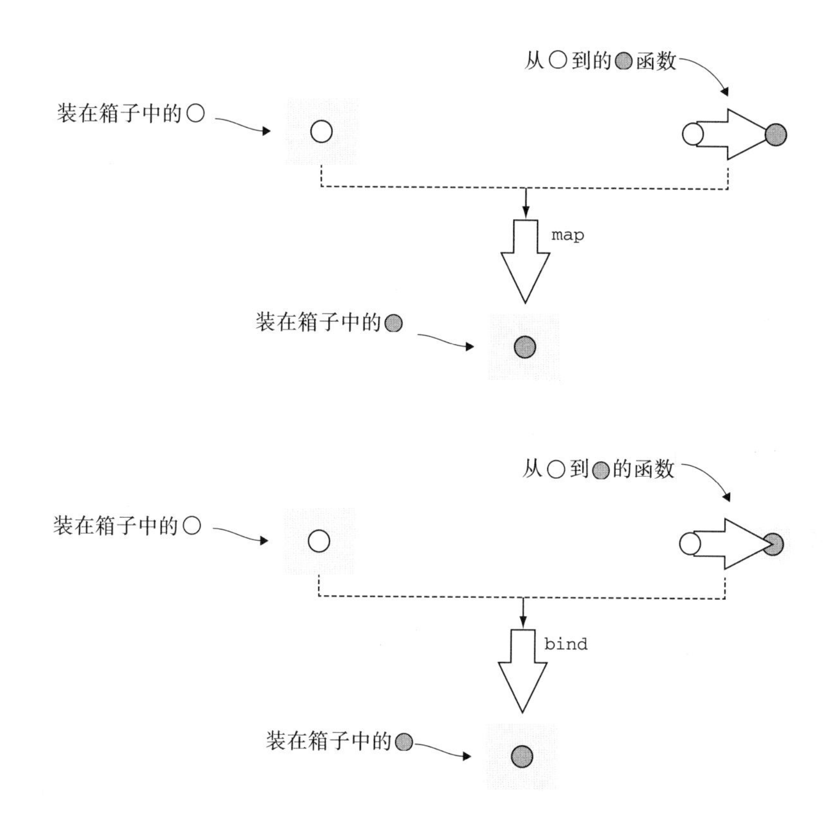

图 11.7　将 map() 与 bind() 进行对比。map() 在 Box<T> 上应用函数 T => U，返回一个 Box<U>。bind() 在 Box<T> 上应用函数 T => Box<U>，返回一个 Box<U>

程序清单 11.28　Box 上的 bind()

```
namespace Box {
    export function bind<T, U>(
        box: Box<T>, func: (value: T) => Box<U>): Box<U> {    <-- bind()从Box中拆包值，并对其调用func()
        return func(box.value);
    }
}

function boxify(value: number): Box<string> {    <-- boxify()与stringify()不同，因为它返回一个Box<string>，而不是字符串
    return new Box(value.toString());
}

const b: Box<string> = Box.bind(new Box(42), boxify);    <-- 我们可以在Box<number>上绑定boxify()，得到一个Box<string>
```

map() 和 bind() 的结果仍然是 Box<string>。我们仍然从 Box<T> 得到了 Box<U>，区别在于如何得到这个 Box<U>。对于 map()，我们需要一个从 T 到 U 的函数。

对于 bind()，我们需要一个从 T 到 Box<U> 的函数。

11.2.3 单子模式

单子由 bind() 和另外一个更加简单的函数组成。另外的这个函数接受一个类型 T，并将其封装到泛型类型中，例如 Box<T>、T[]、Optional<T> 或 Either<Error, T>。该函数通常叫作 return() 或 unit()。

单子允许以泛型的方式编写程序，同时将程序逻辑所需的样板代码封装起来。使用单子时，可以把一系列函数调用表达为一个管道，将数据管理、控制流或副作用抽象出去。

我们来看单子的几个例子。首先使用简单的 Box<T> 类型作为例子，为其添加 unit() 来完成单子，如程序清单 11.29 所示。

程序清单 11.29　Box 单子

```
namespace Box {
    export function unit<T>(value: T): Box<T> {
        return new Box(value);
    }
    export function bind<T, U>(
        box: Box<T>, func: (value: T) => Box<U>): Box<U> {
        return func(box.value);
    }
}
```

unit()只是调用Box的构造函数，将给定的值封装到Box<T>的一个实例中

bind()从Box中拆包值，并对其调用func()

这种实现非常直观。在程序清单 11.30 中，我们来看看 Optional<T> 单子函数。

程序清单 11.30　Optional 单子

```
namespace Optional {
    export function unit<T>(value: T): Optional<T> {
        return new Optional(value);
    }

    export function bind<T, U>(
        optional: Optional<T>,
        func: (value: T) => Optional<U>): Optional<U> {
        if (!optional.hasValue()) return new Optional();

        return func(optional.getValue());
    }
}
```

unit()接受类型T的一个值，并将其封装到Optional<T>中

如果可选值为空，则bind()返回一个类型为Optional<U>的空可选值

如果可选值包含一个值，则bind()返回对该值调用func()的结果

与函子一样，如果一种编程语言不能表达高阶类型，就没有一种很好的方式来指定一个 Monad 接口。相反，我们可以把单子想象成为一种模式。

单子模式：单子是一个泛型类型 H<T>。对于该类型，我们有一个函数（如

unit()）可接受类型 T 的一个值并返回类型 H<T> 的一个值。还有一个函数（如 bind()）可接受类型 H<T> 的一个值和一个从 T 到 H<U> 的函数，并返回类型 H<U> 的一个值。

需要记住，因为大部分语言都使用这种模式，但没有办法指定一个接口来让编译器进行检查，所以很多时候，unit() 和 bind() 这两个函数可能有不同的名称。你可能听到过术语“单子性”，例如“单子性错误处理”，意思是错误处理遵守单子模式。

接下来，我们将介绍另外一个例子。你可能会惊讶地发现，这个例子在本书第 6 章已经出现过，只是当时还没有为它取一个名字。

11.2.4 continuation 单子

在第 6 章中，我们介绍了简化异步代码的方式。当时介绍了 promise。promise 代表在将来某个时候发生的计算的结果。Promise<T> 是类型 T 的一个值的 promise。通过使用 then() 函数把 promise 链接起来，我们可以调度异步代码的执行。

假设有一个函数可确定我们在地图上的位置。因为这个函数使用 GPS，可能需要较长的时间才能完成，所以我们使其成为异步函数。它将返回 Promise<Location> 类型的一个 promise。然后，在给定位置时，另外一个函数将联系出行共享服务来获取一个 Car，如程序清单 11.31 所示。

程序清单 11.31　链接 promise

```
declare function getLocation(): Promise<Location>;
declare function hailRideshare(location: Location): Promise<Car>;

let car: Promise<Car> = getLocation().then(hailRideshare);
```

当getLocation()返回时，将使用其结果调用hailRideshare()

现在，代码看起来应该很熟悉。then() 只是 Promise<T> 对 bind() 的一种称呼。

我们在第 6 章看到，通过使用 Promise.resolve()，可以创建一个立即完成的 promise。该函数接受一个值，返回包含该值的一个完成后的 promise，这是 Promise<T> 对 unit() 的一种称呼。

链接 promise 是几乎所有主流编程语言都提供的一种 API，它实际上就是单子性的。它遵守本节介绍的模式，只不过是发生在一个不同的域中。在处理错误传播时，我们的单子封装了检查是否有值的逻辑，如果有值，就继续操作，如果有错误，就应该传播错误。使用 promise 时，单子封装了调度和恢复执行的细节。不过，模式是相同的。

11.2.5 列表单子

另外一种常用的单子是列表单子。我们来看序列上的一种实现：divisors() 函数接受一个数字 n 作为实参，返回包含 n 的所有除数（1 和 n 自身除外）的一个数组，如程序清单 11.32 所示。

这个直观的实现从 2 开始，递增到 n 的一半，并把所有能够整除 n 的数字添加到数组中。还有更高效的方式来找到一个数字的所有除数，但这里将使用这个简单的算法。

程序清单 11.32 除数

```
function divisors(n: number): number[] {
    let result: number[] = [];

    for (let i = 2; i <= n / 2; i++) {
        if (n % i == 0) {
            result.push(i);
        }
    }

    return result;
}
```

现在，假设我们想接受一个数字数组，返回一个包含它们的所有除数的数组。我们不需要关心重复值。实现这个需求的一种方式是提供一个函数，使其接受一个输入数字的数组，对每个输入数字应用 divisors()，然后把所有 divisors() 调用的结果连接起来，得到最终结果，如程序清单 11.33 所示。

程序清单 11.33 所有除数

```
function allDivisors(ns: number[]): number[] {
    let result: number[] = [];

    for (const n of ns) {
        result = result.concat(divisors(n));
    }

    return result;
}
```

实际上，这种模式很常见。假设我们有另外一个函数 anagrams()，它生成一个字符串的所有排列，然后返回一个字符串数组。如果我们想得到一个字符串数组的所有变位词的集合，就会实现一个非常类似的函数，如程序清单 11.34 所示。

在程序清单 11.35 中，我们来看看是否可以把 allDivisors() 和 allAnagrams() 替换为一个泛型函数。该函数将接受一个 T 数组和从 T 到 U 数组的一个函数，并返回一个 U 数组。

程序清单 11.34　所有变位词

```
declare function anagram(input: string): string[];   <-- 省略了anagram()的实现

function allAnagrams(inputs: string[]): string[] {   <-- allAnagrams()与allDivisors()非常类似
    let result: string[] = [];

    for (const input of inputs) {
        result = result.concat(anagram(input));
    }

    return result;
}
```

程序清单 11.35　列表 bind()

```
function bind<T, U>(inputs: T[], func: (value: T) => U[]): U[] {   <-- bind()接受一个T数组和在给定T时返回一个U数组的函数，并返回一个U数组
    let result: U[] = [];

    for (const input of inputs) {
        result = result.concat(func(input));   <-- 我们对每个输入T应用func()，并把结果连接起来
    }

    return result;
}
function allDivisors(ns: number[]): number[] {   <-- 通过把divisors()绑定到一个数字数组，可以表达allDivisors()
    return bind(ns, divisors);
}

function allAnagrams(inputs: string[]): string[] {   <-- 通过把anagram()绑定到一个字符串数组，可以表达allAnagrams()
    return bind(inputs, anagram);
}
```

你可能已经猜到，这就是列表单子的 `bind()` 实现。对于列表，`bind()` 把给定函数的每次调用所返回的数组压平为一个数组。错误传播单子决定是传播一个错误还是应用一个函数，continuation 单子封装了调度，而列表单子则把结果集合（列表的列表）合并成一个扁平的列表。在本例中，`Box` 是一个值序列（如图 11.8 所示）。

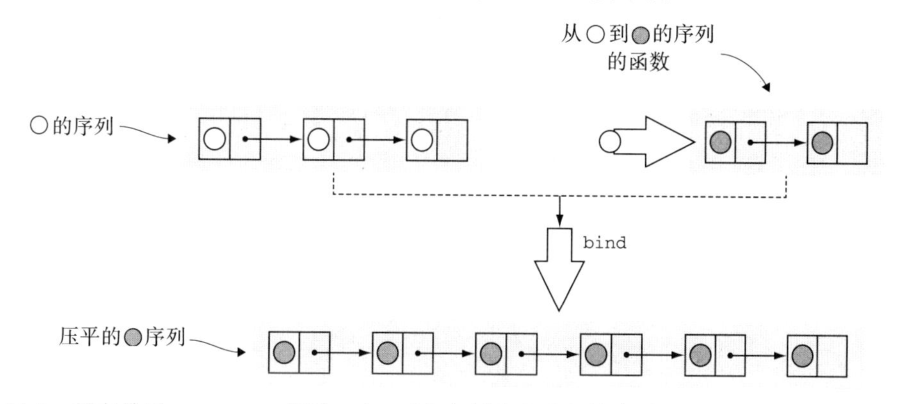

图 11.8　列表单子：`bind()` 接受一个 `T`（在本例中为○）的序列和一个 `T => U`（在本例中为●）的序列的函数。其结果为一个压平的 `U`（黑色圆）列表

`unit()` 的实现很简单。给定 T 类型的一个值，它返回一个只包含该值的列表。这种单子可推广到各种列表：数组、链表和迭代器范围。

> **范畴论**
>
> 函子和单子的概念来自范畴论。范畴论是数学的一个分支，研究的是由对象及这些对象之间的箭头组成的结构。有了这些小构造块，我们就可以建立函子和单子这样的结构。我们不会深入讨论细节，只是简单说明一下，许多领域（如集合论，甚至类型系统）都可以用范畴论来表达。
>
> Haskell 是一种编程语言，从范畴论中汲取了许多灵感，所以它的语法和标准库很容易表达函子、单子和其他结构的概念。Haskell 完全支持高阶类型。
>
> 可能正是因为范畴论的构造模块十分简单，所以我们讨论的抽象才能适用于如此多的领域。我们刚才已经看到，单子在错误传播、异步代码和序列处理的上下文中很有用。
>
> 虽然大部分主流语言仍然把单子视为模式，而不是结构，但它们肯定是有用的结构，所以能够在不同的上下文中一再出现。

11.2.6 其他单子

状态单子和 IO 单子是另外两种常用的单子，在函数式编程语言中经常用于纯粹函数（没有副作用的函数）和不可变数据。我们只在高层面上概述这两种单子，但是如果你决定学习一种函数式编程语言（如 Haskell），那么很可能在学习旅程的早期阶段就会遇到它们。

状态单子封装一个状态，并把该状态与值一起传递。这种单子允许我们编写这样的纯粹函数：在给定当前状态时，它将生成一个值和一个更新后的状态。使用 `bind()` 将这些函数链接起来后，我们能够在一个管道中传播和更新状态，而不需要显式地在一个变量中存储状态，从而能够使用纯粹的函数代码来处理和更新状态。

IO 单子封装了副作用。它允许我们实现能够读取用户输入或者写入文件或终端的纯粹函数，因为不纯粹的行为从函数中移除了出来，封装到了 IO 单子中。

如果你想了解更多知识，可以参考 11.3 节列出的资源。

11.2.7 习题

1. 假设函数类型 `Lazy<T>` 被定义为 `() => T`，它不接受实参，返回 T 类型的一个值。之所以命名为 `Lazy`，是因为只有当我们提出要求时，它才生成一个 T。为这个类型实现 `unit()`、`map()` 和 `bind()`。

11.3　继续学习

本书中介绍了许多知识，从基本类型和类型组合，到函数类型、子类型、泛型，甚至还介绍了高阶类型的一点知识。但即便如此，我们也只是介绍了类型系统的冰山一角而已。本节将介绍你可能想要进一步学习的一些主题，并为学习每个主题提供一些参考资源。

11.3.1　函数式编程

函数式编程是一种与面向对象编程区别很大的范式。学习函数式编程语言能够为你提供另外一种思考代码的视角。处理问题时能够使用的方法越多，就越容易分解并解决问题。

越来越多的函数式编程语言的特性和模式正在被引入非函数式语言中，这证明了它们的适用性。lambda 和闭包、不可变的数据结构以及反应式编程都来自函数式编程语言。

学习函数式编程，最好的方法是选择一种函数式编程语言。我推荐使用 Haskell 作为入门语言。它的语法相当简单，但类型系统十分强大，而且它有着牢固的理论基础。关于这个主题，Miran Lipovaca 撰写的 *Learn You a Haskell for Great Good!*（No Starch Press 出版）是一个很好的、容易阅读的入门图书。

11.3.2　泛型编程

在前面的章节中看到，泛型编程支持极为强大的抽象和代码可重用性。泛型编程是伴随着 C++ 的标准模板库及其混搭使用的数据结构和算法集合而变得流行起来的。

泛型算法的理论基础是抽象代码。Alexander Stepanov 最早创造了“泛型编程”这个术语，并实现了最初的模板库。他撰写了两本关于泛型编程的图书：*Elements of Programming*（与 Paul McJoes 合著）和 *From Mathematics to Generic Programming*（与 Daniel E. Rose 合著），都是由 Addison-Wesley Professional 出版的。

这两本书中都讲到了数学知识，但是我希望你不要因此却步。书中给出的代码的优雅与美丽程度令人惊讶。其基本主题是，使用正确的抽象时，我们能够写出简洁、高性能、容易阅读和优雅的代码。

11.3.3　高阶类型和范畴论

如前所述，函子等结构直接来自范畴论。Bartosz Milewski 的 *Category Theory for Programmers*（自己出版）是关于这个领域的一本极为容易阅读的入门图书。

我们讨论了函子和单子，但高阶类型还有其他许多概念。一些概念可能需要一段时间才能慢慢渗入更加主流的语言，但是如果你想走到其他人的前面，可能 Haskell 是一门非常好的语言，可以用来帮助你掌握这些概念。

能够指定更高程度的抽象（如单子），使我们能够编写可重用性更高的代码。

11.3.4 从属类型

本书中没有讲解从属类型，但是如果你想了解更多的通过强大的类型系统让代码变得更加安全的方式，那么这是另外一个值得了解的主题。

我们看到了类型如何决定变量的取值，还看到了在泛型中，一个类型可以决定另外一个类型是什么（类型参数）。从属类型则颠倒了这种情况：值决定了类型。一个经典的例子是在类型系统中编码列表的长度。例如，包含两个元素的数字列表与包含 5 个元素的数字列表具有不同的类型。把这两个列表连接起来，将得到另外一个类型：包含 7 个元素的列表。你可以想象到，在类型系统中编码这种信息能够保证不会出现索引越界。

如果你想学习从属类型的更多信息，推荐阅读 Edwin Brady 撰写的 *Type Driven Development with Idris*（由 Manning 出版）。Idris 是一种编程语言，其语法与 Haskell 非常类似，但是添加了对从属类型的支持。

11.3.5 线性类型

第 1 章简单提到了类型系统与逻辑之间的深刻关联。线性逻辑与处理资源的经典逻辑不同。在经典逻辑中，如果一个演绎为 true，就永远为 true，但线性逻辑证明不符合这种演绎。

这在编程语言中有直接应用：在类型系统中使用线性类型编码对资源使用的跟踪。Rust 是一种越来越受欢迎的编程语言，它使用线性类型来确保类型安全。Rust 的借用检查器可确保一个资源总是只有一个所有者。如果我们把一个对象传递给一个函数，就把该资源的所有权转移给该函数，编译器将不再允许我们引用该资源，除非函数交回了资源。这种处理是为了消除并发问题，以及 C 语言中令人畏惧的“释放后使用”和“双重释放”问题。

Rust 对泛型提供了强大的支持，并具有独特的安全特性，所以也是一个很好的语言，可以学习使用。Rust 网站上免费提供了 *The Rust Programming Language*，可作为学习该语言的很好的入门教程（https://doc.rust-lang.org/book）。

小结

- `map()` 不仅能够用于迭代器，还可推广到其他泛型类型。
- 函子封装了数据拆箱，可用在组合和错误传播中。
- 有了高阶类型，我们可以使用本身有类型参数的泛型来表达一些结构，如函子。
- 单子允许我们把一些操作链接在一起，这些操作会在 `Box` 中返回值。
- 错误单子允许我们把返回结果或者失败的操作链接在一起，并封装了错误传播逻辑。
- promise 是封装了调度 / 异步执行的单子。

- 列表单子对一个值序列应用一个生成序列的函数，并返回一个压平后的序列。
- 在不支持高阶类型的语言中，我们可以把函子和单子想象成可以应用到各种问题的模式。
- 对于学习函数式编程和高阶类型，Haskell 是一种很好的语言。
- 对于理解从属类型及其应用，Idris 是一种很好的语言。
- 对于理解线性类型及其应用，Rust 是一种很好的语言。

我希望你享受阅读本书的过程，学到可以在工作中运用的知识，并形成一些新的视角。祝你能够愉快地、安全地编程！

习题答案

更加通用的 map

1. 一种可行的实现是使用第 5 章介绍的面向对象装饰器模式，提供另外一个实现了 `IReader<U>` 的类型，使该类型封装一个 `IReader<T>`，并且当调用 `read()` 时，在原始值上映射给定的函数：

```
interface IReader<T> {
    read(): T;
}

namespace IReader {
    class MappedReader<T, U> implements IReader<U> {
        reader: IReader<T>;
        func: (value: T) => U;

        constructor(reader: IReader<T>, func: (value: T) => U) {
            this.reader = reader;
            this.func = func;
        }

        read(): U {
            return this.func(this.reader.read());
        }
    }

   export function map<T, U>(reader: IReader<T>, func: (value: T) => U)
        : IReader<U> {
        return new MappedReader(reader, func);
    }
}
```

单子

1. 下面给出了一种可行的实现。注意 `map()` 和 `bind()` 的区别。

```
type Lazy<T> = () => T;

namespace Lazy {
```

```
    export function unit<T>(value: T): Lazy<T> {
        return () => value;
    }
    export function map<T, U>(lazy: Lazy<T>, func: (value: T) => U)
        : Lazy<U> {
        return () => func(lazy());
    }

    export function bind<T, U>(lazy: Lazy<T>, func: (value: T) =>
Lazy<U>)
    : Lazy<U> {
        return func(lazy());
    }
}
```

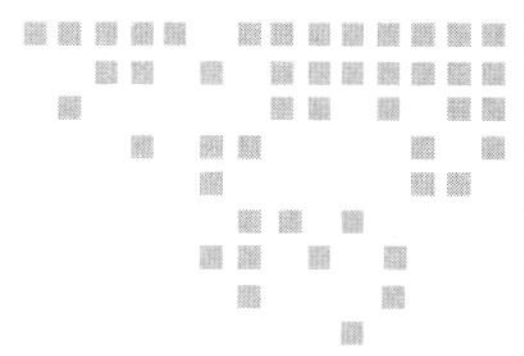

附录 A Appendix A

TypeScript 的安装及本书的源代码

在线

对于简单的代码，例如尝试一些没有依赖的代码示例，可以使用在线的 TypeScript 游乐场：https://www.typescriptlang.org/play。

本地

要进行本地安装，首先需要有 Node.js 和 npm（Node 包管理器）。可从此网址获取 npm：https://www.npmjs.com/get-npm。有了 Node.js 和 npm 之后，运行 `npm install -g typescript` 来安装 TypeScript 编译器。

要编译一个 TypeScript 文件，可以把该文件作为实参传递给 TypeScript 编译器，如 `tsc helloworld.ts`。TypeScript 将编译为 JavaScript。

对于包含多个文件的工程，可以使用 tsconfig.json 文件来配置编译器。在包含一个 tsconfig.json 文件的目录中运行 `tsc`，但不提供实参，将根据该文件中的配置编译整个工程。

源代码

本书的代码示例可从 https://github.com/vladris/programming-with-types 获取。每章的代码示例放在各自的目录下，有自己的 tsconfig.json 文件。

生成代码时，使用 TypeScript 3.3 版本，针对 ES6 标准，且启用了 `strict` 设置。

每个示例文件都是独立的，所以运行一个代码示例所需的所有类型和函数都被内联到了各个示例文件中。每个示例文件使用一个唯一的命名空间，以防止发生命名冲突，这是因为一些示例提供了相同函数或模式的不同实现。

要运行示例文件，首先使用 `tsc` 编译文件，然后使用 Node 运行编译后的 JavaScript 文件。例如，在使用 `tsc helloworld.ts` 进行编译后，可以使用 `node helloworld.js` 运行文件。

自制

本书介绍了如何在 TypeScript 中自制变体和其他类型。对于这些类型的 C# 和 Java 版本，可查阅 Maki 类型库：https://github.com/vladris/maki。

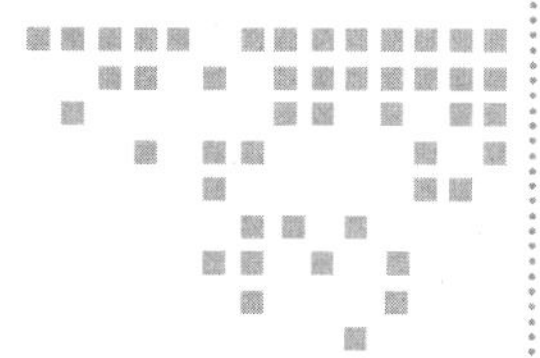

附录 B Appendix B

TypeScript 速览表

这里的速览表并不完备，只是介绍了本书中用到的 TypeScript 语法子集，如附表 B.1 ~ 附表 B.5 所示。要想浏览完整的 TypeScript 参考，可访问 http://www.typescriptlang.org/docs。

附表 B.1 基本类型

类 型	描 述
boolean	可以是 true 或 false
number	64 位浮点数
string	UTF-16 Unicode 字符串
void	用作不返回有意义的值的函数的返回类型
undefined	只能是 undefined。例如，可表示一个已声明但未被初始化的变量
null	只能是 null
object	表示一个 object 或非基本类型
unknown	可以表示任何值。它是类型安全的，所以不会隐式转换为另外一种类型
Any	绕过类型检查。它不是类型安全的，会被自动转换为其他任何类型
Never	不能表示任何值

附表 B.2 非基本类型

示 例	描 述
string[]	数组类型由类型名称后面的 [] 表示，本例是一个字符串数组
[number, string]	元组被声明为 [] 内的一个类型列表，本例中的类型为一个 number 和一个 string，如 [0, "hello"]
(x: number, y: number) => number;	函数类型声明为 () 内的一个实参列表，后跟 =>，最后是返回类型

（续）

示　例	描　述

`enum Direction {`
`    North,`
`    East,`
`    South,`
`    West,`
`}`
	枚举类型使用关键字 enum 声明。本例中的值可以是字面值 North、East、South 或 West 中的任何一个

`type Point {`
`    X: number,`
`    Y: number`
`}`
	具有 number 类型的 X 和 Y 属性的一种类型

`interface IExpression {`
`    evaluate(): number;`
`}`
	具有一个返回 number 的 evaluate() 方法的接口

`class Circle extends Shape`
`    implements IGeometry {`
`    // ...`
`}`
	Circle 类扩展了 Shape 基类，并实现了 IGeometry 接口

`type Shape = Circle | Square;`	联合类型声明为使用 | 分隔的类型列表。Shape 要么是 Circle，要么是 Square
`type SerializableExpression` `    = Serializable & Expression;`	交叉类型声明为 & 分隔的类型列表。SerializableExpression 具有 Serializable 和 Expression 的全部成员

附表 B.3　声明

声　明	描　述
`let x: number = 0;`	声明了 number 类型的变量 x，其初始值为 0
`let x: number;`	声明了 number 类型的变量 x。在使用该值之前，必须先为其赋值
`const x: number = 0;`	声明 number 类型的一个常量 x，其初始值为 0。x 不能被改变

`function add(x: number, y: number)`
`: number {`
`return x + y;`
`}`
	声明一个函数 add()，它接受两个实参，分别是 number 类型的 x 和 y，并返回一个 number

`(x: number, y: number) => x + y;`	接受两个实参并返回它们的和的 lambda（匿名函数）

`namespace Ns {`
`    export function func(): void {`
`    }`
`}`
 	
`Ns.func();`
	使用 namespace 关键字声明命名空间。命名空间中的声明必须带有 export 关键字，才能在命名空间外部可见

（续）

声　明	描　述

`class Example {`
`    a: number = 0;`
`    private b: number = 0;`
`    protected c: number = 0;`
`    readonly d: number;`
 	
`    constructor(d: number) {`
`        this.d = d;`
`    }`
 	
`    getD(): number {`
`        return this.d;`
`    }`
`}`
 	
`let instance: Example`
`   = new Example(5);`
	所有类成员默认都是 public。也可以声明为 protected（对派生类可见）或 private（仅在类内部可见）。
	属性也可以是 readonly。这种属性在赋值后不能被修改。
	除非属性允许将 undefined 用作一个值，否则必须内联或者使用构造函数初始化它们。任何类的构造函数都是 constructor()。
	类内对类成员的引用必须始终带有 this 前缀。
	使用 new 来实例化对象，这将调用构造函数

`declare const Sym: unique symbol;`	symbol 保证是唯一的。没有哪两个声明为 unique symbol 的常量会相等

附表 B.4　泛型

示　例	描　述

`function identity<T>(value: T): T {`
`    return value;`
`}`
 	
`let str: string =`
`    identity<string>("Hello");`
	泛型函数在实参列表之前的 <> 中，有一个或多个类型参数。identity() 有一个类型实参 T。它接受 T 类型的一个值，并返回该值。
	在 <> 中指定一个具体类型将实例化该泛型函数。identity<string>() 是 T 为 string 的 identity() 函数

`class Box<T> {`
`    value: T;`
 	
`    constructor(value: T) {`
`        this.value = value;`
`    }`
`}`
 	
`let x: Box<number> = new Box(0);`
	泛型类在类名后面的 <> 之间有一个或多个类型参数，Box 有一个 T 类型的属性值。
	在 <> 中指定一个具体类型将实例化该泛型类。Box<number> 是 T 为 number 的 Box 类

`class Expr<T extends IExpression> {`
`    /* ... */`
`}`
	在泛型类型参数后面可声明泛型约束。在本例中，T 必须支持 IExpression 接口

附表 B.5　类型转换和类型保护

示　例	描　述

let x: unknown = 0;
 	
let y: number = <number>x;
	在值前面的 <> 中指定一个类型，将把该值重新解释为指定的类型。只有把 x 显式地重新解释为 number 之后，才能把它赋值给 y

type Point = {
    x: number;
    y: number;
}
 	
function isPoint(p: unknown):
    p is Point {
  return
    ((<Point>p).x
            !== undefined) &&
      ((<Point>p).y
            !== undefined);
}
let p: unknown = { x: 10, y: 10 };
 	
if (isPoint(p)) {
    // p is of type Point here
    p.x -= 10;
}
	类型谓词是一个 boolean，指出某个变量是特定的类型。如果我们把 p 重新解释为 Point，并且它有一个 x 和一个 y 成员（二者都不是 undefined），那么 p 是一个 Point。
	在类型谓词为 true 的 if 语句中，被测试的值将被自动地重新解释为具有该类型

推荐阅读

数据即未来
大数据王者之道
THINK LIKE A DATA SCIENTIST

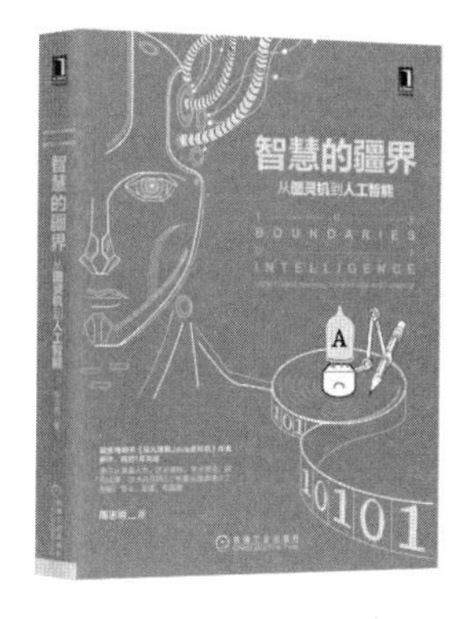
智慧的疆界
从图灵机到人工智能

软件架构设计
实用方法及实践
DESIGNING SOFTWARE ARCHITECTURES

架构真经
互联网技术架构的设计原则
SCALABILITY RULES

系统架构
复杂系统的产品设计与开发
SYSTEM ARCHITECTURE

软件架构
SOFTWARE ARCHITECTURE

架构即未来
现代企业可扩展的Web架构、流程和组织
THE ART OF SCALABILITY

Microservices Patterns
微服务架构设计模式

第2版
设计模式之禅
The Zen of Design Patterns